面向 21 世纪课程教材

普通高等院校土木工程"十二五"规划教材

建筑工程计量与造价管理

主　编　　张静晓　　党　斌

副主编　　高瑞欣　　张艳慧

　　　　　　李　琴　　樊松丽

主　审　　刘晓君

U0343082

西南交通大学出版社

·成都·

图书在版编目（CIP）数据

建筑工程计量与造价管理 / 张静晓，党斌主编. —
成都：西南交通大学出版社，2014.10
面向 21 世纪课程教材　普通高等院校土木工程"十二
五"规划教材
ISBN 978-7-5643-3493-2

Ⅰ . ①建… Ⅱ . ①张… ②党… Ⅲ . ①建筑工程－计
量－高等学校－教材②建筑造价管理－高等学校－教材
Ⅳ . ①TU723.3

中国版本图书馆 CIP 数据核字（2014）第 240428 号

面向 21 世纪课程教材

普通高等院校土木工程"十二五"规划教材

建筑工程计量与造价管理

主编　张静晓　党　斌

责 任 编 辑	陈　斌
助 理 编 辑	罗在伟
封 面 设 计	墨创文化
出 版 发 行	西南交通大学出版社 （四川省成都市金牛区交大路 146 号）
发 行 部 电 话	028-87600564　028-87600533
邮 政 编 码	610031
网　　　　址	http://www.xnjdcbs.com
印　　　　刷	四川森林印务有限责任公司
成 品 尺 寸	185 mm × 260 mm
印　　　　张	21
字　　　　数	550 千字
版　　　　次	2014 年 10 月第 1 版
印　　　　次	2014 年 10 月第 1 次
书　　　　号	ISBN 978-7-5643-3493-2
定　　　　价	43.00 元

课件咨询电话：028-87600533

图书如有印装质量问题　本社负责退换

版权所有　盗版必究　举报电话：028-87600562

前　言

"建筑工程计量与造价管理"是建筑工程技术、工程造价、工程监理等专业的核心课程之一。为满足高校对工程造价、工程管理、土木工程等专业的教材或教学参考书的需求，我们根据高校土建类专业的人才培养目标、教学计划、建筑工程计量与计价课程的教学特点和要求，结合《建设工程工程量清单计价规范》（GB50500—2013）和《建筑工程建筑面积计算规范》（GB/T50353—2013）等最新国家标准，突出"工学结合"的指导思想，结合建筑工程计量与计价课程改革要求，强调工程实际运用，按照建筑工程计量与计价实际工作内容，以工程实用理论知识、工程单体（单项）计算、综合项目（工程建设项目）计算、工程量清单和报价书编制为载体进行内容编排，编写本教材。

本书在编写时重点着眼于培养学生掌握建筑工程计量与计价理论知识，应用清单计价方法编制招标与投标报价书的能力。全书共分九章，以工程量清单编制的知识需求为主线进行教材体系搭建，内容包括工程计价基础知识、房屋建筑与装饰工程量清单编制与计价、工程造价软件应用和工程造价的审查及管理。为便于深入理解工程技术、施工工艺流程与工程计量计价的对接，本书注重清单条目的工程技术讲解和例题应用。为便于教学和自学，本书每个章后都附有练习题以巩固学生所学的知识。

本书立足基本理论的阐述，注重实际能力的培养，体现了"案例教学法"的指导思想，具有"实用性、系统性、先进性"等特色。本书可作为高等教育工程管理、土木工程、工程造价、房屋建筑工程等专业全日制本、专科的教材，还可供建筑工程技术人员及从事经济管理的工作人员学习参考。

全书章节编写安排如下，樊松丽编写第1章、第2章一二节、第3章，翟颖编写第2章3、4节，张静晓编写第5、6章，党斌编写第6、7章，李琴编写第8章，高瑞欣编写了第9章。全书由张静晓主编和统稿，由刘晓君主审。同时，本书在编写过程中参考了大量的规范、标准图集、计价标准等相关专业资料和文献，对这些资料、文献的作者及提供者表示深深地谢意。并对为本书的出版付出辛勤劳动的编辑同志表示衷心的感谢。

限于编者水平有限，书中难免有不当之处，敬请读者批评指正。

编　者

2014 年 5 月于长安大学

目　录

第 1 篇　工程计价基础知识

第 2 篇　房屋建筑与装饰工程量清单编制与计价

第3篇　工程造价软件应用和工程造价的审查及管理

第Ⅰ篇　工程计价基础知识

第1章　概　述

学前导读

本章介绍了基本建设，建设项目，工程造价的含义及分类，工程造价的构成等相关内容。通过学习，掌握基本建设的概念、程序，建设项目的概念、分类，建设项目工程造价的分类，工程造价的构成，理解建设项目的划分，熟悉工程造价的含义。

1.1　基本建设

1.1.1　基本建设的概念

基本建设是指国民经济各部门用投资方式来实现以扩大生产能力和工程效益等为目的新建、改建、扩建工程的固定资产投资及其相关管理活动。它是通过建筑业的生产活动和其他部门的经济活动，把大量资金、建筑材料、机械设备等，经过购置、建造及安装调试等施工活动转化为固定资产，形成新的生产能力或使用效益的过程。与此相关的其他工作，如征用土地、勘察设计、筹建机构和生产职工培训等也属于基本建设的组成部分。基本建设是一种特殊的综合性经济活动，其结果是形成建设项目。

固定资产是指在社会再生产过程中，使用一年以上，单位价值在规定限额以上（一般为2 000元）的主要劳动资料和其他物质资料，如建筑物、构筑物、运输设备、电器设备等。凡不同时具备使用年限和单位价值限额两项条件的劳动资料均为低值易耗品。

1.1.2　基本建设程序

基本建设程序是指建设项目从设想、选择、评估、决策、设计、施工到竣工验收、交付生产或使用的整个建设活动的各个工作过程及其先后次序。这个程序是由基本建设进程的客观规律（包括自然规律和经济规律）决定的。

一般大中型及限额以上工程项目的建设程序可以分为项目建议书、可行性研究、设计、建设准备、建设实施、生产准备、竣工验收、后评价等8个阶段。

1. 项目建议书阶段

项目建议书是拟建单位向有关决策部门提出要求建设某一项目的建设文件，是对建设项目轮廓的设想，是投资决策前的建议性文件。项目建议书的主要作用是对拟建项目的初步说明，论述项目建设的必要性、可行性和获利的可能性，供建设管理部门选择并确定是否进行下一步工作。

2. 可行性研究阶段

项目建议书批准后，项目法人委托有相应资质的设计、咨询单位，对拟建项目在技术、工程、经济和外部协作条件等方面的可行性，进行全面分析、论证，进行方案比较，并推荐最佳方案。可行性研究报告是项目决策的依据，按国家规定，应达到一定的深度和准确性，其投资估算和初步设计概算的出入不得大于10%，否则将对项目进行重新决策。

3. 设计阶段

设计是对建设工程实施的计划和安排，决定建设工程的轮廓和功能。设计是根据报批的可行性研究报告进行的，除方案设计外，一般分为初步设计和施工图设计两个阶段。大型及技术复杂项目根据需要，在初步设计阶段后，可增加技术设计或扩大初步设计阶段，进行三阶段的设计。

初步设计是根据有关设计基础资料，拟订工程建设实施的初步方案，阐明工程在拟订的时间、地点以及投资数额内在技术上的可能性，并编制项目的总概算。初步设计文件由设计说明书、设计图纸、主要设备原材料表和工程概算书4部分组成。

施工图设计是根据初步设计的要求，满足施工和计价的需要，完整地表现建筑物外形、内部空间分隔、结构体系、构造状况、配套设施以及建设群的组成和周围环境的配合。

4. 建设准备阶段

项目在开工建设之前，要做好各项准备工作。其主要内容包括征地搬迁，五通一平（即通路、通水、通电、通信、通气和场地平整），工程水文地质勘察，组织对专用设备和特殊材料的订货，工程建设项目报建，委托建设监理，组织施工招标投标，择优确定施工单位，签订承包合同，办理施工许可证等。

5. 建设实施阶段

建设实施是项目决策的实施、建成投产发挥效益的关键环节。新开工建设的时间是指项目计划文件中规定的任何一项永久性工程第一次正式破土开槽开始施工的时间。施工过程中，施工方必须严格遵守施工图纸、施工验收规范的规定，科学地组织施工，并加强施工中的经济核算，同时要做好施工纪录，建立技术档案。

6. 生产准备阶段

生产准备是衔接建设和生产的桥梁。建设单位要根据建设项目或主要单项工程的生产技术特点，及时组织并落实做好生产准备工作，保证项目建成后能及时投产或投入使用。生产准备的主要内容有招收和培训人员、生产组织准备、生产技术准备、生产物资准备等。

7. 竣工验收阶段

竣工验收是工程建设过程的最后一个环节，是全面考核建设成果、检验设计和施工质量的重要步骤，也是项目由建设转入生产使用的标志。验收合格后，施工单位应向建设单位办理竣工移交和竣工结算手续。

8. 后评价阶段

后评价是指项目竣工投产运营一段时间后，对项目的运行进行全面评价，即对建设项目的实际成本——效益进行系统审计，将项目的预期结果与项目实施后的终期实际结果进行全面对比考核，对建设项目投资的财务、经济、社会和环境等方面的效益与影响进行全面科学的评价。

1.2 建设项目

1.2.1 建设项目的概念

广义的建设项目是指按固定资产投资方式进行的一切开发建设活动，包括国有经济、城乡集体经济、联营、股份制、外资、港澳台投资、个体经济和其他各种不同经济类型的开发活动。

建设项目是固定资产再生产的基本单位，一般是指经批准包括在一个总体设计或初步设计范围内进行建设，经济上实行统一核算，行政上有独立组织形式，实行统一管理的建设单位。通常以一个企业、事业行政单位或独立的工程作为一个建设项目。一个建设项目包括一个总体设计中的主体工程及相应的附属、配套工程，综合利用工程，环境保护工程，供水、供电工程等。凡是不属于一个总体设计，经济上应分别核算工艺流程上没有关联的几个独立工程，应分别作为几个建设项目，不能捆在一起作为一个建设项目。

1.2.2 建设项目的分类

建设项目是基本建设活动的体现。由于工程建设项目种类繁多，为了适应科学管理的需要，要正确地反映工程建设项目的性质、内容和规模，可以从不同的角度对工程建设项目进行分类。

1. 按建设项目性质分类

按建设项目性质不同，可分为新建项目、扩建项目、改建项目、恢复项目、迁建项目。

（1）新建项目是指从无到有、平地起家的新开始建设项目，或对原有项目重新进行总体设计，并使其新增固定资产价值超过原有固定资产价值 3 倍以上的建设项目。

（2）扩建项目是指企业为扩大原有产品的生产能力（或效益）或增加新产品生产能力而增建的主要生产车间或工程项目、事业或行政单位增建的业务用房等。

（3）改建项目是指企业为提高生产效率、改进产品质量或改变产品方向对原有设备或工程进行改造的项目。

（4）恢复项目是指企事业单位和行政单位的原有固定资产因自然灾害、战争和人为灾害等原因已全部或部分报废，又投资重建的项目。

（5）迁建项目是指企事业单位由于各种原因经上级部门批准搬迁到另外地方进行建设的项目。

2. 按建设项目在国民经济中的用途分类

按建设项目在国民经济中的用途不同，可分为生产性建设项目和非生产性建设项目。

（1）生产性建设项目是指直接用于物质生产或满足物质生产需要的建设项目，包括工业建设项目、农业建设项目、基础设施建设项目、商业建设项目。

（2）非生产性建设项目是指用于满足人民物质和文化生活需要的建设项目以及其他非物质生产的建设项目，包括办公用房建设项目、居住建设项目、公共建设项目、其他建设项目。

3. 按建设项目规模分类

按建设项目规模不同，可分为大型规模、中型规模和小型规模。建设项目一般是按批准的可行性研究报告所确定的总额的大小，依据国家颁布的《基本建设项目大中小型划分标准》进行分类。

4. 按建设项目投资来源渠道分类

按建设项目投资来源渠道不同，可分为国家投资项目、自筹投资项目、引进外资项目、银行信用筹资项目等。

5. 按建设项目建设过程分类

按建设项目建设过程不同，可分为筹建项目、在建项目、投产项目、收尾项目。

6. 按建设项目行业性质和特点分类

按建设项目行业性质和特点不同，可分为竞争性建设项目、基础性建设项目、公益性建设项目。

（1）竞争性建设项目是指投资效益比较高、竞争性比较强的一般性建设项目。

（2）基础性建设项目是指具有自然垄断性、建设周期长、投资额大而效益低的基础设施和需要政府重点扶持的一部分基础工业项目，以及直接增强国力的符合经济规模的支柱产业项目。

（3）公益性建设项目主要包括科技、文教、卫生、体育和环保等设施，公安、检察院、法院等政权机关以及政府机关、社会团体办公设施等。

1.2.3　建设项目的划分

在工程项目实施过程中，为了准确地确定整个建设项目的建设费用，必须对项目进行科学的分析、研究，并进行合理地划分，把建设项目划分为简单的、便于计算的基本构成项目，最后汇总求出工程项目造价。

一个建设项目是一个完整配套的综合性产品，根据我国在工程建设领域内的有关规定和习惯做法，按照它的组成内容不同，可划分为建设项目、单项工程、单位工程、分部工程、分项工程 5 个项目层次。

（1）建设项目又叫基本建设项目，一般是指具有设计任务书和总体设计、经济上实行统一核算、管理上具有独立的组织形式的基本建设单位。

（2）单项工程又叫工程项目，它是具有独立的设计文件，建成后能独立发挥生产能力或效益的工程。生产性建设项目的单项工程，一般是指能独立生产的车间，包括厂房建筑，设备与管道安装，工具、器具、仪器的购置等。非生产性建设项目的单项工程，例如一所学校的教学楼、图书馆、食堂等。一个建设项目可由一个或几个单项工程组成。单项工程造价组成建设项目总造价，其工程产品价格是由编制单项工程综合造价确定的。

（3）单位工程是具有独立设计，可以独立组织施工，但竣工后一般不能独立发挥生产能力和效益的工程。它是单项工程的组成部分，如一个生产车间是由厂房建筑、电气照明、给水排水、工业管道安装、机械设备安装、电气设备安装等单位工程组成，民用建筑中住宅楼是由建筑装饰工程、电气照明工程、给水排水工程、采暖工程等单位工程组成。单位工程是编制设计总概算、单项工程综合预算造价的基本依据。单位工程造价一般可由编制施工图造价确定。

（4）分部工程是单位工程的组成部分。它是按单位工程的结构形式、工程部位、构件性质、使用材料、设备种类及型号等的不同来划分的。例如，一般土建工程可分为土石方工程、桩与地基基础工程、砌筑工程、混凝土和钢筋混凝土工程、木结构工程、金属结构工程、屋面及防水工程、防腐工程等分部工程。分部工程费用组成单位工程价格，也是按分部工程发包时确定承发包合同价格的基本依据。

（5）分项工程是分部工程的组成部分。按照不同的施工方法、所使用的材料、不同的构造及规格将一个分部工程更细致地分解为若干个分项工程。如在砖石分部工程的砌砖中，又可划分为砌砖基础、砌内墙、砌外墙、砌空斗砖墙、砌空心墙、砌砌块墙、砌砖柱等几个分项工程。分项工程是组成单位工程的基本要素，它是工程造价的基本计算单位体，在计价性定额中是组成定额的基本单位体，又称定额子目。

正确分解工程造价编制对象的分项，是有效计算每个分项工程的工程量，正确编制和套用企业定额，计算每个分项工程的单位单价，准确可靠地编制工程造价的一项十分重要的工作。只有正确地把建设项目划分为几个单项工程，再按单项工程到单位工程、单位工程到分部工程、分部工程到分项工程逐步细化，然后从最小的基本要素分项工程开始进行计量与计价，逐步形成分部工程、单位工程、单项工程的工程造价，最后汇总可得到建设项目的工程造价。建设工程的项目划分如图 1.1 所示。

图 1.1 建设工程的项目划分示意图

1.3 工程造价的含义及分类

1.3.1 建设项目工程造价含义

在市场经济条件下，建设项目工程造价具有两种含义：

在宏观上，即从投资者或业主的角度上，建设项目工程造价是指有计划地建设某项工程，预期开支或实际开支的全部固定资产投资和流动资产投资的费用总和。

在微观上，即从承包商、供应商、设计市场供给主体的角度上，工程造价是指为建设某项工程，预期或实际在土地市场、设备市场、技术劳务市场、承办市场等交易活动中，形成的工程承发包（交易）价格。

1.3.2　建设项目工程造价的分类

建设项目工程造价可以根据不同的建设阶段、编制对象（或范围）、专业性质等进行分类。

1. 按工程的建设阶段分类

在基本建设程序的每个阶段都有相应的工程造价形式，如图 1.2 所示。

图 1.2　基本建设程序与工程造价形式对照示意图

1）投资估算

投资估算是指建设项目在项目建议书和可行性研究阶段，根据建设规模结合估算指标、类似工程造价资料、现行的设备材料价格，对拟建设项目未来发生的全部费用进行预测和估算。投资估算既是判断项目可行性、进行项目决策的主要依据之一，又是建设项目筹资和控制造价的主要依据。

2）设计概算

设计概算是在初步设计或扩大初步设计阶段编制的计价文件；是在投资估算的控制下由设计单位根据初步设计图纸及说明，概算定额（或概算指标），各项费用定额或取费标准，设备、材料预算价格和建设地点的自然、技术经济条件等资料，用科学的方法计算、编制和确定的建设项目从筹建至竣工交付使用所需全部费用的文件。采用两阶段设计的建设项目，初步设计阶段必须编制设计概算。

3）修正概算

修正概算是当采用三阶段设计时，在技术设计阶段，随着对初步设计内容的深化，对建设规模、结构性质、设备类型等方面可能进行必要的修改和变动，由设计单位对初步设计总概算做出相应的调整和变动，即形成修正设计概算。一般修正设计概算不能超过原已批准的概算投资额。

4）施工图预算

施工图预算是在设计工作完成并经过图纸会审之后，根据施工图纸，图纸会审记录，施工方案，预算定额，费用定额，各项取费标准，建设地区设备、人工、材料、施工机械台班等预算价格编制和确定的单位工程全部建设费用的建筑安装工程造价文件。

5）合同价

合同价是指在工程招投标阶段通过签订总承包合同、建筑安装工程承包合同、设备材料采购合同，以及技术和咨询服务合同确定的价格。合同价属于市场价格的性质，它是由承发包双方，也即商品和劳务买卖双方根据市场行情共同议定和认可的成交价格，但它并不等于实际工程造价。按计价方法不同，建设工程合同有许多类型。不同类型合同的价格内涵也有所不同。按现行的有关规定，三种合同价形式是固定合同价、可调合同价和合同加酬金确定合同价。

6）工程结算

工程结算是指承包商按照合同约定和规定的程序。向业主收取已完工程价款清算的经济文件。工程结算分为工程中间结算、年终结算和竣工结算。

7）竣工决算

竣工决算是指业主在工程建设项目竣工验收后，由业主组织有关部门，以竣工结算等资料为依据编制的反映建设项目实际造价文件和投资效果的文件。竣工决算真实地反映了业主从筹建到竣工交付使用为止的全部建设费用，是核定新增固定资产价值、办理其交付使用的依据，是业主进行投资效益分析的依据。

工程造价各分类之间的关系如图 1.3 所示。

图 1.3　工程造价各分类之间的关系

2. 按工程的编制对象分类

1）单位工程造价

单位工程造价是以单位工程为编制对象编制的工程建设费用的技术经济文件，是编制单项工程综合造价的依据，是单项工程综合造价的组成部分。按工程性质不同，单位工程造价分为建筑工程、设备及安装工程造价。

2）单项工程综合造价

单项工程综合造价是以单项工程为对象的确定其所需建设费用的综合性经济文件。它是由单项工程内各单位工程造价汇总而成的。

3）建设项目总造价

建设项目总造价是以建设项目为对象编制的反映建设项目从筹建到竣工验收交付使用全过程建设费用的文件,它是由组成该建设项目的各个单项工程综合造价以及工程建设其他费用、预备费和投资方向调节税等汇总而成的。

3．按工程的专业性质分类

按工程的专业性质不同，可分为建筑工程造价、装饰装修工程造价、安装工程造价、市政工程造价、园林绿化工程造价等。

1.4　工程造价的构成

1.4.1　建设工程投资构成

工程造价的宏观含义即建设工程投资，含固定资产投资和流动资产投资两部分。其具体构成内容如图 1.4 所示。

图 1.4　我国现行建设工程投资构成

1.4.1.1　设备及工、器具购置费

设备及工、器具购置费用是由设备购置费和工具、器具及生产家具购置费组成的。在生产性工程建设工程中，设备及工、器具费用占投资费用比重的增大，意味着生产技术的进步和资本有机构成的提高。

1．设备购置费的构成和计算

设备购置费是指为建设工程购置费或自制的达到固定资产标准的设备、工具、器具的费用。所谓固定资产标准，是指使用年限在一年以上，单位价值在国家或各主管部门规定的限额以上。设备购置费包括设备原价和设备运杂费，即

$$设备购置费 = 设备原价(或进口设备抵岸价) + 设备运杂费 \tag{1.1}$$

式（1.1）中，设备原价是指国产标准设备、非标准设备的原价。设备运杂费是指设备原价中未包括的包装和包装材料费、运输费、装卸费、采购费及仓库保管费、供销部门手续费等。

2．工具、器具及生产家具购置费的构成和计算

工具、器具及生产家具购置费是指新建项目或扩建项目初步设计规定所必须购置的没有达

到固定资产标准的设备、仪器、工卡模具、器具、生产家具和备品备件的费用。其一般计算公式为

$$工具、器具及生产家具购置费 = 设备购置费 \times 定额费率 \quad (1.2)$$

1.4.1.2 工程建设其他费用

工程建设其他费用是指从工程筹建起到工程竣工验收交付使用止的整个建设期间，除建筑安装工程费用和设备及工、器具购置费用以外的，为保证工程建设顺利完成和交付使用后能够正常发挥效用而发生的各项费用。

按其内容，工程建设其他费用大体可分为土地使用费、与建设项目有关的其他费用、与未来企业生产经营有关的其他费用3类。

1. 土地使用费

任何一个建设项目都固定于一定地点与地面相连接，必须占用一定量的土地，也就必然要发生为获得建设用地而支付的费用，这就是土地使用费。它是指通过划拨方式取得土地使用权而支付的土地征用及迁移补偿费，或者通过土地使用权出让方式取得土地使用权而支付的土地使用权出让金。

1) 土地征用及迁移补偿费

土地征用及迁移补偿费是指建设项目通过划拨方式取得无限期的土地使用权，依照《中华人民共和国土地管理法》等规定所支付的费用。其总和不得超过被征收土地年产值的20倍，土地年产值则按该地被征用3年的平均产量和国家的价格计算。其内容包括：土地补偿费，青苗补偿费和被征用土地上的房屋、水井、树木等附着物补偿费，安置补助费，缴纳的耕地占用税或城镇土地使用税、土地登记费及征地管理费等，征地动迁费，水利水电工程水库淹没处理补偿费。

2) 土地使用权出让金

土地使用权出让金是指建设项目通过土地使用权出让方式取得有限期的土地使用权，依照《中华人民共和国城镇国有土地使用权出让和转让暂行条例》规定所支付的费用。

（1）明确国家是城市土地的唯一所有者，并分层次，有偿、有限期地出让、转让城市土地。第一层次是城市政府将国有土地使用权出让给用地者，该层次由城市政府垄断经营，出让对象可以是有法人资格的企事业单位，也可以是外商。第二层次及以下层次的转让则发生在使用者之间。

（2）城市土地的出让和转让可采用协议、招标、公开拍卖等方式。

2. 与建设项目有关的其他费用

根据项目的不同，与建设项目有关的其他费用的构成也不尽相同，在进行工程估算及概算中可根据实际情况进行计算。一般包括以下各项：

1) 建设单位管理费

建设单位管理费是指建设项目从立项、筹建、建设、联合试运转、竣工验收、交付使用后评估等全过程管理所需的费用。其内容包括：

（1）建设单位开办费，是指新建项目为保证筹建和建设工作正常进行所需办公设备、生活家具、用具、交通工具等购置费用。

（2）建设单位经费，其内容包括工作人员的基本薪资、工资性补贴、职工福利费、劳动保护费、劳动保险费、办公费、差旅交通费、工会经费、职工教育经费、固定资产使用费、工具用具使用费、技术图书资料费、生产人员招募费、工程招标费、合同契约公证费、工程质量监督检测费、工程咨询费、法律顾问费、审计费、业务招待费、排污费、竣工交付使用清理及竣工验收费、后评估等费用，不包括应计入设备、材料预算价格的建设单位采购及保管设备材料所需的费用。

建设单位管理费按照单项工程费用之和（包括设备及工、器具购置费和建筑安装工程费用）乘以建设单位管理费率计算。

建设单位管理费率按照建设项目的不同性质、不同规模确定。有的建设项目按照建设工期的规定的金额计算建设单位管理费。

2）勘察设计费

勘察设计费是指为本建设项目提供项目建议书、可行性研究报告及设计文件等所需要的费用。其内容包括：

（1）编制项目建议书、可行性研究报告及投资估算、工程咨询、评价及编制上述文件所进行勘察、设计、研究试验等所需要的费用。

（2）委托勘察、设计单位进行初步设计、施工图设计及概预算编制等所需的费用。

（3）在规定范围内由建设单位自行完成勘察、设计工作所需的费用。

3）研究试验费

研究试验费是指为建设项目提供和验证设计参数、数据、资料等所进行的必要的试验费用及设计规定在施工中必须进行试验、验证所需的费用。其内容包括自行或委托其他部门研究试验所需人工费、材料费、试验设备及仪器使用费等。这项费用按照设计单位根据本工程项目的需要提出的研究试验内容和要求计算。

4）建设单位临时设施费

建设单位临时设施费是指建设期间建设单位所需临时设施的搭设、维修、摊销费用或租赁费用。临时设施包括临时宿舍、文化福利及公用事业房屋与构筑物、仓库、办公室、加工厂以及规定范围内的道路、水、电、管线等临时设施和小型临时设施。

5）工程监理费

工程监理费是指建设单位委托工程监理单位对工程实施监理工作所需费用。

6）工程保险费

工程保险费是指建设项目在建设期间根据需要实施工程保险所需费用。其内容包括以各种建筑工程及其在施工过程中的物料、机器设备为保险标的的建筑工程一切险，以安装工程中的各种机器、机械设备为保险标的的安装工程一切险，以及机器损坏保险等。根据不同的工程类别，分别以其建筑、安装工程费乘以建筑、安装工程保险费率计算。

7）引进技术和进口设备其他费用

引进技术和进口设备其他费用，其内容包括出国人员费用、国外工程技术人员来华费用、技术引进费、分期或延期付款利息、担保费以及进口设备检验鉴定费。

8）工程承包费

工程承包费是指具有总承包条件的工程公司，对工程建设项目从开始建设至竣工投产全过程的总承包所需的费用。

3. 与未来企业生产经营有关的其他费用

1）联合运转费

联合运转费是指新建企业或新增加生产工艺过程的扩建企业在竣工验收前，按照设计规定的工程质量标准，进行整个车间的负荷联合试运转发生的费用支出大于试运转收入的亏损部分。其内容包括试运转所需的原料、燃料、油料和动力费用，机械使用费，低值易耗品及其他物品的购置费用和施工单位参加联合式运转人员的工资等。试运转收入包括试运转产品销售和其他收入。联合试运转费不包括单台设备调试费及试车费用。联合试运转费一般根据不同性质的项目按需要试运转车间的工艺设备购置费的百分率计算。

2）生产准备费

生产准备费是指新建企业或新增生产能力的企业，为保证竣工交付使用进行必要的生产准备所发生的费用。其内容包括：

（1）生产人员培训费，包括自行培训、委托其他单位培训的人员的工资、工资性补贴、职工福利费、差旅交通费、学习资料费、学习费、劳动保护费等。

（2）生产单位提前进厂参加施工、设备安装、调试等以及熟悉工艺流程及设备性能等人员的工资、工资性补贴、职工福利费、差旅交通费、劳动保护费等。

（3）办公和生活家具购置费，是指为保证新建、改建、扩建项目初期正常生产、使用和管理所必须购置的办公和生活家具、用具的费用。改、扩建项目所需的办公和生活用具购置费，应低于新建项目。其内容包括办公室、会议室、资料档案室、阅览室、文娱室、食堂、浴室、理发店、宿舍和设计规定必须建设的托儿所、卫生所、招待所、中小学校的家具用具购置费。这项费用按照设计定员人数乘以综合指标计算，一般为 600 ~ 800 元/人。

1.4.1.3 预备费

按照我国现行规定，预备费包括基本预备费和涨价预备费。

1. 基本预备费

基本预备费是指在初步设计及概算内难以预料的工程费用。其内容包括：

（1）在批准的初步设计范围内，技术设计、施工图设计及施工过程中所增加的工程费用，设计变更、局部地基处理等增加的费用。

（2）一般自然灾害造成的损失和预防自然灾害所采取的措施费用。实行工程保险的工程项目费用应适当降低。

（3）竣工验收时为鉴定工程质量对隐蔽工程进行必要的挖掘和修复费用。

基本预备费是按设备及工、器具购置费，建筑安装工程费用和工程建设其他费用三者之和，乘以基本预备费率进行计算的，即

$$基本预备费 = (设备及工、器具购置费 + 建筑安装工程费用 +$$
$$工程建设其他费用) \times 基本预备费率 \qquad (1.3)$$

基本预备费率的取值应执行国家及部门有关规定。

2. 涨价预备费

涨价预备费是指建设项目在建设期间内由于价格等变化引起工程造价变化的预测预留费

用。其内容包括人工、设备、材料、施工机械的价差费，建筑安装工程费及工程建设其他费用调整，利率、汇率调整等增加的费用。

涨价预备费的测算方法，一般根据国家规定的投资综合价格指数，按估算年份价格水平的投资额为基数，采用复利方法计算，其计算公式为

$$P_F = \sum_{i=1}^{n} P_i \times [(1+i)i - 1] \tag{1.4}$$

式中　P_F——涨价预备费；
　　　P_i——建设期第 i 年的投资计划额；
　　　n——建设期年份数；
　　　i——年均投资价格上涨率。

1.4.1.4　建设期贷款利息

建设期贷款利息包括向国内银行和其他非银行金融机构贷款、出口信贷、外国政府贷款、国际商业银行贷款以及在境内外发行的债券等在建设期间内应偿还的借款利息。

建设期贷款利息一般是根据贷款额和建设期每年使用的贷款安排和贷款合同规定的年利率进行计算。其计算公式为

$$q_j = \left(P_{j-1} + \frac{1}{2} A_j \right) i \tag{1.5}$$

式中　q_j——建设期第 j 年应计利息；
　　　P_{j-1}——建设期第 $j-1$ 年末贷款累积金额与利息累计金额之和；
　　　A_j——建设期第 j 年贷款金额；
　　　i——年利率。

1.4.1.5　投资方向调节税

为了贯彻国家产业政策，控制投资规模，引导投资方向，调整投资结构，加强重点建设，促进国民经济持续、稳定、协调发展，对在我国境内进行固定资产投资的单位和个人征收固定资产投资方向调节税（简称投资方向调节税）。

按国家有关规定，自 2000 年 1 月起，对新发生的投资额暂停征收固定资产投资方向调节税。

1.4.2　建筑安装工程费用组成

工程造价的微观含义是指建筑安装工程费用。按照建设部、财政部建标【2013】44 号文件《关于印发<建筑安装工程费用项目组成>的通知》规定，建筑安装工程费用组成有两种划分方式。

1.4.2.1　按费用构成要素组成划分

建筑安装工程费按照费用构成要素组成划分：由人工费、材料费、施工机具使用费、企业

管理费、利润、规费和税金组成。其中人工费、材料费、施工机具使用费、企业管理费和利润包含在分部分项工程费、措施项目费、其他项目费中，如图 1.5 所示。

图 1.5　建筑安装工程费用项目组成（按费用构成要素划分）

1. 人工费

人工费是指按工资总额构成规定，支付给从事建筑安装工程施工的生产工人和附属生产单位工人的各项费用。内容包括：

（1）计时工资或计件工资：是指按计时工资标准和工作时间或对已做工作按计件单价支付给个人的劳动报酬。

（2）奖金：是指对超额劳动和增收节支支付给个人的劳动报酬。如节约奖、劳动竞赛奖等。

（3）津贴补贴：是指为了补偿职工特殊或额外的劳动消耗和因其他特殊原因支付给个人的津贴，以及为了保证职工工资水平不受物价影响支付给个人的物价补贴。如流动施工津贴、特殊地区施工津贴、高温（寒）作业临时津贴、高空津贴等。

（4）加班加点工资：是指按规定支付的在法定节假日工作的加班工资和在法定日工作时间外延时工作的加点工资。

（5）特殊情况下支付的工资：是指根据国家法律、法规和政策规定，因病、工伤、产假、计划生育假、婚丧假、事假、探亲假、定期休假、停工学习、执行国家或社会义务等原因按计时工资标准或计时工资标准的一定比例支付的工资。

人工费计取公式1为

$$人工费 = \sum(工日消耗量 \times 日工资单价) \tag{1.6}$$

注：公式1.6主要适用于施工企业投标报价时自主确定人工费，也是工程造价管理机构编制计价定额确定定额人工单价或发布人工成本信息的参考依据。

人工费计取公式2为

$$人工费 = \sum(工程工日消耗量 \times 日工资单价) \tag{1.7}$$

式中：日工资单价是指施工企业平均技术熟练程度的生产工人在每工作日（国家法定工作时间内）按规定从事施工作业应得的日工资总额。

工程造价管理机构确定日工资单价应通过市场调查、根据工程项目的技术要求，参考实物工程量人工单价综合分析确定，最低日工资单价不得低于工程所在地人力资源和社会保障部门所发布的最低工资标准的：普工1.3倍、一般技工2倍、高级技工3倍。

工程计价定额不可只列一个综合工日单价，应根据工程项目技术要求和工种差别适当划分多种日人工单价，确保各分部工程人工费的合理构成。

注：公式1.7适用于工程造价管理机构编制计价定额时确定定额人工费，是施工企业投标报价的参考依据。

注意：人工费中不包括材料管理、采购及保管员、驾驶或操作施工机械及运输工具的工人、材料到达工地仓库或施工地点存放材料的地方以前的搬运、装卸工人和其他由管理费支付工资的人员的工资。以上人员的工资应分别列入采购保管费、材料运输费、机械费等各相应的费用项目中去。

2. 材料费

材料费是指施工过程中耗费的原材料、辅助材料、构配件、零件、半成品或成品、工程设备的费用。内容包括：

（1）材料原价：是指材料、工程设备的出厂价格或商家供应价格。

（2）运杂费：是指材料、工程设备自来源地运至工地仓库或指定堆放地点所发生的全部费用。

（3）运输损耗费：是指材料在运输装卸过程中不可避免的损耗。

（4）采购及保管费：是指为组织采购、供应和保管材料、工程设备的过程中所需要的各项费用。包括采购费、仓储费、工地保管费、仓储损耗。

工程设备是指构成或计划构成永久工程一部分的机电设备、金属结构设备、仪器装置及其他类似的设备和装置。

（1）材料费计取公式为

$$材料费 = \sum(材料消耗量 \times 材料单价) \tag{1.8}$$

式中

$$材料弹价 = [(材料原价 + 运杂费) \times (1 + 运输损耗率\%)] \times (1 + 采购保管费率\%) \tag{1.9}$$

（2）工程设备费计取公式为

$$工程设备费 = \sum(工程设备量 \times 工程设备单价) \tag{1.10}$$

$$工程设备单价 = [(设备原价 + 运杂费) \times (1 + 采购保管费率\%) \tag{1.11}$$

3. 施工机具使用费

施工机具使用费是指施工作业所发生的施工机械、仪器仪表使用费或其租赁费。

1）施工机械使用费

用施工机械台班耗用量乘以施工机械台班单价表示，施工机械台班单价应由下列 7 项费用组成：

（1）折旧费：指施工机械在规定的使用年限内，陆续收回其原值的费用。

（2）大修理费：指施工机械按规定的大修理间隔台班进行必要的大修理，以恢复其正常功能所需的费用。

（3）经常修理费：指施工机械除大修理以外的各级保养和临时故障排除所需的费用。包括为保障机械正常运转所需替换设备与随机配备工具附具的摊销和维护费用，机械运转中日常保养所需润滑与擦拭的材料费用及机械停滞期间的维护和保养费用等。

（4）安拆费及场外运费：安拆费指施工机械（大型机械除外）在现场进行安装与拆卸所需的人工、材料、机械和试运转费用以及机械辅助设施的折旧、搭设、拆除等费用。场外运费指施工机械整体或分体自停放地点运至施工现场或由一施工地点运至另一施工地点的运输、装卸、辅助材料及架线等费用。

（5）人工费：指机上司机（司炉）和其他操作人员的人工费。

（6）燃料动力费：指施工机械在运转作业中所消耗的各种燃料及水、电等。

（7）税费：指施工机械按照国家规定应缴纳的车船使用税、保险费及年检费等。

施工机械使用费计取公式为

$$施工机械使用费 = \sum(施工机械台班消耗量 \times 机械台班单价) \tag{1.12}$$

式中

$$机械台班单价 = 台班折旧费 + 台班大修费 + 台班经常修理费 + 台班安拆费及场外运费 + 台班人工费 + 台班燃料动力费 + 台班车船税费 \tag{1.13}$$

2）仪器仪表使用费

指工程施工所需使用的仪器仪表的摊销及维修费用。

仪器仪表使用费计取公式为

$$仪器仪表使用费 = 工程使用的仪器仪表摊销费 + 维修费 \qquad (1.14)$$

4. 企业管理费

1）企业管理费的内容

企业管理费是指建筑安装企业组织施工生产和经营管理所需的费用。内容包括：

（1）管理人员工资：是指按规定支付给管理人员的计时工资、奖金、津贴补贴、加班加点工资及特殊情况下支付的工资等。

（2）办公费：是指企业管理办公用的文具、纸张、账表、印刷、邮电、书报、办公软件、现场监控、会议、水电、烧水和集体取暖降温（包括现场临时宿舍取暖降温）等费用。

（3）差旅交通费：是指职工因公出差、调动工作的差旅费、住勤补助费，市内交通费和误餐补助费，职工探亲路费，劳动力招募费，职工退休、退职一次性路费，工伤人员就医路费，工地转移费以及管理部门使用的交通工具的油料、燃料等费用。

（4）固定资产使用费：是指管理和试验部门及附属生产单位使用的属于固定资产的房屋、设备、仪器等的折旧、大修、维修或租赁费。

（5）工具用具使用费：是指企业施工生产和管理使用的不属于固定资产的工具、器具、家具、交通工具和检验、试验、测绘、消防用具等的购置、维修和摊销费。

（6）劳动保险和职工福利费：是指由企业支付的职工退职金、按规定支付给离休干部的经费，集体福利费、夏季防暑降温、冬季取暖补贴、上下班交通补贴等。

（7）劳动保护费：是企业按规定发放的劳动保护用品的支出。如工作服、手套、防暑降温饮料以及在有碍身体健康的环境中施工的保健费用等。

（8）检验试验费：是指施工企业按照有关标准规定，对建筑以及材料、构件和建筑安装物进行一般鉴定、检查所发生的费用，包括自设试验室进行试验所耗用的材料等费用。不包括新结构、新材料的试验费，对构件做破坏性试验及其他特殊要求检验试验的费用和建设单位委托检测机构进行检测的费用，对此类检测发生的费用，由建设单位在工程建设其他费用中列支。但对施工企业提供的具有合格证明的材料进行检测不合格的，该检测费用由施工企业支付。

（9）工会经费：是指企业按《工会法》规定的全部职工工资总额比例计提的工会经费。

（10）职工教育经费：是指按职工工资总额的规定比例计提，企业为职工进行专业技术和职业技能培训，专业技术人员继续教育、职工职业技能鉴定、职业资格认定以及根据需要对职工进行各类文化教育所发生的费用。

（11）财产保险费：是指施工管理用财产、车辆等的保险费用。

（12）财务费：是指企业为施工生产筹集资金或提供预付款担保、履约担保、职工工资支付担保等所发生的各种费用。

（13）税金：是指企业按规定缴纳的房产税、车船使用税、土地使用税、印花税等。

（14）其他：包括技术转让费、技术开发费、投标费、业务招待费、绿化费、广告费、公证费、法律顾问费、审计费、咨询费、保险费等。

2）企业管理费的计算

（1）以分部分项工程费为计算基础

$$企业管理费费率(\%) = \frac{生产工人年平均管理费}{年有效施工天数×人工单价} × $$

$$人工费占分部分项工程费比例（\%） \tag{1.15}$$

（2）以人工费和机械费合计为计算基础

$$企业管理费费率(\%) = \frac{生产工人年平均管理费}{年有效施工天数×(人工单价 + 每一工日机械使用费)} × 100\%$$

$$\tag{1.16}$$

（3）以人工费为计算基础

$$企业管理费费率(\%) = \frac{生产工人年平均管理费}{年有效施工天数×人工单价} × 100\% \tag{1.17}$$

注：上述公式适用于施工企业投标报价时自主确定管理费，是工程造价管理机构编制计价定额确定企业管理费的参考依据。工程造价管理机构在确定计价定额中企业管理费时，应以定额人工费或（定额人工费 + 定额机械费）作为计算基数，其费率根据历年工程造价积累的资料，辅以调查数据确定，列入分部分项工程和措施项目中。

5. 利 润

利润是指施工企业完成所承包工程获得的盈利。

目前，由于建筑施工队伍生产能力大于建筑市场需求，使得建筑施工企业与其他行业的利润水平之间存在着较大的差距，并且可能在一段时间内不能有大幅度的提高。但从长远发展趋势来看，随着建设管理体制的改革和建筑市场的完善和发展，这个差距一定会逐步缩小。

利润的计算方法为：

（1）施工企业根据企业自身需求并结合建筑市场实际自主确定，列入报价中。

（2）工程造价管理机构在确定计价定额中利润时，应以定额人工费或（定额人工费 + 定额机械费）作为计算基数，其费率根据历年工程造价积累的资料，并结合建筑市场实际确定，以单位（单项）工程测算，利润在税前建筑安装工程费的比重可按不低于5%且不高于7%的费率计算。利润应列入分部分项工程和措施项目中。

6. 规 费

规费是指按国家法律、法规规定，由省级政府和省级有关权力部门规定必须缴纳或计取的费用。包括：

1）社会保险费

（1）养老保险费：是指企业按照规定标准为职工缴纳的基本养老保险费。

（2）失业保险费：是指企业按照规定标准为职工缴纳的失业保险费。

（3）医疗保险费：是指企业按照规定标准为职工缴纳的基本医疗保险费。

（4）生育保险费：是指企业按照规定标准为职工缴纳的生育保险费。

（5）工伤保险费：是指企业按照规定标准为职工缴纳的工伤保险费。

2）住房公积金

住房公积金是指企业按规定标准为职工缴纳的住房公积金。

社会保险费和住房公积金应以定额人工费为计算基础，根据工程所在地省、自治区、直辖市或行业建设主管部门规定费率计算。

3）工程排污费

工程排污费是指按规定缴纳的施工现场工程排污费。

其他应列而未列入的规费，按实际发生计取。

工程排污费等其他应列而未列入的规费应按工程所在地环境保护等部门规定的标准缴纳，按实计取列入。

7．税　金

税金是指国家税法规定的应计入建筑安装工程造价内的营业税、城市维护建设税、教育费附加以及地方教育附加。

税金计算公式为

$$税金 = 税前造价 \times 综合税率（\%） \tag{1.18}$$

式中综合税率计算公式如下：

（1）纳税地点在市区的企业

$$综合税率(\%) = \frac{1}{1 - 3\% - (3\% \times 7\%) - (3\% \times 3\%) - (3\% \times 2\%)} - 1 = 3.477\% \tag{1.19}$$

（2）纳税地点在县城、镇的企业

$$综合税率(\%) = \frac{1}{1 - 3\% - (3\% \times 5\%) - (3\% \times 3\%) - (3\% \times 2\%)} - 1 = 3.413\% \tag{1.20}$$

（3）纳税地点不在市区、县城、镇的企业

$$综合税率(\%) = \frac{1}{1 - 3\% - (3\% \times 1\%) - (3\% \times 3\%) - (3\% \times 2\%)} - 1 = 3.284\% \tag{1.21}$$

（4）实行营业税改增值税的，按纳税地点现行税率计算。

1.4.2.2　按工程造价形成划分

建筑安装工程费按照工程造价形成由分部分项工程费、措施项目费、其他项目费、规费、税金组成，分部分项工程费、措施项目费、其他项目费包含人工费、材料费、施工机具使用费、企业管理费和利润，如图 1.6 所示。

图 1.6 建筑安装工程费用项目组成（按造价形成划分）

1. 分部分项工程费

分部分项工程费是指各专业工程的分部分项工程应予列支的各项费用。

（1）专业工程：是指按现行国家计量规范划分的房屋建筑与装饰工程、仿古建筑工程、通用安装工程、市政工程、园林绿化工程、矿山工程、构筑物工程、城市轨道交通工程、爆破工程等各类工程。

（2）分部分项工程：指按现行国家计量规范对各专业工程划分的项目。如房屋建筑与装饰工程划分的土石方工程、地基处理与桩基工程、砌筑工程、钢筋及钢筋混凝土工程等。

各类专业工程的分部分项工程划分见现行国家或行业计量规范。

分部分项工程费计算公式为

$$分部分项工程费 = \sum(分部分项工程量 \times 综合单价) \tag{1.22}$$

式中：综合单价包括人工费、材料费、施工机具使用费、企业管理费和利润以及一定范围的风险费用（下同）。

2. 措施项目费

1）措施项目费含义及内容

措施项目费是指为完成建设工程施工，发生于该工程施工前和施工过程中的技术、生活、安全、环境保护等方面的费用。内容包括：

（1）安全文明施工费，包括：

① 环境保护费：是指施工现场为达到环保部门要求所需要的各项费用。

② 文明施工费：是指施工现场文明施工所需要的各项费用。

③ 安全施工费：是指施工现场安全施工所需要的各项费用。

④ 临时设施费：是指施工企业为进行建设工程施工所必须搭设的生活和生产用的临时建筑物、构筑物和其他临时设施费用。包括临时设施的搭设、维修、拆除、清理费或摊销费等。

（2）夜间施工增加费：是指因夜间施工所发生的夜班补助费、夜间施工降效、夜间施工照明设备摊销及照明用电等费用。

（3）二次搬运费：是指因施工场地条件限制而发生的材料、构配件、半成品等一次运输不能到达堆放地点，必须进行二次或多次搬运所发生的费用。

（4）冬雨季施工增加费：是指在冬季或雨季施工需增加的临时设施、防滑、排除雨雪，人工及施工机械效率降低等费用。

（5）已完工程及设备保护费：是指竣工验收前，对已完工程及设备采取的必要保护措施所发生的费用。

（6）工程定位复测费：是指工程施工过程中进行全部施工测量放线和复测工作的费用。

（7）特殊地区施工增加费：是指工程在沙漠或其边缘地区、高海拔、高寒、原始森林等特殊地区施工增加的费用。

（8）大型机械设备进出场及安拆费：是指机械整体或分体自停放场地运至施工现场或由一个施工地点运至另一个施工地点，所发生的机械进出场运输及转移费用及机械在施工现场进行安装、拆卸所需的人工费、材料费、机械费、试运转费和安装所需的辅助设施的费用。

（9）脚手架工程费：是指施工需要的各种脚手架搭、拆、运输费用以及脚手架购置费的摊销（或租赁）费用。

措施项目及其包含的内容详见各类专业工程的现行国家或行业计量规范。

2）措施项目费计算公式

（1）国家计量规范规定应予计量的措施项目，其计算公式为

$$措施项目费 = \sum(措施项目工程量 \times 综合单价) \tag{1.23}$$

式中：综合单价包括人工费、材料费、施工机具使用费、企业管理费和利润以及一定范围的风险费用（下同）。

（2）国家计量规范规定不宜计量的措施项目计算方法如下：

① 安全文明施工费

$$安全文明施工费 = 计算基数 \times 安全文明施工费费率（\%）\tag{1.24}$$

计算基数应为定额基价（定额分部分项工程费 + 定额中可以计量的措施项目费）、定额人工费或（定额人工费 + 定额机械费），其费率由工程造价管理机构根据各专业工程的特点综合确定。

② 夜间施工增加费

$$夜间施工增加费 = 计算基数 \times 夜间施工增加费费率（\%）\tag{1.25}$$

③ 二次搬运费

$$二次搬运费 = 计算基数 \times 二次搬运费费率（\%）\tag{1.26}$$

④ 冬雨季施工增加费

$$冬雨季施工增加费 = 计算基数 \times 冬雨季施工增加费费率（\%）\tag{1.27}$$

⑤ 已完工程及设备保护费

$$已完工程及设备保护费 = 计算基数 \times 已完工程及设备保护费费率（\%）\tag{1.28}$$

上述措施项目的计费基数和费率参考各地区的定额说明或造价管理机构的相关规定。

3. 其他项目费

1）其他项目费含义及内容

（1）暂列金额：是指建设单位在工程量清单中暂定并包括在工程合同价款中的一笔款项。用于施工合同签订时尚未确定或者不可预见的所需材料、工程设备、服务的采购，施工中可能发生的工程变更、合同约定调整因素出现时的工程价款调整以及发生的索赔、现场签证确认等的费用。

（2）计日工：是指在施工过程中，施工企业完成建设单位提出的施工图纸以外的零星项目或工作所需的费用。

（3）总承包服务费：是指总承包人为配合、协调建设单位进行的专业工程发包，对建设单位自行采购的材料、工程设备等进行保管以及施工现场管理、竣工资料汇总整理等服务所需的费用。

2）其他项目费计算方法

（1）暂列金额由建设单位根据工程特点，按有关计价规定估算，施工过程中由建设单位掌握使用、扣除合同价款调整后如有余额，归建设单位。

（2）计日工由建设单位和施工企业按施工过程中的签证计价。

（3）总承包服务费由建设单位在招标控制价中根据总包服务范围和有关计价规定编制，施工企业投标时自主报价，施工过程中按签约合同价执行。

4. 规费和税金

规费、税金定义同"1.4.2.1 按费用构成要素划分"中的相应定义。

建设单位和施工企业均应按照省、自治区、直辖市或行业建设主管部门发布标准计算规费和税金，不得作为竞争性费用。

练习题

一、填空题

1. 建设项目的分类，按建设项目投资来源渠道不同，可分为_____、_____、_____、银行信用筹资项目等。

2. 建设项目的分类，按建设项目性质不同，可分为_____、_____、_____、_____、_____。

3. 一般大中型及限额以上工程项目的建设程序可以分为_____、_____、_____、_____、_____、竣工验收、后评价八个阶段。

4. 一个建设项目可划分_____、_____、_____、_____、_____五个层次。

5. 工程建设其他费用按其内容大体可分为_____、_____、与未来企业生产经营有关的其他费用三类。

6. 按我国现行规定，预备费包括_____和_____。

二、简答题

1. 简述我国现行建设工程投资的构成。
2. 建设期贷款利息包括哪些内容？
3. 建设项目工程造价根据不同的建设阶段可分为哪几类？
4. 建设工程造价按构成要素如何划分？
5. 建设工程造价按工程造价形成如何划分？

第 2 章　建设工程计价

■ **学前导读**

本章介绍了建设工程定额、建设工程计价方法及计价模式、工程量清单招标控制价和投标报价的相关内容。通过本章的学习，掌握建设工程定额的概念、分类，建设工程计价模式，综合单价的确定，招标控制价和投标报价的计价程序和区别；熟悉企业定额、施工定额和预算定额的概念、作用、编制原则及编制方法，预算定额消耗指标的确定，建设工程计价方法；理解工程量清单计价与定额计价的不同点；了解建筑工程定额的作用、发展和特性，各类定额之间的区别和联系。

2.1　建设工程定额

2.1.1　概　述

2.1.1.1　定额的概念

所谓定，就是规定；额，就是额度或限度。定额就是规定的额度或限度，即标准。

在现代社会中，生产某一种合格产品，都要消耗一定数量的人工、材料、机械以及资金等。这种消耗数量受生产条件的影响，因此是各不相同的。根据一定时期的生产水平和产品的质量要求，规定出一个合理的消耗标准，这个标准就称为定额。

建设工程定额是指按照国家有关的产品标准、设计、施工验收规范、质量和安全评定标准，颁发的用于完成规定计量单位合格产品所必须消耗的人工、材料、机械等的消耗量标准。该标准是在一定的社会生产发展水平条件下，完成某项工程建设合格产品与各种生产消耗之间特定的数量关系，它反映的是一种社会平均消耗水平。

2.1.1.2　建设工程定额的作用

建设工程定额是企业进行科学管理的必备条件，它具有以下几个方面的作用：

（1）建设工程定额是提高劳动生产率的重要手段。施工企业要节约成本，增加盈利和收入，就必须提高劳动生产率。而提高劳动生产率的主要措施是贯彻执行各种定额，把提高劳动生产率的任务落实到每一个班组和个人，促使他们改善操作方式、方法，进行合理的劳动组织，以最少的劳动量投入到相同的生产任务中。

（2）建设工程定额有利于市场行为的规范化，促使市场公平竞争。建设工程定额是投资决策和价格决策的依据，对于投资者和施工企业都有着相应的作用。对于投资者来说，可以根据定额权衡财务状况、方案优劣、支付能力等；对于施工企业来说，可以在投标报价时提出科学的、充分的数据和信息，从而正确地进行价格决策，增加在市场竞争中的主动性。

（3）建设工程定额有利于完善市场的信息。定额中的数据来源于市场，来源于大量的施工实践，也就是说定额中的数据是市场信息的反馈。信息的可靠性、完备性、灵敏度对于定额的管理相当重要。当信息越可靠性、完备性越好以及灵敏度越高时，定额中的数据就越准确，这对于通过建设工程定额所反映的工程造价就较为真实；反之，就必须主动地完善市场的信息。

2.1.1.3　我国定额的发展

在 20 世纪 50 年代，我国引进了苏联的一套定额计价制度，20 世纪 70 年代后期又参考和借鉴了欧美和日本等国家对定额进行科学管理的方法。从 1949 年到 20 世纪 90 年代初期，定额计价制度在我国从开始使用到完善，对我国的工程造价管理发挥了巨大作用。所有的工程项目均是按照事先编制好的国家统一颁发的各项工程建设定额标准进行计价，体现了政府对工程项目的投资管理。由于国内长期受"价格"的影响，各种建设要素（如人工、材料、机械等）的价格和消耗量标准等长期保持固定不变，因此可以实行由政府主管部门统一颁布定额，实现对工程造价的有效管理。

随着我国计划经济向市场经济的转变、改革开放及商品经济的发展，我国建设市场的各种建设要素价格随市场供求的变化而上下浮动，按照传统的静态计价模式计算工程造价已不再适应。为适应社会主义市场发展的要求，工程定额计价制度由静态转为动态，将过去完全由政府计划统一管理的定额计价改变为"控制量、指导价、竞争费"，即根据全国统一基础定额，国家对定额中的人工、材料、机械等消耗"量"统一控制，它们的单"价"由当地造价管理部门定期发布市场信息价作为计价的指导或参考，"费"率的确定由市场竞争情况而定，从而确定工程造价。

应该注意的是，在我国建设市场逐步放开的改革过程当中，虽然已经制定并推广了工程量清单计价制度《建设工程工程量清单计价规范》（GB 50500—2013），但是由于各地实际情况的差异，我国目前的工程造价计价方式又不可避免地出现双轨并行的局面。同时，由于我国各施工企业消耗量定额的长期缺乏，要全面建立企业内部定额尚需时间，因此，我国建筑工程定额还是工程造价管理的重要手段。随着我国工程造价管理体制改革的不断深入和对国际管理的进一步深入了解，市场自主定价模式将逐渐占主导地位。

2.1.1.4　定额的特性

1. 科学性

定额是采用科学的态度，运用科学的方法，在研究施工生产客观规律的基础上，通过长期观察、测定及广泛收集资料制定的。在制定过程中，必须对现场的工时、机具及现场生产技术和组织合理的配备等各种情况进行科学的综合分析、研究，使定额中各种消耗量指标能正确地反映当前社会生产力的水平。

2. 指导性

运用科学的方法制定的定额具有显著的指导性。定额一经制定颁发，在其范围内应遵守执行，不得随意变更定额内容与水平，以保证全国或某一地区或企业范围内有一个统一的核算尺度，从而给比较、考核经济效果和有效的监督管理提供了统一的依据。随着我国工程造价管理制度的改革，各企业可以根据市场的变化和自身情况，自主地调整自己的决策行为。

3. 稳定性和时效性

编制任何定额之前都要测算定额的水平，以使编制出的定额在使用过程中能真正地被管理人员接受，但在此水平条件下编制的定额只能反映某一定时期内生产技术水平和管理水平。因此，定额在某一时期内具有相对的稳定性，并在该时期内具有相应的时效性。

4. 统一性

定额的统一性，主要是由国家对经济发展有计划宏观调控职能决定的。为了使国民经济按既定的目标发展，需要借助定额对工程建设进行规划、组织、协调和控制。因此，定额在全国或编制建设工程定额的一定的区域范围内是统一的。

2.1.1.5 建设工程定额的分类

建设工程定额是工程建设中各类定额的总称，可以从不同的角度对其进行分类，如图 2.1 所示。

图 2.1 定额的不同分类

（1）按生产要素不同，可分为劳动消耗定额、材料消耗定额、机械消耗定额。

（2）按定额编制程序和用途不同，可分为工期定额、施工定额、预算定额（单位估价表）、概算定额、概算指标与估算指标等。

（3）按专业不同，可分为建筑工程定额、建筑装饰装修工程定额、安装工程定额（包括电气工程、暖卫工程、通信工程、工艺管道、热力工程、筑护工程、制冷、仪表、电信等安装工程定额）、市政工程定额、矿山工程定额、公路工程定额、铁路工程定额、井巷工程定额等。

（4）按编制单位和执行范围不同，可分为全国统一定额、行业统一定额、地方统一定额、企业定额等。

2.1.2　企业定额和施工定额

2.1.2.1　企业定额

1．企业定额的概念

企业定额是企业内部根据自身的生产力水平，结合企业实际情况编制的符合本企业实际利益的定额。它既是一个企业自身的劳动生产率、成本降低率、机械利用率、管理费用节约率与主要材料进价水平的集中体现，也是企业采用先进工艺改变常规施工程序从而大大节约企业成本开支的方法。企业定额水平一般应高于国家现行定额水平，才能满足生产技术发展、企业管理和市场竞争的需要。随着我国工程量清单计价模式的推广，统一定额的应用份额将会进一步缩小，而企业定额的作用将会逐渐提高。

对于建筑安装企业来说，企业定额是指建筑安装企业根据本企业的技术水平和管理水平，编制完成单位合格产品所需的人工、材料和机械台班的消耗量，以及其他生产经营要素的消耗量标准。企业定额反映企业的施工生产与生产消耗之间的数量关系，是施工企业生产力水平的体现。企业的技术和管理水平不同，企业定额的水平也不同。企业定额是施工企业进行施工管理和投标报价的基础和依据，从一定意义上讲，企业定额是企业的商业机密，是企业参与市场竞争的核心竞争能力的具体表现。

2．企业定额的作用

（1）企业定额是企业计划管理的依据。

（2）企业定额是组织和指挥施工生产的有效工具。

（3）企业定额是计算工人劳动报酬的依据。

（4）企业定额是企业激励工人的条件。

（5）企业定额有利于推广先进技术。

（6）企业定额是编制施工预算和加强企业成本管理的基础。

（7）企业定额是施工企业进行工程投标、编制工程投标报价的基础和主要依据。

3．企业定额的编制原则

作为企业定额，其编制必须体现平均先进性原则、简单适用性原则、以专家为主编制定额原则、独立自主原则、时效性原则和保密原则。

4．企业定额的编制方法

编制企业定额最关键的工作是确定人工、材料和机械台班的消耗量，计算分项工程单价或综合单价。

人工消耗量的确定，首先是根据企业环境，拟订正常的施工作业条件，分别计算测定基本用工和其他用工的工日数，进而拟订施工作业的定额时间。

材料消耗量的确定是通过企业历史数据的统计分析、理论计算、实验室试验、实地考察等方法计算确定包括周转材料在内的净用量和损耗量，从而拟订材料消耗的定额指标。

机械台班消耗量的确定，同样需要按照企业环境，拟订机械工作的正常施工作业条件，确定机械工作效率和利用系数，据此拟订施工机械作业的定额台班与机械作业相关的工人小组的定额时间。

5. 企业定额与施工及预算定额的区别与联系

1) 相互联系

预算定额一般以施工定额为基础进行编制，而企业定额编制时往往以预算定额作为控制的参考依据。企业定额的编制水平一般高于预算定额。施工定额是企业定额中的一种，主要是指施工现场中的人工、材料和机械台班的消耗量标准。它们之间有一定的关联性，都规定了完成单位合格产品所需的人工、材料和机械台班的消耗量标准。

2) 相互区别

（1）研究对象不同。预算定额以可计价的分部分项工程为研究对象，施工定额以施工过程为研究对象。前者在后者基础上，在研究对象上进行了科学的综合扩大。而企业定额与施工定额基本相同。

（2）编制单位和使用范围不同。预算定额由国家、行业或地区建设主管部门编制，是国家、行业或地区建设工程造价计价法规性标准。企业定额是由企业编制，是企业内部使用的定额。

（3）编制时考虑的因素不同。预算定额综合考虑了众多企业的一般情况，考虑了施工过程中，对前面施工工序的检验，对后继施工工序的准备，以及相互搭接中的技术间歇、零星用工及停工损失等人工、材料和机械台班消耗量的增加因素。企业定额是依据本企业的技术经济状况和施工水平编制的，考虑的是本企业施工的情况。施工定额考虑更多的是现场工程具体的施工技术水平。

（4）编制水平不同。预算定额采用社会平均水平编制，反映的是社会平均水平。企业定额采用企业自身水平编制，反映的是社会先进水平和个别成本。

2.1.2.2　施工定额

1. 概　述

1) 施工定额的概念及性质

施工定额是以同一性质的施工过程或工序为测算对象，确定建筑安装工人在正常的施工条件下，为完成某种单位合格产品所需合理的人工、材料和机械台班的消耗量标准。施工定额由劳动定额、材料消耗定额、机械台班使用定额组成，是最基本的定额。

施工定额是直接用于施工管理中的一种定额，是建筑安装企业的生产定额，它是由地区主管部门或企业根据全国统一劳动定额、材料消耗定额和机械台班使用定额结合地区特点而制定的一种定额。有些地区就直接使用全国统一劳动定额和机械台班使用定额。

2) 施工定额的作用

施工定额是建筑安装企业进行科学管理工作的基础，它的主要作用表现在以下几个方面：

（1）施工定额是企业编制施工预算，进行工料分析和"两算"对比的基础。

（2）施工定额是编制施工组织设计、施工作业计划的依据。

（3）施工定额是加强企业成本管理的基础。

（4）施工定额是建筑安装企业投标报价的基础。

（5）施工定额是组织和指挥施工生产的有效工具。

（6）施工定额是计算工人劳动报酬的依据，为提高工人劳动积极性创造了条件。

3) 施工定额的编制依据

（1）经济政策和劳动制度。施工定额虽是技术定额，但它具有很强的法令性，编制施工定额必须依据党和国家的相关方针、政策及劳动制度。

（2）技术依据。技术依据主要是指各类技术规范、规程、标准和技术测定数据、统计资料等。

（3）经济依据。经济依据主要是指各类定额，尤其是现行的各类施工定额及各省、市、自治区乃至企业的有关现行的、历史的定额资料数据，另外还有日常积累的有关材料、机械、能源等消耗的资料、数据。

4）施工定额的编制原则

（1）平均先进水平原则。所谓平均先进水平，是指在正常条件下，多数生产者经过努力可以达到，少数生产者可以接近，个别生产者可以超过的水平。一般情况下，它低于先进水平而略高于平均水平。

（2）简明适用原则。简明适用原则是在适用基础上的简明。它主要针对施工定额的内容和形式而言，它要求施工定额的内容较丰富，项目较齐全，适用性强，能满足施工组织与管理和计算劳动报酬等多方面的要求。同时要求定额简明扼要，容易为工人和业务人员所理解、掌握，便于查阅和计算等。

（3）以专为主、专群结合的原则。施工定额的编制工作必须由施工企业中经验丰富、技术与管理知识全面、通晓国家技术经济政策的专门队伍完成。同时定额的编制和贯彻都离不开群众，因此编制定额必须走群众路线。

2．劳动定额

1）劳动定额的概念

劳动定额，也称人工定额。它是在正常的施工技术组织条件下，完成单位合格产品所必需的劳动消耗量的标准。这个标准是国家和企业对工人在单位时间内完成产品的数量和质量的综合要求。

劳动定额的表现形式分为时间定额和产量定额两种。

时间定额是指在一定的生产技术和生产组织条件下，某工种、某种技术等级的工人班组或个人完成符合质量要求的单位产品所必需的工作时间。定额时间包括工人的有效工作时间（准备与结束时间、基本工作时间、辅助工作时间）、不可避免的中断时间和工人必需的休息时间。

时间定额以工日为单位，每个工日工作时间按现行制度规定为 8 h，其计算方法如下：

$$单位产品时间定额(工日) = \frac{1}{每工产量} \qquad (2.1)$$

或

$$单位产品时间定额(工日) = \frac{小组成员工日数总和}{小组台班产量} \qquad (2.2)$$

产量定额是指在合理的劳动组织和合理地使用材料的条件下，某工种、某种技术等级的工人班组或个人在单位工日中所应完成的合格产品的数量。产量定额的常用计量单位有米（m）、平方米（m^2）、立方米（m^3）、吨（t）、块、根、件、扇等，其计算方法如下：

$$产品额定 = \frac{产品数量}{劳动时间} \qquad (2.3)$$

时间定额与产量定额的关系。从时间定额与产量定额的概念和公式，我们可以得出，时间定额与产量定额的关系互为倒数，即

$$时间额定 = \frac{1}{产量定额} \qquad (2.4)$$

2）工作时间

完成任何施工过程，都必须消耗一定的工作时间。要研究施工过程中的工时消耗量，就必须对工作时间进行分析。

工作时间是指工作班的延续时间。建筑安装企业工作班的延续时间为 8 h。

工作时间的研究是将劳动者整个生产过程中所消耗的工作时间，根据其性质、范围和具体情况进行科学划分、归类，明确规定哪些属于定额时间，哪些属于非定额时间，找出非定额时间损失的原因，以便拟订技术组织措施，消除产生非定额时间的因素，充分利用工作时间，提高劳动生产率。

对工作时间的研究和分析，可以分工人工作时间和机械工作时间两个系统进行。

（1）工人工作时间

① 定额时间，是指工人在正常施工条件下，为完成一定数量的产品或任务所必须消耗的工作时间。具体内容包括以下 5 点：

a. 准备与结束工作时间，即工人在执行任务前的准备工作（包括工作地点、劳动工具、劳动对象的准备）和完成任务后整理工作时间。

b. 基本工作时间，即工人完成与产品生产直接有关的准备工作，如砌砖施工过程的挂线、铺灰浆、砌砖等工作时间。基本工作时间一般与工程量的大小成正比。

c. 辅助工作时间，即为了保证基本工作顺利完成而同技术操作无直接关系的辅助性工作时间，如修磨校验工具、移动工作梯、工人转移工作地点等所必需的时间。

d. 休息时间，即工人恢复体力所必需的时间。

e. 不可避免的中断时间，即由于施工工艺特点所引起的工作中断时间，如汽车司机等候装货的时间、安装工人等候构件起吊的时间等。

② 非定额时间。具体内容包括以下 3 点：

a. 多余和偶然工作时间，即在正常施工条件下不应发生的时间消耗，如拆除超过规定高度的多余墙体的时间。

b. 施工本身造成的停工时间，即由于气候变化和水、电源中断而引起的停工时间。

c. 违反劳动纪律的损失时间，即在工作班内工人迟到、早退、闲谈、办私事等原因造成的工时损失。

（2）机械工作时间

机械工作时间的分类与工人工作时间的分类相比，有一些不同点，如在必须消耗的时间中所包含的有效工作时间的内容不同。通过分析可以看到，两种时间的不同点是由机械本身的特点所决定的。

① 定额时间。具体内容包括以下 3 点：

a. 有效工作时间，即包括正常负荷下的工作时间、有根据的降低负荷下的工作时间。

b. 不可避免的无负荷工作时间，即由施工过程的特点所造成的无负荷工作时间，如推土机到达工作段终端后倒车时间、起重机吊完构件后返回构件堆放地点的时间等。

c. 不可避免的中断时间，即与工艺过程的特点、机械使用中的保养、工人休息等有关的中断时间，如汽车装卸货物的停车时间、给机械加油的时间、工人休息时的停机时间等。

其计算公式为

$$定额时间 = 基本工作时间 + 辅助工作时间 + 准备与结束工作时间 +$$
$$不可避免的中断时间 + 休息时间 \qquad (2.5)$$

② 非定额时间。具体内容包括以下 3 点：

a. 机械多余的工作时间，即机械完成任务时无须包括的工作占用时间，如灰浆搅拌机搅拌时多运转的时间工人没有及时供料而使机械空运转的延续时间。

b. 机械停工时间，即由于施工组织不好或气候条件影响所引起的停工时间，如未及时给机械加水、加油而引起的停工时间等。

c. 违反劳动纪律的停工时间，即由于工人迟到、早退等原因引起的机械停工时间。

3）劳动定额的编制方法

（1）技术测定法：是一种科学的调查研究方法，是指根据现场测定资料编制时间消耗定额的一种方法。用技术测定法制定的定额具有较充分的科学依据，因而准确性较高，但工作中运用的技术往往较为复杂，工作量偏大。

（2）统计计算法：是运用测定、统计的方法统计完成某项单位产品时间消耗的数据的一种方法。统计计算法方法简便，只需对统计的资料、数据加以分析和整理，但是统计资料中不可避免地包含着各种不合理的因素。

（3）经验估计法：是根据施工技术人员、生产管理人员和现场工人的实际工作经验，对生产某一产品或完成某项工作所需的人工进行分析，从而确定时间定额耗用量的一种方法。经验估计法编制过程较简单，但是定额精度差，容易受人为因素的影响。

（4）比较类推法：是指首先选择有代表性的典型项目，用技术测定法制定出时间消耗定额，然后根据测定的时间消耗定额用比较类推的方法编制出其他相同类型或相似类型项目时间消耗定额的一种方法。比较类推法简单可行，有一定的准确性，但只能用正比例关系来编制相关定额，故有一定的局限性。

【例 2.1】　人工挖二类土，由测时资料可知：挖 1 m^3 需消耗基本工作时间 70 min，辅助工作时间占工作班延续时间的 2%，准备与结束工作时间占 1%，不可避免的中断时间占 1%，休息时间占 20%。试确定时间定额和产量定额。

解：定额时间：

$$定额时间 = \frac{70 \text{ min}}{1 - (2\% + 1\% + 1\% + 20\%)} = 92 \text{ (min)}$$

时间定额：

$$时间额定 = \frac{92 \text{ min}}{8 \times 60 \text{ min/工日}} = 0.192 \text{ (工日)}$$

根据时间定额可计算出产量定额为：

$$\frac{1}{0.192} \text{ m}^3 = 5.2 \text{ (m}^3\text{)}$$

3. 材料消耗定额

1) 材料消耗定额的概念

材料消耗定额是指在正常的施工条件和合理使用材料的情况下，完成合格的单位产品所必须消耗的建筑安装材料（原材料、半成品、制品、预制品、燃料等）的数量标准。在一般的工业与民用建筑中，材料费用占整个工程造价的 60% ~ 70%。因此，能否降低成本在很大程度上取决于建筑材料使用是否合理。

根据材料使用次数不同，建筑材料可分为直接性材料（也称为非周转性材料，是指在建筑工程施工中，一次性消耗并直接构成工程实体的材料）和周转性材料（不能直接构成建筑安装工程的实体，但是完成建筑安装工程合格产品所必需的工具性材料）。

2) 材料消耗定额的构成

材料消耗定额包括直接用于建筑和安装工程上的材料、不可避免的施工废料和材料施工操作损耗。其中直接用于建筑和安装工程上的材料消耗称为材料消耗净用量（材料净耗量），不可避免的施工废料和材料施工操作损耗称为材料损耗量。

材料消耗定额与材料损耗定额之间具有下列关系：

$$材料消耗定额(材料消耗量) = 材料消耗净用量 + 材料损耗量 \tag{2.6}$$

$$材料损耗率 = \frac{材料损耗量}{材料消耗量} \times 100\% \tag{2.7}$$

在材料损耗率确定之后，编制材料消耗定额时，通常采用下列公式：

$$材料消耗量 = 材料消耗净用量 \times (1 + 材料损耗率) \tag{2.8}$$

3) 编制材料消耗定额的基本方法

（1）观测法：又称现场测定法，是指在合理和节约使用材料的前提下，在现场对施工过程进行观察，记录出数据，测定出哪些是不可避免的损耗材料，应该记入定额之中，哪些是可以避免的损耗材料，不应该记入定额之中，通过现场观测，确定出合理的材料消耗量，进而制定出正确的材料消耗定额。

（2）试验法：又称实验室试验法，由专门从事材料试验的专业技术人员，使用实验仪器来测定材料消耗定额的一种方法。这种方法可以较详细地研究各种因素对材料消耗的影响，且数据准确，但仅适用于在实验室内测定砂浆、混凝土、沥青等建筑材料的消耗定额。

（3）统计法：指对分部（分项）工程拨付一定的材料数量、竣工后剩余的材料数量以及完成合格建筑产品的数量，进行统计计算而编制材料消耗定额的方法。这种方法不能区分施工中的合理材料损耗和不合理材料损耗，因此，得出的材料消耗定额准确性偏低。

（4）理论计算法：又称计算法，它是根据施工图纸，运用一定的数学公式计算材料的耗用量。理论计算法只能计算出单位产品的材料净用量，材料的损耗量需在现场通过实测取得。例如，1 m³ 标准砖墙中，砖、砂浆的净用量计算公式为

$$砖净用量 = \frac{1}{(砖宽 + 灰缝) \times (砖厚 + 灰缝)} \times \frac{1}{砖长} \tag{2.9}$$

$$砂浆净用量 = 1 \ m^3 \ 砌体 - 砖体积 \tag{2.10}$$

【例 2.2】 用标准砖（240 mm×115 mm×53 mm）砌 1 砖厚墙。试求 1m³ 的砖墙中标准砖、砂浆的净用量。

解： 1 m³ 的标准 1 砖墙中标准砖的净用量为

$$砖净用量 = \frac{1}{(砖宽+灰缝)\times(砖厚+灰缝)}\times\frac{1}{砖长}$$

$$= \frac{1}{(0.115+0.01)\times(0.053+0.01)}\times\frac{1}{0.24} = 529 \, 块 = 529 \,（块）$$

1 m³ 的 1 砖墙中砂浆的净用量为：

$$砂浆净用量 = 1 \, m^3 \, 砌体 - 砖体积$$

其中，每块标准砖的体积 $= 0.24\times0.115\times0.053 = 0.0014628 \,（m^3）$

所以，砂浆净用量 $= 1 - 529\times0.0014628 = 0.226 \,（m^3）$

（5）周转性材料消耗量计算。周转性材料在工程中常用的有模板、脚手架等。这些材料在施工中随着使用次数的增加而逐渐被耗用完，故称为周转性材料。周转性材料在定额中是按照多次使用、分次摊销的方法计算。周转性材料消耗定额一般考虑下列 4 个因素：

① 第一次制造时的材料消耗（一次使用量）；

② 每周转使用一次材料的损耗（第二次使用时需要补充）；

③ 周转使用次数；

④ 周转材料的最终回收及其回收折价。

定额中周转材料消耗量指标的表示，应当用一次使用量和摊销量 2 个指标表示。

考虑模板周转使用补充和回收时的计算：

$$摊销量 = 周转使用量 - 周转回收量 \tag{2.11}$$

$$投入使用量 = 一次使用量 + 一次使用量\times$$
$$(周转次数-1)\times损耗率 \tag{2.12}$$

$$周转回收量 = \frac{周转使用最终回收量}{周转次数} \tag{2.13}$$

$$周转使用量 = \frac{投入使用量}{周转次数} \tag{2.14}$$

不考虑模板周转使用补充和回收时的计算：

$$摊销量 = \frac{一次使用量}{周转次数} \tag{2.15}$$

4. 机械台班使用定额

机械台班使用定额是施工机械生产率的反映，编制高质量的机械台班使用定额是合理组织机械化施工、有效地利用施工机械、进一步提高机械生产率的必备条件。编制机械台班使用定额，主要包括以下内容：

1）拟订正常工作的施工条件

机械操作与人工操作相比，劳动生产率在更大的程度上受施工条件的影响，因此更要重视拟订正常工作的施工条件。

2）确定机械纯工作 1 h 的正常生产率

确定机械正常生产率必须先确定机械纯工作 1 h 的正常生产率，因为只有先取得机械纯工作 1 h 的正常生产率，才能根据机械正常利用系数计算出机械台班使用定额。

机械纯工作时间，是指机械必须消耗的净工作时间，它包括正常工作负荷下、有根据降低负荷下、不可避免的无负荷时间和不可避免的中断时间。机械纯工作 1 h 的正常生产率，就是在正常施工条件下，由具备一定技能的技术工人操作机械纯工作 1 h 的劳动生产率。

确定机械纯工作 1 h 的正常生产率可以分为以下三步进行：

第 1 步，计算机械一次循环的正常延续时间；

第 2 步，计算机械纯工作 1 h 的循环次数；

第 3 步，计算机械纯工作 1 h 的正常生产率。

3）确定机械正常利用系数

机械正常利用系数是指机械在工作班内工作时间的利用率。机械正常利用系数与工作班内的工作状况有着密切的关系。

确定机械正常利用系数。首先，要计算工作班在正常状况下，准备与结束工作、机械开动、机械维护等工作所必需消耗的时间，以及机械有效工作的开始与结束时间；然后，计算机械工作班的纯工作时间；最后，确定机械正常利用系数。机械正常利用系数的计算公式为

$$机械正常利用系数 = \frac{工作班机械纯工作时间}{机械工作延续时间} \qquad (2.16)$$

4）计算机械台班使用定额

计算机械台班使用定额是编制机械台班定额的最后一步。在确定了机械工作正常条件、机械纯工作 1 h 的正常生产率和机械正常利用系数后，就可以确定机械台班使用定额了。机械台班使用定额的计算公式为

$$机械台班使用定额 = 机械纯工作 1 h 的正常生产率 × 工作班延续时间 ×$$
$$机械正常利用系数 \qquad (2.17)$$

2.1.3 预算定额

2.1.3.1 概 述

1．预算定额的概念

预算定额又称消耗量定额，是建筑工程预算基础定额和安装工程预算定额的总称。预算定额是确定一定计量单位的分项工程或结构构件的人工、材料、机械台班消耗量的标准，是国家及地区编制和颁发的一种法令性指标。预算定额是确定单位分项工程或结构构件单价的基础，它体现了国家、建设单位和施工企业之间的一种经济关系。预算定额是工程建设中一项重要的技术经济文件，它的各项指标反映了完成单位分项工程消耗的活劳动和物化劳动的数量限额，这种限额最终决定着单位工程的成本和造价。

2．预算定额的作用

预算定额主要有以下几个方面的作用：

（1）预算定额是编制施工图预算、确定和控制工程造价的主要依据。

（2）预算定额是对设计方案和施工方案进行技术经济比较和分析的依据。

（3）预算定额是编制标底、投标报价的重要依据。

（4）预算定额是建设单位和银行拨付建设资金、工程进度款和编制竣工结算的依据。

（5）预算定额是施工企业进行经济核算和经济活动分析的依据。

（6）预算定额是编制概算定额和概算指标的基础。

3. 预算定额与施工定额的区别（见表2.1）

表 2.1　预算定额与施工定额的区别

项　目	施 工 定 额	预 算 定 额
作　用	是施工企业编制施工预算的依据	是编制施工图预算、标底、工程决算的依据
定额内容	是单位、分部、分项工程人工、材料、机械台班等消耗量	除人工、材料、机械台班等消耗量外，还有费用及单价（分得越细，综合性越强）
定额水平	比预算定额高出10%左右	社会平均水平（大多数企业和地区能达到和超过的水平）
存在幅度差		预算定额比施工定额考虑了更多的实际存在的可变因素，加上工序搭接、机械停歇、质量检查等，为此在施工定额的基础上增加一个附加额

4. 预算定额的组成

预算定额一般按照工程种类不同，以分部工程分章编制，如土方工程、砖石工程等。每一章又按产品技术规格不同、施工方案不同等分为很多定额项目。整个预算定额手册一般由目录、总说明、分章说明、分项工程定额表和有关附录等组成。而建筑面积计算规则及工程量计算规则可单列成册。分项工程定额表一般由人工消耗定额、材料消耗定额、机械台班消耗定额和单位产品基价组成。

5. 预算定额的编制原则

为了保证预算定额的编制质量，充分发挥预算定额在使用过程中的作用，在编制过程中必须贯彻以下原则：

1）按社会平均水平的原则

在正常施工条件下，以平均的劳动强度、平均的技术熟练程度，在平均的技术装备条件下，完成单位合格产品所需的劳动消耗量就是预算定额的消耗量水平。这种以社会必要劳动时间来确定的定额水平，就是通常所说的平均水平。

2）简明适用的原则

定额的内容和形式既要满足各方面使用的需要，具有多方面的适用性，同时又要简明扼要、层次清楚、结构严谨。

3）技术先进、经济合理的原则

技术先进是指定额项目的确定、施工方法和材料的选择等，能够正确反映建筑技术水平，及时采用已成熟并得到普遍推广的新技术、新材料、新工艺，以促进生产的提高和建筑技术的发展。

2.1.3.2　预算定额的编制依据

（1）现行的劳动定额、材料消耗定额、机械台班使用定额和施工定额。

（2）现行的设计规范、施工验收规范、质量评定标准和安全操作规程。

（3）常用的标准图和已选定的典型工程施工图纸。

（4）成熟推广的新技术、新结构、新材料、新工艺。

（5）施工现场的测定资料、实验资料和统计资料。

（6）过去颁布的预算定额及有关预算定额编制的基础资料。

（7）现行预算定额及预算资料和地区材料预算价格、工资标准及机械台班预算价格。

2.1.3.3　预算定额消耗量指标的确定

1. 人工消耗量的确定

（1）以劳动定额为基础计算人工工日数的方法

预算定额中的人工消耗指标是指完成该分项工程必须消耗的各种用工，包括基本用工、超运距用工、辅助用工和人工幅度差。

① 基本用工，既是指完成单位合格产品所必须消耗的技术工种用工，也是指完成该分项工程的主要用工，如砌筑各种砖墙中的砌砖、运输以及调制砂浆的用工量。

$$基本用工 = \sum(综合取定的工程量 \times 施工劳动定额) \qquad (2.18)$$

② 超运距用工，是指预算定额中的材料、半成品的平均水平运距超过劳动定额基本用工中规定的距离所需增加的用工量。超运距是指预算定额取定运距与劳动定额规定的运距之差。

$$超运距用工 = \sum(超运距材料数量 \times 超运距劳动定额) \qquad (2.19)$$

③ 辅助用工，是指施工现场发生的材料加工等用工，如机械土方工程配合用工，筛石子、淋石灰膏的用工。

$$辅助用工 = \sum(材料加工数量 \times 相应的加工劳动定额) \qquad (2.20)$$

④ 人工幅度差，是指在劳动定额作业时间之外，在预算定额中应考虑的在正常施工条件下所发生的各种工时损失。内容包括：各工种间的工序搭接及交叉作业互相配合发生的停歇用工，施工机械的单位工程之间转移及临时水电线路移动所造成的停置，质量检查和隐蔽工程验收工作的影响，班组操作地点转移用工，工序交接时对前一工序不可避免的修理用工，施工中不可避免的其他零星用工。

$$人工幅度差 = (基本用工 + 超运距用工 + 辅助用工) \times 人工幅度差系数 \qquad (2.21)$$

其中人工幅度差系数一般为 10% ~ 15%。人工消耗量指标确定以后，将人工消耗量指标乘以相应的人工单价就可以得出相应的人工费。

（2）以现场测定资料为基础计算人工工日数的方法

根据劳动定额缺项的需要进行测定项目，可采用现场工作日写实等测时方法测定和计算定额的人工消耗量。

（3）人工工日消耗量指标的计算

根据选定的若干份典型工程图纸，经工程量计算后，再计算各项人工消耗量。

2. 材料消耗量的确定

预算定额中的材料消耗量指标是由材料的净用量和损耗量所组成。

材料损耗量指在正常施工条件下不可避免、合理的材料损耗，主要由施工操作损耗、场内运输（从现场内材料堆放点或加工点到施工操作点）损耗、加工制作损耗和现场管理损耗（操作地点的堆放及材料堆放地点的管理）所组成。

（1）材料消耗量的分类

完成单位合格产品所必须消耗的材料数，按用途划分为以下 4 种：

① 主要材料，是指直接构成工程实体的材料，包括原材料、成品、半成品。

② 辅助材料，是指构成工程实体的辅助性材料，如垫木、钉子、铅丝、垫块等。

③ 周转性材料，是指钢管、模板、夹具等多次周转使用的材料。这些材料是按多次使用、分次摊销的方式计入预算定额的。

④ 其他材料，是指用量较少、并难以计量，且不构成工程实体，但需配合工程的零星用料，如棉纱、编号用的油漆等。

（2）材料消耗量的计算方法

① 按规范要求计算：凡有规定标准的材料，按规范要求计算定额计量单位消耗量，如砖、防水卷材、块料面层等。

② 按设计图纸计算：凡设计图纸有标注尺寸及下料要求的按设计图纸尺寸计算材料净用量，如门窗制作用材料等。

③ 用换算法计算：各种胶结、涂料等材料的配合比用料，可以根据要求换算，得出材料用量。

④ 用测定法计算：包括试验室试验法和现场观测法。各种强度等级的混凝土及砌筑砂浆按配合比要求耗用原材料的数量，须按规范要求试配，经过试压合格后，并经必要的调整得出水泥、砂子、石子、水的用量。

各地区、各部门都在合理测定和积累资料的基础上编制了材料的损耗率表。材料的消耗量、净用量、损耗率之间关系式如下：

$$材料消耗量 = 材料净用量 + 材料损耗量$$
$$= 材料净用量 \times (1 + 材料损耗率) \qquad (2.22)$$

工程中的各种材料消耗量确定以后。将其消耗量分别乘以相应的材料价格后汇总，就可以得出预算定额中相应的材料费。材料费在工程中所占比重较大，材料数量和其价格的取定，必须慎重并合理确定。

【例 2.3】　计算 1 m³ 砖厚内墙所需砖和砂浆的消耗量。砖与砂浆的损耗率均为 1%。已知每块标准的体积 = 0.24 × 0.115 × 0.053 = 0.0 014 628 m³。

解：首先计算砖与砂浆的净用量：

$$砖的净用量 = \frac{1}{0.24 \times (0.24 + 0.01) \times (0.053 + 0.01)} \times 2 \times 1 = 529.1 （块）$$

$$砂浆的净用量 = 1 - 529.1 \times 0.0 014 = 0.226 （m^3）$$

经有代表性图纸测算，一砖内墙中的梁头、垫块所占体积为 0.376%，总扣减 0.376%。

则砖与砂浆的消耗量为：

$$砖的消耗量 = 529.1 \times (1 - 0.376\% + 1\%) = 532.4 \,(块)$$

$$砂浆的消耗量 = 0.226 \times (1 - 0.376\% + 1\%) = 0.227 \,(m^3)$$

3. 机械台班消耗量的确定

预算定额的机械台班消耗量又称机械台班使用量，计量单位是台班。它是指在合理使用机械和合理施工组织条件下，完成单位合格产品所必须消耗的机械台班数量的标准。预算定额的机械台班消耗量指标，一般是按全国统一劳动定额中的机械台班产量，并考虑一定的机械幅度差进行计算的。每个工作台班按机械工作 8 h 计算。

机械幅度差是指全国统一劳动定额规定范围内没有包括实际中必须增加的机械台班消耗量。机械幅度差系数为：土方机械 25%，打桩机械 33%，吊装机械 30%。砂浆、混凝土搅拌机由于按小组配用，以小组产量计算机械台班产量，不另增加机械幅度差。其他分部工程中如钢筋、木材、水磨石加工等各项专用机械的幅度差为 10%。

$$预算定额机械台班消耗量 = 劳动定额机械台班消耗量 \times (1 + 机械幅度差) \qquad (2.23)$$

预算定额中施工机械消耗量台班确定以后，将其乘以相应的机械台班价格，就可以得出相应的机械费。

【例 2.4】 用水磨石机械施工配备 2 人，查劳动定额可知产量定额为 4.76 m^2/工日，考虑机械幅度差为 10%。试计算每 100 m^2 水磨石机械台班消耗量。

解：

$$机械台班消耗量 = \frac{100}{4.76 \times 2} \times (1 + 10\%) = 11.55 \,(台班)$$

上述各分项工程人工消耗量、材料消耗量和机械台班消耗量构成了预算定额的主体内容；人工费、材料费、施工机械费之和构成了预算定额中某分部、分项工程的基价。由于人工、材料、机械台班单价随市场变化，在有的预算定额中，对一时未确定或不便统一规定的材料、机械的单价的内容，只列出消耗数量，未列出全部费用。

2.1.4　定额的应用

使用建筑工程定额，必须详细了解定额总说明和章节说明，并详细阅读定额的各附录和定额表的附注，从而了解定额的使用范围、工程量就算方法、各种条件变化情况下的换算方法等。

为了正确运用定额，应注意做到以下几点：

（1）要浏览目录，了解定额分部分项工程的划分情况，这是正确计算工程量、编制预算的前提条件。

（2）要学习消耗量定额的总说明、分部说明，是正确定额的先提条件。随着生产力的发展，新结构、新工艺、新材料不断涌现，现有定额已经不能完全适用，就需要修正定额或补充定额，总说明、分部说明则为换算定额、补充定额提供了依据。所以必须认真学习，深刻理解。

（3）要认真学习，正确理解，实践练习，掌握建筑面积计算规则和分部、分项工程量计算规则。

只有在学习、理解、熟记上述内容的基础上，才会依据设计图纸和定额，不漏项，也不重复地确定工程量计算项目，正确计算工程量，准确套用定额，以计算工程造价。

根据施工图纸的具体要求和工程量计算规则，列出工程量清单项目，接下来应该套用定额，主要有以下 3 种情况：

1. 直接套用

施工图设计要求和施工方案与定额工程内容完全一致时，可以"对号入座，直接套用"。

【例 2.5】　某房间进行装修，其天棚为混凝土面，抹混合砂浆，工程量为 24.6 m^2，计算天棚抹灰的人材机合价。

解：根据某省装饰装修工程预算定额基价，天棚抹混合砂浆（定额编号 3-7）：1 109.74 元/100 m^2。

例题要求与定额工程内容完全一致，可直接套用。天棚抹灰的合价为：

$$1\ 109.74 \div 100 \times 24.6 = 273.10\ (\text{元})$$

2. 换算套用

当施工图设计要求或施工方案与定额内容基本一致，但有部分不同时，根据定额规定，有以下几种情况：

（1）定额规定不允许换算。为了强调定额的权威性，在总说明和各分部说明中均提出几条不准调整的规定。如"本定额包括施工过程中所需的人工、材料、半成品和机械台班数量，除定额中有规定允许调整外，不能因具体工程施工组织设计、施工方法及工、料、机等耗用与定额不同时进行调整换算。"这类规定首先确定了定额的依据及合理性，同时明确不准调整定额的规定，为其顺利执行提供了必要条件。

（2）定额允许换算、调整。为了使用方便，适当减少子目，定额对一些工、料、机消耗基本相同，只在某一方面有所差别的项目，采用在定额中只列常用做法项目，另外规定换算和调整方法。

【例 2.6】　某房间现浇混凝土板工程量为 4.07 m^3，计算现浇混凝土平板的合价。

解：依据某省建筑工程预算定额基价：

① 平板，C20 混凝土，板厚 100 以内（定额编号 4-36）：2 594.34 元/10 m^3。

② 因例题要求与定额内容不一致，故需要换算定额：

C25 混凝土单价为：183.11 元/m^3，C20 混凝土单价为：178.25 元/m^3，混凝土消耗量为：10.150 m^3/m^3，则 $(4\text{-}36)_{换}$：

$$2\ 594.34 + (183.11 - 178.25) \times 10.150 = 2\ 643.68\ \text{元}/10\ \text{m}^3$$

③平板的定额为 264.37 元/m^3，故

平板的合价为：$2\ 643.67 \div 10 \times 4.07 = 1\ 075.97$（元）

3. 补充定额

施工图设计要求或施工工艺、施工机具在定额中没有时，或结构设计采用了新的结构做法，定额缺项，则应先编制补充定额，然后套用。编制补充定额的具体方法，参看各省市、地区相关规定。

2.2　建设工程计价方法及模式

2.2.1　概　述

2.2.1.1　建设工程计价的概念

计价，就是指计算建设工程造价。

建设工程造价即建设工程的价格。建设工程产品的价格是由人工费、材料费、施工机具使用费、管理费、利润、规费及税金组成，这与一般工业产品是相同的。但两者的价格确定方法大不相同，一般工业产品的价格是批量价格，如某规格型号的计算机价格 6 980 元/台，则成百上千台该规格型号计算机的价格均是 6 980 元/台，甚至全国一个价。而建设工程产品的价格则不能这样，每个建设工程都必须单独定价，这是由建设工程产品的特点所决定的。

建设产品有建设地点的固定性、施工的流动性、产品的单件性、施工周期长、涉及部门广等特点。每个建设产品都必须单独设计和独立施工才能完成，即使使用同一套图纸，也会因建设地点和时间的不同，地质和地貌构造不同，各地消费水平的不同，人工、材料单价的不同，以及各地规费收取标准的不同等诸多因素影响，带来建设产品价格的不同。因此，建设产品价格必须由特殊的定价方式来确定，那就是每个建设产品必须单独定价。当然，在市场经济条件下，施工企业管理水平不同、竞争获取中标的目的不同，也会影响到建设产品价格高低，建设产品的价格是由市场竞争形成的。

2.2.1.2　建设工程计价的特征

1. 计价的单件性

建设的每个项目都有特定的用途和目的，不同的结构形式、造型及装饰，特定地点的气候、地质、水文、地形等自然条件，以及当地的政治、经济、风俗等因素不同，再加不同地区构成投资费用的各种生产要素的价格差异，建设施工时可采用不同的工艺设备、建筑材料和施工方案，因此每个建设项目一般只能单独设计、单独建造，根据各自所需的物化劳动和活劳动消耗量逐项计价，即单件计价。

2. 计价的多次性

项目建设要经过八个阶段，是一个周期长、规模大、造价高、物耗多的投资生产活动的过程。工程造价则是一个随工程不断展开，逐渐地从估算到概算、预算、合同价、结算价的深化、细化和接近实际造价的动态过程，而不是固定的、唯一的和静止的。因此，必须对各个阶段进行多次计价，并对其进行监督和控制，以防工程费用超支。

3. 计价的组合性

工程造价的计算是由分部组合而成的。一个建设项目是一个复杂的综合体，可以分解为许多有内在联系的独立和不能独立的工程。计价时，需对建设项目进行分解并按其构成进行分步计算，逐层汇总。计价顺序是分部分项工程费用—单位工程造价—单项工程造价—建设项目总造价。

4. 计价方法的多样性

多次性计价有各不相同的依据，对造价的计算也有不同的精确度要求，这就决定了计价方法有多样性特征。如计算概、预算造价的方法有预算单价法、实物单价法和全费用综合单价法，计算投资估算的方法有设备系数法、生产能力指数法等。不同的方法利弊不同，适应条件也不同，计价时要根据具体情况加以选择。

5. 依据的复杂性

由于影响造价的因素多，所以计价的依据种类也多，主要有计算设备和工程量的依据，计算人工、材料、机械等实物消耗量的依据，计算工程单价的依据，计算设备单价的依据，计算措施费、间接费和工程建设其他费用的依据，政府规定的税金，物价指数和工程造价指数等。依据的复杂性不仅使计算过程复杂，而且要求计价人员熟悉各类依据，并加以正确的应用。

2.2.2　建设工程计价基本方法

工程造价计价的方法有多种，具体计算时各具特点，但它们的基本过程和原理是相同的。

2.2.2.1　工程造价计价的影响因素

从工程费用计算角度分析，工程造价计价由小到大的顺序是：分部分项工程单价——单位工程造价——单项工程造价——建设项目总造价。可见，影响工程造价的因素主要有两个：单位价格和实物工程数量，即

$$\sum_{i=1}^{n}(工程量 \times 单位价格) = 工程造价 \qquad (2.24)$$

式中　　i——第 i 个基本子项；

　　　　n——工程结构分解得到的基本子项的数目。

基本子项的单位价格高，工程造价就高；基本子项的实物工程数量大，工程造价就越高。

2.2.2.2　基本子项的单位价格

基本子项的单位价格分析一般采用以下 2 种方法。

1. 人材机单价

分部分项工程单价仅由人工、材料、机械资源要素的消耗量和价格形成，即

$$单位价格 = \sum(分部分项工程的资源要素消耗量 \times 资源要素的价格) \qquad (2.25)$$

该单位价格即为人材机单价。

人工、材料、机械资源要素的消耗量的数据经过长期的搜集、整理和积累形成了工程建设定额，它是工程计价的重要依据，与劳动生产率、社会生产力水平、技术与管理水平密切相关。

资源要素的价格是影响工程造价的关键因素，在市场经济条件下，工程计价时应采用市场价格。

2. 综合单价

1）综合单价的构成

综合单价有全费用单价和部分费用单价 2 种。

（1）全费用单价

如果在单位价格中考虑人材机费以外的其他一切费用，则构成的就是全费用综合单价；全费用单价包含了建筑工程造价中的全部费用，是国际上较常用的一种清单报价编制方法。

（2）部分费用单价

如果在单位价格中考虑人材机费以外的其他某些费用，则构成的就是部分费用单价；部分费用单价是我国目前建筑工程中较常用的清单报价编制方法。根据我国 2013 年 7 月 1 日起实施的国家标准《建设工程工程量清单计价规范》2.0.8 的规定，综合单价指完成一个规定清单项目所需的人工费、材料和工程设备费、施工机具使用费和企业管理费、利润以及一定范围内的风险费用（本教材中未特别注明的，综合单价均指此定义）。综合单价包括除规费和税金以外的所有费用，这是因为我国目前建筑市场存在过度竞争的情况，规费和税金作为不可竞争的费用很有必要。

由于各分部分项工程中的人工费、机械费、材料费所占比例不同，各分部分项工程可根据其材料费占人工费、机械费、材料费合计的比例（以字母 C 代表该项比值）在以下 3 种程序中选择一种计算其综合单价。

① 当 $C > C_0$（ C_0 为根据本地区建设工程参考价目表测算所选典型分项工程材料费占人工费、机械费、材料费合计的比例）时，可采用以直接工程费合计为基数组价，见表 2.2，此计价模式适用于所有的一般土建工程、机械土石方工程、桩基工程和装饰工程。

表 2.2　以工料机费用为基数组价表

项　目	计算式	合价	其　中			
			人工费	机械费	材料费	一定范围内的风险费
分项工料机费用	$a+b+c+d$	A	a	b	c	d
分项管理费	A 费率	A_1				
分项利润	$(A+A_1)\times$ 费率	A_2				
分项综合单价	$A+A_1+A_2$					

② 当 $C < C_0$ 时，以人工费和机械费的合计为基数组价，见表 2.3，此计价模式适用于市政工程。

表 2.3　以人工费和机械费合计为基数组价表

项　目	计算式	合价	其　中				
			人工费	材料费		机械费	一定范围内的风险费
				辅材	主材		
分项工料机费用	$a+b+c+d+e$	A	a	b	c	d	e
分项管理费	$(a+d)\times$费率	A_1					
分项利润	$(a+d)\times$费率	A_2					
分项综合单价	$A+A_1+A_2$						

③ 若分项工程的工料机费用仅以人工费为主时，以人工费为基数组价，见表 2.4，此计价模式适用于人工土石方工程、安装工程。

表 2.4　以人工费为基数组价表

项　目	计算式	合价	其　中				
			人工费	材料费		机械费	一定范围内的风险费
				辅材	主材		
分项工料机费用	$a+b+c+d+e$	A	a	b	c	d	e
分项管理费	$a\times$费率	A_1					
分项利润	$a\times$费率	A_2					
分项综合单价	$A+A_1+A_2$						

工程量清单综合单价中风险费用可参考本书相关章节中的定义。根据规范规定，综合单价应考虑招标文件中要求投标人承担的风险费用，一般是指技术风险、管理风险和发、承包双方约定的一定幅度内的人工、材料、设备因市场价格波动引起的风险费用。风险费用由投标人直接计入综合单价。

风险的相关规定主要有两个方面。

第一，合理分担：采用工程量清单计价的工程，其工程计价风险实行发包人、承包人合理分担。发包人承担工程量清单计量不准、不全、设计变更等引起的工程量变化方面的风险，承包人承担合同约定的风险内容、幅度内自主报价的风险。

第二，四个基本原则：风险应在招标文件中及发、承包人双方签订的合同中约定，并应遵循以下原则：① 发包人、承包人均不得要求对方承担所有风险、无限风险，也不得变相约定由对方承担所有风险或无限风险。② 主要建筑材料、设备因市场波动导致的风险，应约定主要材料、设备的种类及其风险内容、幅度。约定内的风险由承包人自主报价、自我承担，约定外的风险由发包人承担。③ 法律、法规及省级或省级以上行政主管部门规定的强制性价格调整导致的风险由发包人承担。④ 承包人自主控制的管理费、利润等风险由承包人承担。

2）综合单价的确定

清单计价规范与企业定额（如无企业定额，可参考当地预算定额）中规定的工程量计算规则、计量单位、工作内容等不尽相同，据此综合单价有 3 种确定方法：直接套用企业定额组价、重新计算定额工程量组价和多个子项目组价。

（1）直接套用企业定额组价

以分部分项工程综合单价的确定为例（下同），清单子目包含的工作内容与定额规定一致，而且计价规范与定额中规定的工程量计算规则相同时，其单价可直接套用相应的企业定额子目。组价方法如下：

① 直接套用企业定额子目中的消耗量。

② 计算工料费用，包括人工费、材料费和施工机具使用费。

③ 计算企业管理费和利润：

$$企业管理费 = 基数 \times 管理费费率 \tag{2.26}$$

$$利润 = 基数 \times 利润率 \tag{2.27}$$

④ 汇总形成综合单价，即

$$综合单价 = 人工费 + 材料费 + 施工机具使用费 + 风险费用 +$$
$$企业管理费 + 利润 \tag{2.28}$$

（2）重新计算定额工程量组价

当计价规范给出的分部分项工程的计量单位，与所用的企业定额中的定额子目计量单位不同，或者两者的工程量计算规则不同时，需要按定额中的计算规则重新计算相应的定额工程量之后再进行组价。组价方法如下：

① 根据企业定额中的计算规则，重新计算定额工程量。

② 求工料消耗系数，其计算公式为

$$工料消耗系数 = 定额工程量/清单工程量 \tag{2.29}$$

注：式中，定额工程量指根据企业定额规定的计算规则计算的工程量；清单工程量指招标文件中给定的工程量。

③ 求出分部分项工程的工料消耗量，其计算公式为

$$工料消耗量 = 定额消耗量 \times 工料消耗系数 \tag{2.30}$$

④ 计算工料费用，包括人工费、材料费和施工机具使用费。

⑤ 计算风险费用。

⑥ 计算管理费和利润，并汇总形成综合单价。

【例 2.7】　已知某工程房间门为无亮胶合板门，其洞口尺寸为 $900 \times 2\,000$ mm，招标工程量为 100 樘，根据某地区企业定额，求门的综合单价。

解：采用某地区企业定额，其工程量计算规则是门按洞口面积计算，单位是 m^2。假定风险费的基数为材料费，其费率为 2%；管理费和利润的基数均为工料机费用（基价），其费率和利润率分别为 10% 和 8%，且假定市场价与定额基价相同。

① 计算定额工程量

$$0.9 \times 2 \times 100 = 180 \ (m^2)$$

② 计算工料消耗系数

$$180 \div 100 = 1.80 （m^2/樘）$$

即每樘门洞口尺寸为 1.80 m²。

③ 计算工料费用

查某企业定额 B4-1，人工费：1 409.97 元/100 m²

材料费：15 171.76 元/100 m²

施工机具使用费：96.77 元/100 m²

基价：1 667.50/100 m²

根据工料消耗系数，其计价时套用的单价分别为：

人工费：1 409.97 ÷ 100 × 1.8 = 25.379 （元/樘）

材料费：15 171.76 元 ÷ 100 × 1.8 = 273.092 （元/樘）

施工机具使用费：96.77 元 ÷ 100 × 1.8 = 1.742 （元/樘）

基价：25.379 + 273.092 + 1.742 = 300.213 （元/樘）

风险费：273.092 × 2% = 5.462 （元/樘）

管理费：300.213 × 10% = 30.021 （元/樘）

利润：300.213 × 8% = 24.017 （元/樘）

④ 计算综合单价

$$300.213 + 5.462 + 30.021 + 24.017 = 359.71 （元/樘）$$

即门的综合单价是 359.71 元/樘。

（3）多个子项目组价

计价时采用的定额一般是按施工顺序、施工方法编制的，而清单项目具有综合性，如果企业定额子目中的工作内容与计价规范中某清单项目的工作内容不一致，则在计价时，应对企业定额中的多个子项目进行相应组价。其计算公式为

$$综合单价 = \frac{\sum 主项计价工程量 \times 主项综合单价 + \sum_{i=1}^{n} 附项计价工程量 \times 子项综合单价}{清单工程量}$$

$$（2.31）$$

式中，计价工程量同前边定额工程量的含义，主项计价工程量是对应清单项目的工程量，附项计价工程量是指主项中没有包括的子项目的工程量；清单工程量是指按招标方根据工程量计算规范计算的工程量。

【例 2.8】　已知某工程现浇混凝土矩形柱的招标工程量清单为 10.8 m³，试计算其综合单价。

解：采用某地区企业定额，现浇混凝土矩形柱定额子目工作内容与清单项目工程内容不一致，应由企业定额中的矩形柱子目和现场搅拌混凝土子目组合而成。已计算出矩形柱主项计价工程量为 10.8 m³，其综合单价为 313.24 元/m²；附项为现场混凝土搅拌加工子目，其计价工程量为 10.962 m³，综合单价为 45.01 元/m²。

则根据公式 2.31，矩形柱的综合单价为

$$(10.8 \times 313.24 + 10.962 \times 45.01) \div 10.8 = 358.93(\text{元}/\text{m}^3)$$

即现浇混凝土矩形柱的综合单价为 358.93 元/m³。

2.2.3　建设工程计价模式

我国现存在两种工程造价计价模式：一种是传统的定额计价模式，另一种是工程量清单计价模式。不论哪一种计价模式都是先计算工程量，再计算工程价格。

2.2.3.1　定额计价模式

定额计价模式是我国传统的计价模式。在招投标时，不论作为招标标底，还是投标报价，其招标人和投标人都需要按国家规定的统一工程量计算规则计算工程量，然后按建设行政主管部门颁发的预算定额计算人工费、材料费、机械费，再按有关费用标准计取其他费用，然后汇总得到工程造价。其整个计价过程中的计价依据是固定的，即法定的"定额"。

采用该方法计算的工程造价由以下几部分费用组成：

$$工程造价 = 人工费 + 材料费 + 施工机具使用费 + 企业管理费 +$$
$$利润 + 规费 + 税金 \qquad (2.32)$$

定额是计划经济时代的产物，在特定的历史条件下，起到了确定和衡量工程造价标准的作用，规范了建筑市场，使专业人士在确定工程计价时有所依据、有所凭借。但定额指令性过强，反映在具体的表现形式上，就是把企业的技术装备、施工手段、管理水平等本属于竞争内容的活跃因素固定化了，不利于竞争机制的发挥。目前，定额计价方式已经逐步为清单计价方式所取代。

2.2.3.2　工程量清单计价模式

1. 费用构成

工程量清单计价模式是指由招标人按照国家统一规定的工程量计算规则计算工程数量，由投标人按照企业自身的实力，根据招标人提供的工程数量，自主报价的一种模式。由于"工程数量"由招标人提供，增大了招标市场的透明度，为投标企业提供了一个公平合理的基础和环境，真正体现了建设工程交易市场的公平、公正。"工程价格由投标人自主报价"，即定额不再作为计价的唯一依据，政府不再参与，而由企业根据自身技术专长、材料采购渠道和管理水平等，制定企业自己的报价定额，自主报价。

采用该方法计算的工程造价由分部分项工程费、措施项目费、其他项目费、规费和税金 5 部分组成，即

$$工程造价 = 分部分项工程费 + 措施项目费 + 其他项目费 +$$
$$规费 + 税金 \qquad (2.33)$$

2. 工程量清单计价模式适用范围

工程量清单计价模式适用于工程建设的招投标阶段、施工阶段、竣工阶段等，其特点是一般不可按政策调整工程造价，工程竣工结算价与合同价差异不大。

工程量清单计价是国际通行的竞争性项目招标方式，它将拟建工程全部项目和内容按工程

部位性质等列在工程量清单上，作为工程招标文件的组成部分，供投标单位逐项填报单价，通过评标竞争，最终确定合同价。

这种计价方式一方面避免了各投标单位由于项目划分确认的分歧及对设计图纸理解深度的差异而引起工程量的差异，为投标者提供了一个平等竞争的条件；同时也利于中标单位确定后施工合同单价的确定，可有效地进行工程造价的控制。

3. 工程量清单计价的编制流程

工程量清单计价的编制流程可以描述为：在统一的工程量清单项目设置的基础上，运用工程量计算规则，根据具体过程的施工图纸计算出各个清单项目的工程量，再根据政府部门发布的或者市场上的工程造价信息和相关数据计算得到过程造价。具体编制流程如图 2.2 所示。

图 2.2　清单计价编制流程

4. 工程量清单计价方式的特点

从我国工程计价发展来看，定额计价是基础，清单计价是方向。与定额计价相比较，清单计价具有以下一些特点：

（1）采用工程量清单计价方式可以提供一个平等的竞争条件。采用施工图预算来投标报价，由于设计图纸的缺陷，不同施工企业的人员理解不一，计算出的工程量也不同，报价就更相去甚远，也容易产生纠纷。而工程量清单报价就为投标者提供了一个平等竞争的条件，相同的工程量，由施工企业根据自身的实力来填报不同的单价。投标人的这种自主报价，使得企业的优势体现到投标报价中，可在一定程度上规范建设市场秩序，确保工程质量。清单作为公开招标文件的一部分，也可以避免和遏制招标活动中的弄虚作假、暗箱操作、盲目压价和结算无依据等现象。

（2）采用工程量清单计价方式可以满足市场经济条件下竞争的需要。招标投标过程就是竞争的过程，招标人提供工程量清单，投标人根据自身情况确定综合单价，利用单价与工程量逐项计算每个项目的合价，再分别填入工程量清单表格内，计算出投标总价。施工企业通过采用本企业定额进行清单综合单价的编制；单价成了决定性的因素，定高了不能中标，定低了又要承担过大的风险。单价的高低直接取决于企业管理水平和技术水平的高低，这种局面促成了企业整体实力的竞争，有利于我国建设市场的快速发展。

（3）采用工程量清单计价方式有利于提高工程计价效率，能真正实现快速报价。采用工程量清单计价方式，避免了传统计价方式下招标人与投标人在工程量计算上的重复工作，各投标人以招标人提供的工程量清单为统一平台，结合自身的管理水平和施工方案进行报价，促进了各投标人企业定额的完善和工程造价信息的积累和整理，体现了现代工程建设中快速报价的要求。

（4）采用工程量清单计价方式有利于工程款的拨付和工程造价的最终结算。中标后，业主要与中标单位签订施工合同，中标价就是确定合同价的基础，投标书上的综合单价就成了拨付工程款的依据。业主根据施工企业完成的工程量，可以很容易的确定进度款的拨付额。工程竣工后，根据设计变更、工程量增减等，业主也很容易确定工程的最终造价，可在某种程度上减少业主与施工单位之间的纠纷。

（5）采用工程量清单计价方式有利于业主对投资的控制。采用传统的施工图预算形式，业主对因设计变更、工程量的增减所引起的工程造价变化不敏感，往往等到竣工结算时才知道这些变更对项目投资的影响有多大，但此时常常是为时已晚。而采用工程量清单报价的方式则可对投标变化一目了然，在欲进行设计变更时，能马上知道它对工程造价的影响，业主就能根据投资情况来决定是否变更或进行方案比较，以决定最恰当的处理方法。

2.2.3.3　清单计价与定额计价的区别和联系

1. 清单计价与定额计价的区别

（1）编制工程量的单位不同

传统的定额计价，建设工程的工程量由投标单位按施工图计算；而工程量清单中的工程量是由招标单位统一计算或委托有相应资质的单位进行统一的计算。工程量清单是招标文件的重要组成部分，各投标单位依照招标人提供的工程量清单，根据自身的技术装备、施工经验、企业成本、企业定额、管理水平等自主填写报价单。

（2）编制工程量清单的时间不同

清单报价法中的工程量是在发出招标文件之前开始编制的，而定额计价的工程量则是在发出招标文件之后编制的。

（3）编制的依据不同

定额计价时，人工、材料、机械台班消耗量依据建设行政主管部门颁发的预算定额计算，其单价依据工程造价管理部门发布的价格信息计算。而工程量清单计价法按照计价规范的规定，招标控制价的编制要根据招标文件中的工程量清单和有关要求、施工现场情况、合理的施工方法以及按建设行政主管部门制定的有关工程造价计价办法编制；企业的投标报价则根据企业定额和市场价格信息，或参照建设行政主管部门发布的社会平均消耗定额编制。

（4）计价的表现形式不同

定额计价法一般是工料单价法。工程量清单报价法则是采用综合单价的形式，其报价具有直观、单价相对固定的特点；工程量发生变化时，单价一般不作调整。

（5）费用组成不同

定额计价法的工程造价由人工费、材料费、施工机具使用费、利润、规费和税金组成。工程量清单计价法的工程造价包括分部分项工程费、措施项目费、其他项目费、规费、税金。

（6）评标采用的办法不同

预算定额计价法投标一般采用百分制评分法，以最高分中标。而采用工程量清单计价法投标时，一般采用合理低报价中标法，既对总价评分，又对综合单价进行分析评分。

（7）项目编码不同

定额计价法采用传统的预算定额项目编码，全国各省市采用不同的定额子目编码。而工程量清单计价法是按照《建设工程工程量清单计价规范》中的规定实行全国统一编码，项目编码用12位阿拉伯数字表示。

（8）合同价的调整方式不同

定额计价法的合同价可依据变更签证、定额解释、政策性调整等进行调整，有一定的随意性。而工程量清单计价中的综合单价一般是通过投标中报价的形式体现的，一旦中标，报价将作为签订施工合同的依据相对固定下来，工程结算按承包商实际完成工程量乘以清单中相应的单价计算，其单价不能随意地调整。工程结算的调整方式主要是索赔。

（9）投标计算口径统一与否不同

因为各投标单位都根据统一的工程量清单报价，达到了投标计算口径的统一。而传统预算定额招标是各投标单位各自计算工程量，且各投标单位计算的工程量均不一致。

2. 清单计价与定额计价的联系

清单计价模式是在定额计价模式的基础上发展而来的，从这个角度来讲，两种计价方式具有传承性。清单计价与定额计价的联系如下：

（1）造价编制程序基本相同

清单计价和定额计价模式都要经过识图、计算工程量、套用定额、计算费用及汇总工程造价等主要程序来确定工程造价。

（2）投标方均需计算定额工程量

虽然清单计价模式下，工程量由招标方计算，但是投标方在计算费用时，必须根据企业定额规则，先计算定额工程量，再套用定额并确定造价。

（3）目标相同

两种计价模式下，共同的目标都是正确的计算建筑安装工程费用。虽然具体的计价方式、费用划分及各项费用计算先后顺序不同，但本质上费用构成是一样的。

2.3　工程量清单招标控制价

2.3.1　招标控制价的作用、编制原则及依据

招标控制价是在工程采用招标发包的过程中，由招标人根据国家或省级、行业建设主管部门发布的有关计价规定编制的，其作用是对招标工程发包的最高限价，又称拦标价、预算控制价、最高报价值等。

2.3.1.1　招标控制价的作用

（1）拦标的作用。招标控制价是招标人在工程招标时能接受投标人报价的最高限价，即投标人的投标报价不能超过招标控制价，否则，其投标将被拒绝。编制招标控制价有利于客观、合理地评审投标报价，防止投标人互相串通围标和恶意哄抬标价。

（2）控制采购预算。招标人编制并公布的招标控制价相当于招标人的采购预算，同时要求不能超过批准的预算。

（3）招标控制价也可以作为确定变更新增项目单价的计算依据。如招标文件对设计变更结算做如下的规定：当变更项目合同单价中没有相同或相类似项目时，可参照招标时招标控制价编制原则编制清单单价，再按原招标时中标价和招标控制价相比下浮相同比例确定变更新增项目单价。

2.3.1.2　招标控制价的编制原则

招标控制价是招标人控制投资、确定招标工程造价的重要手段，在计算时要力求科学合理、计算准确。招标控制价应当参考国务院和省、自治区、直辖市人民政府建设行政主管部门制定的工程造价计价办法和计价依据及其他相关规定，根据市场价格信息，由招标单位或委托有相应资质的工程造价咨询单位进行编制。工程招标控制价编制人员应严格按照国家的有关政策、规定，科学、公正地编制工程招标控制价。

在招标控制价的编制过程中，应遵循以下几个原则：

（1）根据工程项目划分、计量单位、工程量计算规则及设计图纸、招标文件，并参照国家、行业或地方批准发布的定额和国家、行业、地方规定的技术标准规范及要素市场价格确定工程量和编制招标控制价。

（2）招标控制价作为招标人的期望价格，应力求与市场的实际变化相吻合，要有利于竞争和保证工程质量。

（3）招标控制价应由分部分项工程费、措施项目费、其他项目费、规费和税金组成，一般应控制在批准的建设工程设计概算以内。

（4）招标控制价应考虑人工、材料、设备、机械台班等价格变化因素，还应包括管理费、其他费用、利润、税金、保险等。

（5）一个工程只能编制一个招标控制价。

（6）招标人不得以各种原因任意压低招标控制价价格。

2.3.1.3　招标控制价的编制依据

工程招标控制价的编制主要需依据以下基本资料和文件：

（1）计价规范、工程量计算规范。

（2）国家或省级、行业建设主管部门颁布的计价定额和计价办法。

（3）工程设计文件、图纸、技术说明及招标时的设计交底，按设计图纸确定的或招标人提供的工程量清单等相关资料。

（4）国家、行业、地方的工程建设标准，包括建设工程施工必须执行的建设技术标准、规范和规程。

（5）工程造价管理机构发布的工程造价信息及市场信息价。

（6）招标人拟订的合理施工方案。

（7）其他相关资料。

2.3.2　招标控制价的编制方法

招标控制价由 5 部分内容组成：分部分项工程量清单计价，措施项目清单计价，其他项目清单计价，规费，税金项目清单计价。其计价程序如表 2.5 所示。

表 2.5　建设单位工程招标控制价计价程序

工程名称：　　　　　　　　　　　　　　　　　　　标段：

序号	内　容	计算方法	金额（元）
1	分部分项工程费	按计价规定计算	
1.1			
1.2			
2	措施项目费	按计价规定计算	
2.1	其中：安全文明施工费	按规定标准计算	
3	其他项目费		
3.1	其中：暂列金额	按计价规定估算	
3.2	其中：专业工程暂估价	按计价规定估算	
3.3	其中：计日工	按计价规定估算	
3.4	其中：总承包服务费	按计价规定估算	
4	规费	按规定标准计算	
5	税金（扣除不列入计税范围的工程设备金额）	（1＋2＋3＋4）×规定税率	
招标控制价合计＝1＋2＋3＋4＋5			

2.3.2.1　分部分项工程费计算

应根据招标文件中的分部分项工程量清单项目工程量及确定的综合单价计算。

1. 计算分部分项工程综合单价

工程量清单综合单价包括人工费、材料费、机械费、一定范围内的风险、管理费和利润。分部分项工程的综合单价应符合该项目的特征描述及有关要求，并应包括招标文件中要求投标人承担的风险费用。招标文件提供了暂估单价的材料、设备，按暂估单价计入综合单价。分部分项工程清单综合单价分析表格式见附录中的相应格表。

（1）计算分项工程各定额子目对应的人工费、材料费、机械费。其步骤如下：

① 依据分项工程的项目特征和工程内容，查找出最合适的一个或若干个组价定额子目。

② 按各子目相应的定额工程量计算规则来计算定额工程量。与清单工程量不同，定额工程量是依据定额工程量计算规则和设计文件及施工方案等计算出的工程量。清单工程量是实体工程量（净量），定额工程量则是实体工程量加定额规定的施工增加量。

③ 查询各定额子目中相应的人工、材料、机械台班单价，结合各子目中人工、材料、机械台班的消耗量确定个定额子目的基价。

④ 计算各（i）定额子目人工费、材料费和机械费。计算公式为：

$$i \text{定额子目人工费} = i \text{定额子目基价中的人工费} \times i \text{定额工程量} \qquad (2.34)$$

$$i \text{定额子目材料费} = i \text{定额子目基价中的材料费} \times i \text{定额工程量} \qquad (2.35)$$

$$i \text{定额子目机械费} = i \text{定额子目基价中的机械费} \times i \text{定额工程量} \qquad (2.36)$$

（2）计算 i 定额子目对应的风险、管理费、利润费用。

根据风险取定的幅度、管理费和利润费率计算出对应的风险费用、管理费及利润。管理费、利润的计算公式如下：

① 对于人工土石方工程：

$$管理费 = 人工费 \times 管理费费率 \tag{2.37}$$

$$利润 = 人工费 \times 利润费率 \tag{2.38}$$

② 对于一般土建工程、装饰装修工程：

$$管理费 = (人工费 + 材料费 + 机械费 + 风险费用) \times 管理费费率$$

$$利润 = (人工费 + 材料费 + 机械费 + 风险费用 + 管理费) \times 利润费率$$

（3）计算分部分项工程的综合单价：

$$j 分项工程综合单价 = (\sum_{i \in j} i 定额子目人工费 + \sum_{i \in j} i 定额子目材料费 +$$

$$\sum_{i \in j} i 定额子目机械费 + \sum_{i \in j} i 定额子目风险费用 +$$

$$\sum_{i \in j} i 定额子目管理费 + \sum_{i \in j} i 定额子目利润) \div j 分项工程清单工程量$$

$$\tag{2.39}$$

2. 分部分项工程量清单计价

分部分项工程综合单价确定后，按照附录表格分部分项工程量清单与计价表规定的格式进行填写计算，汇总得到单位工程分部分项工程费。计算公式为

$$单位工程分部分项工程费 = \sum j 分项工程清单工程量 \times j 分项工程的综合单价$$

$$\tag{2.40}$$

2.3.2.2　措施项目费计价

措施项目费的计算方法一般有以下几种：

1. 公式参数法

公式参数法是按一定的基数乘系数的方法或自定义公式进行计算。这种方法系数的测算难以把握，系数的高低直接反映投标人的施工水平。主要适用于保障性措施项目费计算，如夜间施工、二次搬运费等。由于人工土石方工程、一般土建工程、装饰装修工程计算措施项目费时所采用的取费基础和费率不同，因此，要将分部分项工程分成人工土石方、一般土建及装饰工程分别进行计算。

（1）人工土石方工程

$$措施项目费 = 人工土石方工程的人工费 \times 费率 \tag{2.41}$$

（2）一般土建及装饰工程

$$措施项目费 = （分部分项工程费） \times 费率 \tag{2.42}$$

2. 综合单价法

综合单价法主要用于技术性措施项目费，它们与工程实体有紧密的联系。如模板、脚手架、垂直运输等。

此外，措施项目费还涉及安全文明施工措施费，它是一种不可竞争费用，必须按照计价规则的计价程序和省级建设主管部门发布的费率计取。计算公式为

$$安全文明施工措施费 = (分部分项工程费 + 除安全文明施工措施费以外的$$
$$措施费用 + 其他项目费) \times 费率 \tag{2.43}$$

2.3.2.3　其他项目费计价

其他项目费包括暂列金额、暂估价、总承包服务费和计日工等 4 项，招标人也可根据需要进行补充。其他项目费应按下列规定计价：

（1）暂列金额应按招标人在其他项目清单中列出的金额填写和计算，不得任意改动和调整。投标人投标报价时，材料、工程设备暂估价应按招标工程量清单中列出的单价计入综合单价；专业工程暂估价应按招标人在其他项目清单中列出的金额填写，该汇总价格应计入其他项目工程费中。

（2）计日工按招标人在其他项目清单中列出的项目和数量，自主确定综合单价并计算计日工费用。

（3）总承包服务费根据招标文件中列出的内容和提出的要求自主确定；由投标人依据招标人在招标文件中列出的分包专业工程内容和供应材料、设备情况，按照招标人提出协调、配合与服务要求和施工现场管理需要自行确定费率或自主确定总承包服务费。可参考以下标准计取：

① 招标人仅要求对分包的专业工程进行总承包管理和协调时，按分包的专业工程估算造价的 1.5% 计取。

② 若招标人要求对分包的专业工程进行总承包管理和协调，并同时要求提供配合服务时，按分包的专业工程估算造价的 3% ~ 5% 计取。

③ 招标人自行供应材料、设备，交由承包人保管的，总承包人所需的保管费可按招标人供应材料、设备价值的 1% ~ 1.2% 计取。

2.3.2.4　规费和税金项目计价

规费和税金均为不可竞争费，必须按国家、省政府和省级有关部门的规定进行计算，计算公式为

$$规费 = [分部分项工程费 + 措施项目费(含安全文明施工费) +$$
$$其他项目费] \times 规费费率 \tag{2.44}$$
$$税金 = [分部分项工程费 + 措施项目费(含安全文明施工费) +$$
$$其他项目费 + 规费] \times 税率 \tag{2.45}$$

2.3.3　编制招标控制价的注意事项

（1）招标控制价应在招标时公布，不应上调或下浮，招标人应将招标控制价及有关资料报

送工程所在地工程造价管理机构备查。

（2）投标人经复核认为招标人公布的招标控制价未按照《计价规范》的规定进行编制的，可向招标人提出未按规定编制的具体内容，并可提出更正要求，若招标人不予受理或受理后办理情况投诉人不满意的，招标人应按招投标监督机构规定的时限在开标前向投标监督机构和工程造价管理机构投诉。招投标监督机构应会同工程造价管理机构对投标人的投诉进行处理，发现的确有错误的，应责成招标人修订。

（3）编制招标控制价下限，即对招标工程限定的最低工程造价，相当于工程的成本价。招标的下限控制价可为判断最低投标价是否低于成本价时，提供基本参考依据，业主可以清楚了解最低中标价同政府规定的标准及社会平均水平相比能够下浮的幅度。

2.4　工程量清单投标报价

投标价是在工程采用招标发包的过程中，由投标人按照招标文件的要求，根据工程特点，并结合自身的施工技术、装备和管理水平，依据有关计价规定自主确定的工程造价，是投标人希望达成工程承包交易的期望价格，它不能高于招标人设定的招标控制价。

2.4.1　投标报价的编制原则及依据

1. 编制原则

投标报价是承包工程的一个决定性环节，投标价格的计算是工程投标的重要工作，是投标文件的主要内容，招标人把投标人的投标报价作为主要标准来选择中标者，中标价也是招标人和投标人就工程进行承包合同谈判的基础。因此，投标报价是投标人进行工程投标的核心，报价过高会失去承包机会；而报价过低，虽然可能中标，但会给工程承包带来亏损的风险。因此，报价过高或过低都不可取，必须做出合理的报价。

（1）投标报价中除规费、税金及安全文明施工措施费必须按照国家或省级、行业建设主管部门的规定计价，不得作为竞争性费用之外，其他项目的投标报价由投标人自己决定。

（2）投标人的投标报价不得低于成本。

（3）投标人应按招标人提供的工程量清单填报价格。填写的项目编码、项目名称、项目特征、计量单位、工程量必须与招标人提供的一致。

2. 编制依据

（1）计价规范、工程量计算规范。

（2）国家或省级、行业建设主管部门颁布的计价办法。

（3）企业定额，国家或省级、行业建设主管部门颁布的计价定额。

（4）招标文件、工程量清单及其补充通知、答疑纪要。

（5）建设工程设计文件及相关资料。

（6）施工现场情况、工程特点及拟定的投标施工组织设计或施工方案。

（7）建设项目相关的标准、规范等技术资料。

（8）市场价格信息或工程造价管理机构发布的工程造价信息。

（9）其他相关资料。

2.4.2　投标报价工作程序及主要环节

清单报价工作内容繁多，工作量大，时间较紧，因而必须遵循一定的工作程序，周密考虑，统筹安排，使报价工作顺利进行。其计价程序见表 2.6。

表 2.6　施工企业工程投标报价计价程序

工程名称：　　　　　　　　　　　　　　　　　　标段：

序号	内　容	计算方法	金　额（元）
1	分部分项工程费	自主报价	
1.1			
1.2			
2	措施项目费	自主报价	
2.1	其中：安全文明施工费	按规定标准计算	
3	其他项目费		
3.1	其中：暂列金额	按招标文件提供金额计列	
3.2	其中：专业工程暂估价	按招标文件提供金额计列	
3.3	其中：计日工	自主报价	
3.4	其中：总承包服务费	自主报价	
4	规费	按规定标准计算	
5	税金（扣除不列入计税范围的工程设备金额）	（1＋2＋3＋4）×规定税率	
投标报价合计＝1＋2＋3＋4＋5			

工程量清单报价一般经历前期准备、询价及方案确定、估价、报价等 4 个环节。

1. 询价及方案确定

实行工程量清单计价模式后，投标人自主报价，所有与生产要素有关的价格都全部放开，政府不再进行干预。用什么方式询价、具体询什么价，这是投标人面临的新形势下的新问题。投标人在日常的工作中必须建立价格体系，积累人工、材料，机械台班的价格。除此之外在编制投标报价时应进行多方询价。询价的主要内容包括材料市场价、人工当地的行情价、机械设备的租赁价、分部分项工程的分包价等。方案确定是指投标人应根据工程特点，确定其施工方案和方法以及投入的各项资源情况。

2. 估　价

估价是指造价人员在施工总进度计划、主要施工方法、分包商和各项资源消耗数量及安排确定后，根据本企业具体情况和水平及询价结果，对本企业完成招标工程所需要支出的费用的估价。具体过程如下：

（1）根据工程所在地具体情况、本企业工料消耗标准、询价结果，以及具体的施工方案确定人、材、机单价。

（2）根据本企业实际情况以及市场询价结果确定管理费率和利润率。

（3）确定基础标价。

① 分部分项工程费的确定。应根据招标文件中的分部分项工程量清单项目工程量及综合单价计算。分部分项工程量清单项目的综合单价应符合该项目的特征描述及有关要求，并应包括招标文件中要求投标人承担的风险费用。招标文件提供了暂估单价的材料、设备，按暂估单价计入综合单价。招标人要求投标人自主报价的材料、设备单价可按当期市场价格水平适当浮动，但不得过低（高）于市场价格水平。

② 措施项目费的确定。投标人可根据工程实际情况结合施工组织设计，对招标人所列的措施项目进行增补或调整。措施项目费应根据招标文件中的措施项目清单及投标时拟定的施工组织设计或施工方案按《计价规范》的规定自主确定（其中安全文明施工措施费为不可竞争费，故除外）。增补或调补的措施项目在报价单中应单列并予以说明。

③ 其他项目费的确定。暂列金额和暂估价应按招标人在其他项目清单中列出的金额填写。暂估价中的专业工程暂估价应分专业计列，对于材料、设备暂估价，凡已经计入工程量清单综合单价中的，不在汇总计入暂估价。计日工按招标人在其他项目清单中列出的项目和数量，自主确定综合单价并计算计日工费用。总承包服务费根据招标文件中列出的内容和提出的要求自主确定。

④ 规费和税金的确定。规费和税金为不可竞争费，应按国家、省政府和省级有关部门的规定进行计算。

⑤ 基础标价（上述 5 项费用之和）相关规定。投标总价应当与分部分项工程费、措施项目费、其他项目费、规费、税金的合计金额一致。投标综合单价应与综合单价分析表相一致，进入综合单价的材料单价应与"材料、设备暂估单价明细表"中的单价相一致。

3. 报　价

报价是在估价的基础上，考虑本公司（单位）的实际竞争情况，确定在该工程上的预期利润和水平。实际上，报价就是投标决策的问题，灵活运用恰当的投标技巧和报价策略，经过分析、判断、调整得到的报价更具竞争力。

2.4.3　招标控制价与投标报价的区别

1. 编制主体不同

招标控制价是由具有编制能力的招标人，或受其委托具有相应资质的工程造价咨询人编制，投标报价是由投标单位编制的。

2. 作用不同

招标控制价是招标人在工程招标时能接受投标人报价的最高限价，即投标人的投标报价不能超过招标控制价，否则，其投标将被拒绝。编制招标控制价主要起到一个拦标线的作用，有利于客观、合理地评审投标报价。投标报价是投标人为争取到投标项目提出的有竞争力的报价。

3. 编制依据不同

招标控制价是依据国家或省级、行业建设主管部门颁发的计价定额以及工程造价管理机构发布的工程造价信息编制。而投标报价是依据企业定额，市场价格，以及施工现场情况、工程特点及拟定的投标施工组织设计或施工方案编制。

练习题

一、填空题

1. 按定额编制程序和用途可分为_____、_____、_____、概算定额、概算指标与估算指标等。

2. 建设工程定额按生产要素可分为劳动定额、_____、_____。

3. 劳动定额按其表现形式的不同，分为_____和_____。

4. 定额时间包括_____时间、_____时间、_____时间和工人需要的休息时间等。

5. 直接用于建筑和安装工程上的材料消耗，称为材料_____；不可避免的施工废料和材料施工操作损耗，称为材料_____。

6. 机械台班定额以_____为单位，每一台班按_____计算，其表达形式有_____定额和_____定额两种。

7. 工程造价计价模式分为_____和_____。

二、简答题

1. 建设工程计价的特征是什么？

2. 预算定额的概念及其作用有哪些？

3. 试述预算定额与施工定额的区别。

4. 清单计价模式和定额计价模式的区别是什么？

5. 清单计价模式和定额计价模式的联系是什么？

6. 清单计价模式有哪些特点？

7. 招标控制价和投标报价的编制程序分别是什么？

第3章　工程计量与计价规定

■ **学前导读**

本章介绍了工程量计算规定、建筑面积计算方法、工程量清单计价规范和工程量计算规范的相关内容。通过本章的学习，需要掌握三线两面两表一等工程计算基数；理解建筑面积的定义；会根据施工图纸计算建筑面积，熟悉工程量清单计价规范和工程量计算规范的主要内容；了解工程量清单计价规范的相关规定。

3.1　概　述

工程量是计算工程造价的原始数据，是计算相关费用、进行工料分析、编制施工组织设计、实现经济核算的主要依据。

建筑工程计算工程量时，一般采用两种方法：工程量计算的一般方法和统筹法。实际工作中，通常把这两种方法结合起来加以应用。

3.1.1　工程量计算的一般方法

一个建筑物或构筑物是由多个分部分项工程组成的，少则几十项，多则上百项。计算工程量时，为避免出现重复计算或漏算，必须按照一定的顺序进行。

（1）按施工顺序列项。即按照施工的先后顺序进行工程量的计算，如基础工程按场地平整、挖土方、基础垫层、现浇钢筋混凝土、基础回填土等顺序列项。

（2）按清单计价规范编排顺序列项计算。如按土石方、砌筑工程、混凝土及钢筋混凝土工程等计算工程量。

（3）按施工图纸顺时针方向列项计算。

（4）按构件分类和编码顺序计算。如门窗表等可以按此方法算量。

3.1.2　运用统筹法计算工程量

1. 统筹法计算原理

统筹法是利用一般方法计算工程量，可以有效地避免重算、漏算，但难以充分利用各项目中数据间的内在联系，计算工作量较大。运用统筹法计算工程量，就是要分析各分项工程量在计算过程中，相互之间的固有规律及依赖关系。从全局出发，统筹安排计算顺序，以达到节约时间、提高功效的目的。

2. 基　数

基数是指计算分项工程时重复使用的数据。运用统筹法计算工程量，正是借助于基数的充分利用来实现的。它可以使有关数据重复使用而不重复计算，从而减少工作量，提高功效。

根据统筹法原理，经过对土建工程施工图预算中各分项工程量计算过程的分析，我们发现，尽管各分项工程量的计算各有特点，但都离不开"线"、"面"、"表"和"册"。归纳起来，包括"三线、两面、两表、一册"。

1）三 线

（1）外墙外边线（$L_外$），是指外墙的外侧与外侧之间的距离。其计算公式为

$$每段墙的外墙外边线 L_外 = 外墙定位轴线长 + 外墙定位轴线$$
$$至外墙外侧的距离 \tag{3.1}$$

（2）外墙中心线（$L_中$），是指外墙中线至中线之间的距离。其计算公式为

$$每段墙的外墙中心线 L_中 = 外墙定位轴线长 + 外墙定位轴线$$
$$至外墙中线的距离 \tag{3.2}$$

（3）内墙净长线（$L_净$），是指内墙与外墙（内墙）交点之间的连线距离。其计算公式为

$$每段墙的内墙净长线 L_净 = 墙定位轴线长 - 墙定位轴线$$
$$至所在墙体内侧的距离 \tag{3.3}$$

2）两 面

两面是指建筑物的底层建筑面积和底层室内净面积。

（1）底层建筑面积，用 $S_底$ 表示。其计算公式为

$$S_底 = 建筑物底层平面图中勒脚以上外围水平投影面积 \tag{3.4}$$

（2）底层室内净面积，用 $S_净$ 表示。其计算公式为

$$S_净 = 建筑物底层平面图中各室内净面积之和 \tag{3.5}$$

3）两 表

两表是指根据施工图预算所做的门窗工程量统计计算表和构件工程量统计计算表。

4）一 册

有些不能用"线"和"面"计算而又经常用到的数据（如砖基础大放脚折加高度）和系数（如屋面常用坡度系数），需事先汇编成册。当计算有关分项工程量时，即可查阅手册快速计算。

以上介绍了工程量计算的两种方法。可以看出，这两种方法各有其优缺点，在实际工作中，通常把这两种方法结合起来应用，即计算工程量时，首先计算基数，然后按照施工顺序利用基数计算各分项工程量。这样，既可以减少工作量、节约时间，又可以避免出现重算、漏算，为准确编制工程造价文件打下良好的基础。

3.1.3 工程计量单位

（1）根据《建设工程工程量清单计价规范》（GB 50500—2013），有两个计量单位的，应结合拟建工程项目的实际情况，确定其中一个为计量单位。同一工程项目的计量单位应一致。

（2）工程计量时每一项目汇总的有效位数应遵守下列规定：

① 以"t"为单位，应保留小数点后三位数字，第四位小数四舍五入。

② 以 "m"、"m²"、"m³"、"kg" 为单位, 应保留小数点后两位数字, 第三位小数四舍五入。
③ 以 "个"、"件"、"根"、"组"、"系统" 为单位, 应取整数。

3.2　建筑面积计算

本节内容是依据最新国家标准《建筑工程建筑面积计算规范》(GB/T 50353—2013) 编写的, 适用于新建、扩建、改建的工业与民用建筑工程的面积计算。建筑面积计算除应遵循该规范外, 还应符合国家现行的有关标准规范的规定。

3.2.1　建筑面积基础知识

建筑面积是指建筑物外墙勒脚以上各层外墙外围水平面积的总和。建筑面积包括使用面积、辅助面积和结构面积。

使用面积是指建筑物各层平面中直接为生产、生活使用的净面积的总和, 如办公楼的使用面积是楼中各层办公室面积的总和。

辅助面积是指建筑物各层平面中, 为辅助生产或生活活动作用所占净面积的总和, 如楼梯、走道、浴室、厕所、住宅楼中的厨房等面积。

结构面积是指建筑物各层平面中的墙、柱、垃圾道、管道、通风道等所占面积的总和。

建筑平面系数是指建筑物的使用面积与建筑面积的百分比。

在建筑与装饰装修工程量计算中, 之所以要计算建筑面积, 是因为它具有以下几个方面的意义:

(1) 建筑面积是一项重要的技术经济指标, 能反映出一个国家的工农业生产发展状况, 人民居住条件的改善及教育福利设施发展的程度。

有了建筑面积, 便可以计算出单方造价 (元/m²), 即

$$单方造价(元/m^2) = \frac{建筑工程总造价(元)}{建筑面积(m^2)} \tag{3.6}$$

由此给政府有关部门提供了建筑工程控制、发展等方面重要依据。

(2) 建筑面积是控制工程进度拨付工程款的重要依据。

(3) 建筑面积也是确定某些费用的依据。例如, 建筑物超高施工增加费用, 是以超高施工部分自然层 (包括技术层) 建筑面积为基数计算的。

3.2.2　建筑面积的计算

由于建筑面积是一项重要的技术经济指标, 因此在计算建筑面积时, 既要熟练掌握国家和有关部门制定的建筑面积计算规范、规则外, 还应具有高度的责任心和一丝不苟的精神。一定要分清哪些计算全面积, 哪些计算半面积, 哪些不计算面积。

1. 计算建筑面积的部位

(1) 单层建筑物的建筑面积, 应按其外墙勒脚以上结构外围水平面积计算, 并应符合下列规定:

单层建筑物高度在 2.20 m 及以上者应计算全面积；高度不足 2.20 m 者应计算 1/2 面积。

利用坡屋顶内空间时净高超过 2.10 m 的部位应计算全面积；净高在 1.20～2.10 m 的部位应计算 1/2 面积；净高不足 1.20 m 的部位不应计算面积。

注：勒脚是指建筑物外墙与室外地面或散水接触部位墙体的加厚部分，如图 3.1 所示。

当设计中无勒脚时，其建筑面积按外墙外围水平面积计算。

图 3.1　勒脚示意图

单层建筑物的高度是指室内地面与屋面板上表面之间的竖向最短距高。

净高是指楼面或地面与本层楼板底面之间的垂直距离。

（2）单层建筑物内设有局部楼层者，局部楼层的二层及以上楼层，有围护结构的应按其围护结构外围水平面积计算，无围护结构的应按其结构底板水平面积计算。层高在 2.20 m 及以上者应计算全面积；层高不足 2.20 m 者应计算 1/2 面积。

【例 3.1】　图 3.2 所示为是单层建筑内设有局部楼层的单层建筑物。试计算其建筑面积。

解：其建筑面积为

$$S = (6.00 + 0.12 \times 2) \times (9.00 + 0.12 \times 2) + (2.50 + 0.12 \times 2) \times (3.00 + 0.12 \times 2)$$
$$= 57.66 + 8.88 = 66.54 \ (\text{m}^2)$$

图 3.2　单层建筑物中的局部楼层

（3）多层建筑物首层应按其外墙勒脚以上结构外围水平面积计算（当设计无勒脚时，其建筑面积按外墙外围水平面积计算），二层及以上楼层应按其外墙结构外围水平面积计算。层高在 2.20 m 及以上的应计算全面积；层高不足 2.20 m 者应计算 1/2 面积。

（4）多层建筑坡屋顶内和场馆看台下，当设计加以利用时净高超过 2.10 m 的部位应计算全面积；净高在 1.20～2.10 m 的部位应计算 1/2 面积；当设计不利用或室内净高不足 1.20 m 时不应计算面积，如图 3.3 所示。

（5）地下室、半地下室（车间、商店、车站、车库、仓库等），包括相应的有永久性顶盖的出入口，应按其外墙上口（不包括采光井、外墙防潮层及其保护墙）外边线所围水平面积计算。层高在 2.20 m 及以上者应计算全面积；层高不足 2.20 m 者应计算 1/2 面积。

图 3.3 多层建筑物中的坡屋的不同高程

注：地下室是指房间地平面低于室外地平面的高度超过该房间净高的 1/2，如图 3.4 所示。

图 3.4 地下室示意图

半地下室是指房间地平面低于室外地平面的高度超过该房间净高的 1/3，且不超过该房间净高的 1/2，如图 3.5 所示。

（6）坡地的建筑物吊脚架空层、深基础架空层，设计加以利用并有围护结构的，层高在 2.20 m 及以上的部位应计算全面积；层高不足 2.20 m 的部位应计算 1/2 面积。设计加以利用、无围护结构的建筑吊脚架空层，应按其利用部位水平面积的 1/2 计算；设计不利用的深基础架空层、坡地吊脚架空层、多层建筑坡屋顶内、场馆看台下的空间不应计算面积，如图 3.6 所示。

图 3.5 半地下室示意图

图 3.6 吊脚架空层示意图

（7）建筑物的门厅、大厅按一层计算建筑面积。门厅、大厅内设有回廊时，应按其结构底板水平面积计算。层高在 2.20 m 及以上者应计算全面积；层高不足 2.20 m 者应计算 1/2 面积。

（8）建筑物间有围护结构的架空走廊，应按其围护结构外围水平面积计算。层高在 2.20 m 及以上者应计算全面积；层高不足 2.20 m 者应计算 1/2 面积。有永久性顶盖无围护结构的应按其结构底板水平面积的 1/2 计算，如图 3.7 所示。

（9）立体书库、立体仓库、立体车库，无结构层的应按一层计算，有结构层的应按其结构层面积分别计算。层高在 2.20 m 及以上者应计算全面积；层高不足 2.20 m 者应计算 1/2 面积。

（10）有围护结构的舞台灯光控制室，应按其围护结构外围水平面积计算。层高在 2.20 m 及以上者应计算全面积；层高不足 2.20 m 者应计算 1/2 面积。

（11）建筑物外有围护结构的落地橱窗、门斗、走廊、挑廊、檐廊，应按其围护结构外围水平面积计算。层高在 2.20 m 及以上者应计算全面积；层高不足 2.20 m 者应计算 1/2 面积。有永久性顶盖无围护结构的应按其结构底板水平面积的 1/2 计算。

　　注：门斗是指突出建筑物外面有围护结构和顶盖组成的过道空间，如图 3.8 所示；落地橱窗是指突出墙面且根基落地的橱窗，如图 3.9 所示；挑廊是指挑出建筑物外墙的水平交通部分；走廊是指建筑物用于水平交通的部位；檐廊是指设在建筑物首层出檐下面的走道；顶盖设置在建筑物的顶面部位的结构，如图 3.10 所示。

图 3.7　架空走廊示意图　　　　　　图 3.8　门斗示意图

图 3.9　落地橱窗示意图

图 3.10　挑廊、走廊、檐廊、顶盖示意图

（12）有永久性顶盖无围护结构的场馆看台应按其顶盖水平投影面积的 1/2 计算。

（13）建筑物顶部有围护结构的楼梯间、水箱间、电梯机房等，层高在 2.20 m 及以上的应计算全面积；层高不足 2.20 m 的应计算 1/2 面积。

（14）设有围护结构不垂直于水平面而超出底板外沿的建筑物，应按其底板面的外围水平面积计算。层高在 2.20 m 及以上者应计算全面积；层高不足 2.20 m 者应计算 1/2 面积。

（15）建筑物内的室内楼梯间、电梯井、观光电梯井、提物井、管道井、通风排气竖井、垃圾道、附墙烟囱应按建筑物的自然层计算。

（16）雨篷结构的外边线至外墙结构外边线的宽度超过 2.10 m 者，应按雨篷结构板的水平投影面积的 1/2 计算，如图 3.11 所示。

注：有柱雨篷和无柱雨篷计算应一致，如图 3.12 所示。

图 3.11　无柱雨篷示意图　　　　　　　　图 3.12　有柱雨篷示意图

（17）有永久性顶盖的室外楼梯，应按建筑物的自然层的水平投影面积的 1/2 计算。

注：无永久性顶盖的室外楼梯，最上层楼梯不计算面积，以下各层均计算建筑面积。

（18）建筑物的阳台均应按其水平投影面积的 1/2 计算。

（19）有永久性顶盖无围护结构的车棚、货棚、站台、加油站、收费站等，应按其顶盖水平投影面积的 1/2 计算，如图 3.13 所示。

图 3.13　单排柱车棚（货棚、站台）示意图

（20）高低联跨的建筑物，应以高跨结构外边线为界分别计算建筑面积；其高低跨内部连通时，其变形缝应计算在低跨面积内，如图 3.14 所示。

（21）以幕墙作为围护结构的建筑物，应按幕墙外边线计算建筑面积。

（22）建筑物外墙外侧有保温隔热层的，应按保温隔热层外边线计算建筑面积。

（23）建筑物内的变形缝，应按其自然层合并在建筑物面积内计算。

I—I 剖面图　　　　　　　　　　　　　平面图

图 3.14　高低联跨厂房示意图

2. 不计算建筑面积的部位

（1）建筑物的通道（骑楼、过街楼的底层）。

注：骑楼是指楼层部分跨在人行道上的临街楼房，如图 3.15 所示。

过街楼是指有道路穿过建筑物底层空间的楼房，如图 3.16 所示。

图 3.15　骑楼示意图　　　　　　　　图 3.16　过街楼示意图

（2）建筑物内的设备管道夹层。

（3）建筑物内分隔的单层房间，舞台及后台悬挂幕布、布景的天桥、挑台等。

（4）屋顶水箱、花架、凉棚、露台、露天游泳池。

（5）建筑物内的操作平台、上料平台、安装箱和罐体的平台。

（6）勒脚、附墙柱、垛、台阶、墙面抹灰、装饰面、镶贴块料面层、装饰性幕墙、空调室外机搁板（箱）、飘窗、构件、配件、宽度在 2.10 m 及以内的雨篷以及与建筑物内不相连通的装饰性阳台、挑廊。

注：飘窗是指供人们远眺或观察室外事物且采光而设置的突出外墙的窗。

装饰性阳台是指主要起装饰效果且与室内不相通，而使用功能不全的阳台。

（7）无永久性顶盖的架空走廊、室外楼梯和用于检修、消防等室外钢楼梯、爬梯。

（8）自动扶梯、自动人行道。

（9）独立烟囱、烟道、地沟、油（水）罐、气柜、水塔、贮油（水）池、贮仓、栈桥、地下人防通道、地铁隧道。

3.3　工程量清单计价规范

3.3.1　概　述

在《建设工程工程量清单计价规范》（GB 50500—2008）基础上，2012 年 12 月，国家相关部委颁布了新的规范，并于 2013 年 7 月开始实行，如图 3.17、图 3.18 所示。

UDC			UDC		
	中华人民共和国国家标准			中华人民共和国国家标准	
P		GB 50500-2013	P		GB 50854-2013

建设工程工程量清单计价规范

Code of bills of quantities and valuation for construction works

房屋建筑与装饰工程工程量计算规范

Standard method of measurement for building construction and fitting-out works

2012 - 12 - 25　发布　　　2013 - 07 - 01　实施

2012 - 12 - 25　发布　　　2013 - 07 - 01　实施

中华人民共和国住房和城乡建设部
中华人民共和国国家质量监督检验检疫总局　联合发布

中华人民共和国住房和城乡建设部
中华人民共和国国家质量监督检验检疫总局　联合发布

图 3.17　计价规范（封面）　　　　　　图 3.18　专业工程工程量计算规范（封面）

2013 国家标准清单规范总体由《建设工程工程量清单计价规范》和各专业工程工程量计算规范两部分内容组成，共 10 本，是依据《中华人民共和国建筑法》《中华人民共和国合同法》、《中华人民共和国招标投标法》等法律法规，按照我国工程造价管理改革的总体目标，本着国家宏观调控、市场竞争形成价格的原则制定的。

《建设工程工程量清单计价规范》共 1 本，其组成内容为：总则、术语、一般规定、工程量清单编制、招标控制价、投标报价、合同价款约定、工程计量、合同价款调整、合同价款期中支付、竣工结算与支付、合同解除的价款结算与支付、合同价款争议的解决、工程造价鉴定、工程计价资料与档案和工程计价表格等。其目的主要是规范建设工程造价计价行为，统一建设工程计价文件的编制原则和计价方法。

工程量计算规范按照专业不同共分为 9 册，包括《房屋建筑与装饰工程工程量计算规范》、《通用安装工程工程量计算规范》、《市政工程工程量计算规范》、《园林绿化工程工程量计算规范》、《仿古建筑工程工程量计算规范》等，其组成内容为总则、术语、工程计量、工程量清单编制和附录。其目的主要是规范各专业建设工程造价计量行为，统一专业工程工程量计算规则、工程量清单的编制方法。

3.3.2　规范主要内容

《建设工程工程量清单计价规范》（GB 50500—2013）的主要内容有：

3.3.2.1　总　则

总则共 7 条，规定了建设工程工程量清单计价规范制定的目的、依据、适用范围、工程量清单计价活动应遵循的基本原则等基本事项。

1. 实施清单计价规范的目的

实施清单计价规范的目的就是为规范施工发承包计价行为，统一建设工程工程量清单的编制和计价方法。不论采用任何计价方式的建设项目，除工程量清单专门性条文规定外，合同价款约定、工程计量与价款支付等均应执行本规范的有关条文。

2. 计价规范的适用范围

计价规范适用于建设工程发承包及实施阶段的计价活动。

工程发承包及实施阶段的计价活动包括：招标工程量清单编制、招标控制价编审、投标价编制与复核、工程合同价款约定、工程计量、合同价款调整、竣工结算与支付、合同解除以及工程计价表格等内容。

3. 工程造价的组成

建设工程发承包及实施阶段的工程造价应由分部分项工程费、措施项目费、其他项目费、规费和税金组成。

4. 应遵循的原则

建设工程施工发承包活动应遵循客观、公正、公平的原则。

3.3.2.2　术　语

术语共计 52 条，对规范特有专业用语给予定义或说明涵义，以尽可能避免规范在实施过程中由于不同理解造成的争议。主要包括以下内容：

1. 清单与项目

（1）工程量清单

载明建设工程分部分项工程项目、措施项目、其他项目的名称和相应数量以及规费、税金项目等内容的明细清单。

（2）招标工程量清单

招标人依据国家标准、招标文件、设计文件以及施工现场实际情况编制的，随招标文件发布供投标报价的工程量清单，包括其说明和表格。

（3）分部分项工程

分部工程是单项或单位工程的组成部分，是按照结构部位、路段长度及施工特点或施工任务将单项或单位工程划分为若干分部的工程。

分项工程是分部工程的组成部分，是按不同施工方法、材料、工序及路段长度等将分部工程划分为若干分项或项目的工程。

（4）措施项目

为完成工程项目施工，发生于工程施工准备和施工过程中的技术、生活、安全、环境保护等方面的项目。

2. 项目标识

（1）项目编码

分部分项工程和措施项目清单名称的阿拉伯数字标识。

（2）项目特征

构成分部分项工程和措施项目自身价值的本质特征。

3. 工程计价

（1）综合单价

完成一个规定清单项目所需的人工费、材料和工程设备费、施工机具使用费和企业管理费、利润以及一定范围内的风险费用。

（2）风险费用

隐含于已标价工程量清单综合单价中，用于化解发承包双方在工程合同中约定内容和范围内的市场价格波动风险的费用。

（3）工程成本

承包人为实施合同工程并达到质量标准，在确保安全施工的前提下，必须消耗或使用的人工、材料、工程设备、施工机械台班及其管理等方面发生的费用和按规定缴纳的规费和税金。

（4）暂列金额

招标人在工程量清单中暂定并包括在合同价款中的一笔款项。用于工程合同签订时尚未确定或者不可预见的所需材料、工程设备、服务的采购，施工中可能发生的工程变更、合同约定调整因素出现时的合同价款调整以及发生的索赔、现场签证确认等的费用。

（5）暂估价

招标人在工程量清单中提供的用于支付必然发生但暂时不能确定价格的材料、工程设备的单价以及专业工程的金额。

（6）计日工

在施工过程中，承包人完成发包人提出的工程合同范围以外的零星项目或工作，按合同约定的单价计价的一种方式。

（7）总承包服务费

总承包人为配合协调发包人进行的专业工程发包，对发包人自行采购的材料、工程设备等进行保管以及施工现场管理、竣工资料汇总整理等服务所需的费用。

（8）安全文明施工费

承包人按照国家法律、法规等规定，在合同履行中为保证安全施工、文明施工，保护现场内外环境等所采用的措施发生的费用。

（9）费　用

承包人为履行合同所发生或将要发生的所有合理开支，包括管理费和应分摊的其他费用，但不包括利润。

（10）利　润

承包人完成合同工程获得的盈利。

（11）规　费

根据国家法律、法规规定，由省级政府或省级有关部门规定施工企业必须缴纳的，应计入建筑安装工程造价的费用。

（12）税　金

国家税法规定的应计入建筑安装工程造价内的营业税、城市维护建设税、教育费附加和地方教育附加。

（13）招标控制价

招标人根据国家或省级、行业建设主管部门颁发的有关计价依据和办法，以及拟定的招标文件和招标工程量清单，结合工程具体情况编制的招标工程的最高投标限价。

（14）投标价

投标人投标时响应招标文件要求所报出的对已标价工程量清单汇总后标明的总价。

4. 其他术语

成本加酬金合同、索赔、发包人、承包人、造价工程师、工程结算、竣工结算价等。

3.3.2.3　一般规定

包括计价方式、发包人提供材料和工程设备、承包人提供材料和工程设备及计价风险。其中强制性条文如下：

（1）使用国有资金投资的建设工程发承包，必须采用工程量清单计价。

（2）工程量清单应采用综合单价计价。

（3）措施项目中的安全文明施工费必须按国家或省级、行业主管部门的规定计算，不得作为竞争性费用。

（4）规费和税金必须按国家或省级、行业建设主管部门的规定计算，不得作为竞争性费用。

（5）建设工程发承包，必须在招标文件、合同中明确计价中的风险内容及其范围，不得采用无限风险、所有风险或类似语句规定计价中的风险内容及范围。

3.3.2.4　工程量清单编制

共 6 节 19 条，强制性条文 4 条，规定了招标工程量清单编制人及其资格、工程量清单的组成内容、编制依据和各组成内容的编制要求。

1. 一般规定

（1）编制人

招标工程量清单具有专业性强、内容复杂、技术含量高的特点，是工程量清单计价的基础，应作为编制招标控制价、投标报价、计算或调整工程量、索赔等的依据之一。因此，工程量清单应由具有编制能力的招标人或受其委托，具有相应资质的工程造价咨询人编制。

（2）招标工程量清单组成

招标工程量清单应由分部分项工程项目清单、措施项目清单、其他项目清单、规费和税金项目清单组成。

（3）工程量清单编制依据

国家或省级、行业建设主管部门颁发的计价依据和办法；建设工程设计文件；与建设工项目有关的标准、规范、技术资料；拟定的招标文件；施工现场情况、工程特点及常规施工方案；本规范及其他相关资料。

2. 分部分项工程项目

其强制性条文如下：

（1）分部分项工程项目清单必须载明项目编码、项目名称、项目特征、计量单位和工程量。

（2）分部分项工程项目清单必须根据相关工程现行国家计量规范规定的项目编码、项目名称、项目特征、计量单位和工程量计算规则进行编制。

分部分项工程量清单应标明拟建工程的全部分部分项实体和相应数量。编制时应避免错项、漏项。分部分项工程量清单的内容应满足规范管理、方便管理的要求和满足计价行为的要求。

3. 措施项目

措施项目清单必须根据相关工程现行国家计量规范的规定编制；应根据拟建工程的实际情况列项。

4. 其他项目

其他项目清单主要体现了招标人提供的一些与拟建工程有关的特殊要求。应按照下列内容列项：暂列金额、暂估价、计日工及总承包服务费。

5. 规　费

规费项目清单应按照下列内容列项：

（1）社会保险费：包括养老保险费、失业保险费、医疗保险费、生育保险费、工伤保险费。

（2）住房公积金。

（3）工程排污费。

6. 税　金

税金项目清单应包括下列内容：

（1）营业税。

（2）城市维护建设税。

（3）教育费附加。

（4）地方教育附加。

7. 工程量清单编制原则

根据规范内容，工程量清单编制原则包括五个统一、三个自主、两个分离。

（1）五个统一

分部分项工程量清单包括的内容应满足两方面的要求，一是满足方便管理和规范管理的要求；二是满足工程计价的要求。为满足上述要求，工程量清单编制必须符合按照"五个统一"的规定执行，即项目编码统一、项目名称统一、计量单位统一、计算规则统一以及项目特征统一。

（2）三个自主

工程量清单计价是市场形成工程造价的主要形式。要求投标人在投标报价时自主确定工料机消耗量、自主确定工料机单价、自主确定措施项目费及其他项目费的内容和费率。

（3）两个分离

指量价分离、清单工程量与计价工程量分离。

8. 工程量清单编制一般规定

（1）工程量清单应根据附录规定的项目编码、项目名称、项目特征、计量单位和工程量计算规则进行编制。

（2）工程量清单的项目编码，应采用十二位阿拉伯数字表示。一至九位应按附录的规定设置，十至十二位应根据拟建工程的工程量清单项目名称和项目特征设置，同一招标工程的项目编码不得有重码。

全国统一编码的前九位数不得变动，后三位由清单编制人员根据设置的清单项目编制，如C30混凝土圆柱的项目采用编码010502003001，如图3.19所示。

图3.19　分部分项工程量清单编码

01—房屋建筑与装饰装修工程；02—仿古建筑工程；03—通用安装工程；
04—市政工程；05—园林绿化工程

（3）工程量清单的项目名称应按附录的项目名称结合拟建工程的实际确定。

应考虑该项目的规格、型号、材质等特征要求，结合拟建工程的实际情况，使其项目具体化。名称设置时应考虑三个因素，一是项目名称，二是项目特征，三是拟建工程的实际情况。

（4）工程量清单项目特征应按附录中规定的项目特征，结合拟建工程项目的实际予以描述。

工程量清单的项目特征是确定一个清单项目综合单价不可缺少的重要依据，在编制的工程量清单中必须对其项目特征进行准确和全面的描述。但在实际的工程量清单项目特征描述中有些项目特征用文字往往又难以准确和全面地予以描述，因此为达到规范、统一、简捷、准确、全面描述项目特征的要求，在描述工程量清单项目特征时应按以下原则进行：

① 项目特征描述的内容按本规范附录规定的内容，项目特征的表述按拟建工程的实际要求，能满足确定综合单价的需要。

② 若采用标准图集或施工图纸能够全部或部分满足项目特征描述的要求，项目特征描述可直接采用详见××图集或××图号的方式。对不能满足项目特征描述要求的部分，仍应用文字描述。

统一名称的项目，由于材料品种、型号、规格、材质的不同，反映在综合单价上的差别很大。项目特征的描述是编制分部分项工程量清单十分重要的内容，对一些有特殊要求的施工工艺、材料、设备等也应在规范规定的工程量清单"总说明"、"材料价格表"中作必要的说明。

当同一标段（或合同段）的一份工程量清单中含有多个单位工程且工程量清单是以单位工程为编制对象时，在编制工程量清单时应特别注意对项目编码十至十二位的设置不得有重码的规定。例如一个标段（或合同段）的工程量清单中含有三个单位工程，每一单位工程中都有项目特征相同的实心砖墙砌体，在工程量清单中又需反映三个不同单位工程的实心砖墙砌体工程量时，则第一个单位工程的实心砖墙的项目编码应为 010401003001，第二个单位工程的实心砖墙的项目编码应为 010401003002，第三个单位工程的实心砖墙的项目编码应为 010401003003，并分别列出各单位工程实心砖墙的工程量。

由此可见，清单项目特征的描述，应根据计价规范附录中有关项目特征的要求，结合技术规范、标准图集、施工图纸，按照工程结构、使用材质及规格或安装位置等，予以详细而准确地表述和说明。可以说离开了清单项目特征的准确描述，清单项目就将没有生命力。

（5）《建设工程工程量清单计价规范》（GB 50500—2013）各项目仅列出了主要工作内容，除另有规定和说明这外，应视为已经包括完成该项目所列或未列的全部工作内容。

房屋建筑与装饰工程涉及电气、给排水、消防等安装工程的项目，按照现行国家标准《通用安装工程工程量计算规范》（GB 50856—2013）的相应项目执行；涉及仿古建筑工程的项目，按现行国家标准《仿古建筑工程工程量计算规范》（GB 50855—2013）的相应项目执行；涉及室外地面（路面）、室外给排水等工程的项目，按现行国家标准《市政工程工程量计算规范》（GB 50857—2013）的相应项目执行。

编制工程量清单出现附录中未包括的项目，编制人应做补充，并报省级或行业工程造价管理机构备案，省级或行业工程造价管理机构应汇总报住房和城乡建设部标准定额研究所。

补充项目的编码由本规范的代码 01 与 B 和三位阿拉伯数字组成，并应从 01B001 其顺序编制，同一招标工程的项目不得重码。

3.3.2.5　投标报价

1. 一般规定

强制性规定有两条：

（1）投标报价不得低于工程成本。

（2）投标人必须按招标工程量清单填报价格。项目编码、项目名称、项目特征、计量单位、工程量必须与招标工程量清单一致。

2. 编制与复核

（1）综合单价中应包括招标文件中划分的应由投标人承担的风险范围及其费用，招标文件中没有明确的，应提请招标人明确。

（2）分部分项工程和措施项目中的单价项目，应根据招标文件和招标工程量清单项目中的特征描述确定综合单价计算。

（3）其他项目费应按下列规定报价：

① 暂列金额应按招标工程量清单中列出的金额填写。

② 材料、工程设备暂估价应按招标工程量清单中列出的单价计入综合单价。

③ 专业工程暂估价应按招标工程量清单中列出的金额填写。

④ 计日工应按招标工程量清单中列出的项目和数量，自主确定综合单价并计算计日工金额。

⑤ 总承包服务费应根据招标工程量清单中列出的内容和提出的要求自主确定。

（4）投标总价应当与分部分项工程费、措施项目费、其他项目费和规费、税金的合计金额一致。

3.3.2.6　工程计量

1. 一般规定

工程量必须按照相关工程现行国家计量规范规定的工程量计算规则计算。

2. 单价合同的计量

（1）工程量必须以承包人完成合同工程应予计量的工程量确定。

（2）施工中进行工程计量时，当发现招标工程量清单中出现缺项、工程量偏差，或因工程变更引起工程量的增减时，应按承包人在履行合同义务中完成的工程量计算。

3. 总价合同的计量

采用经审定批准的施工图纸及其预算方式发包形成的总价合同，除按照工程变更规定的工程量增减外，总价合同各项目的工程量应为承包人用于结算的最终工程量。

3.3.2.7　工程计价表格

工程计价表宜采用统一格式。工程计价表格的设置应满足工程计价的需要，方便使用。

1. 工程量清单的编制规定

（1）工程量清单编制使用表格

包括：封-1、扉-1、表-08，表-11、表-12（不含表-12-6～表-12-8）、表-13、表-20、表-21或表-22。

（2）总说明应填写的内容

① 工程概况：建设规模、工程特征、计划工期、施工现场实际情况、自然地理条件、环境保护要求等。

② 工程招标和专业工程发包范围。

③ 工程量清单编制依据。

④ 工程质量、材料、施工等的特殊要求。

⑤ 其他需要说明的问题。

2. 招标控制价、投标报价、竣工结算的编制规定

（1）使用表格。

① 招标控制价使用表格包括：封-2、扉-2、表-01、02、03、04、08、09、11、12（不含表-12-6～表-12-8）、13、20、21或22。

② 投标报价使用的表格包括：封-3、扉-3、表-01、02、03、04、08、09、11、12（不含表-12-6 ~ 表-12-8）、13、16、招标文件提供的表-20、21 或 22。

③ 竣工结算使用的表格包括：封-4、扉-4、表-01、05、06、07、08、09、10、11、12、13、14、15、16、17、18、19、20、21 或 22。

（2）总说明应填写的内容。

① 工程概况：建设规模、工程特征、计划工期、合同工期、实际工期、施工现场及变化情况、施工组织设计的特点、自然地理条件、环境保护要求等。

② 编制依据等。

（3）投标人应按招标文件的要求，附工程量清单综合单价分析表。

（4）工程量清单计价程序。

工程量清单计价是在业主提供的工程量清单的基础上，按照清单计价规范规定，依据工程量清单和综合单价法，进行市场交易、竞争定价的活动过程。其程序为：

① 做好各项计价准备工作，包括以下内容：

a. 熟悉工程量清单。

b. 明确所编制的计价文件的用途，搜集并熟悉编制依据。

c. 收集各种资源价格信息，主要指市场要素价格。

d. 优选施工方案和方法以及其他工作。

② 计算分部分项工程费，并将结果填入附录的分部分项工程量清单与计价表中。

③ 计算措施项目费，并将结果填入附录的相应表格内。

措施项目清单计价表中的序号、项目名称，必须按措施项目清单中的相应内容填写。投标人可根据施工组织设计采取的措施增加项目。

措施项目清单计价中，保障性措施项目一般根据省级、行业建设主管部门颁发的费用定额确定，以"项"为单位，采用费率的方式综合计价，其格式见总价措施项目清单与计价表，其费用应包括除规费、税金外的全部费用。

以工程量形式表现的技术性措施项目应根据拟建工程的施工组织设计或施工方案、消耗量定额及其单价，按分部分项工程量清单计价方式，即采用综合单价计算确定，单价措施项目清单与计价表格式见同分部分项工程量清单与计价表。

$$
\begin{aligned}
措施项目费 &= 保障性措施项目费 + 技术性措施项目费 \\
&= \sum (计费基础 \times 相应费率) + \sum (工程量 \times 综合单价)
\end{aligned} \tag{3.7}
$$

④ 计算其他项目费，并将结果填入附录的相应表格中。

其他项目清单表中的序号、项目名称，必须按其他项目清单中的相应内容填写。暂列金额和暂估价必须按招标人提出的数额填写。暂估价中的专业工程暂估价应分专业填写，对于材料、设备暂估价，凡材料、设备暂估价已经计入工程量清单综合单价中的，不再汇总入暂估价；投标人部分（总承包服务费和计日工）的费用以综合单价法计算。

计日工按招标人在其他项目清单中列出的项目和数量，确定其综合单价后计算其费用；总承包服务费根据招标文件中列出的内容和提出的要求进行确定。

⑤ 计算规费、税金，并将结果填入附录的相应表格内。

规费和税金应按国家或省级、行业建设主管部门的规定计算，不得作为竞争性费用。

⑥ 计算单位工程报价，并将结果填入附录的相应表格内。

单位工程报价＝分部分项工程费＋措施项目费＋其他项目费＋

规费＋税金　　　　　　　　　　　（3.8）

综上所述，以陕西省单位工程造价的计价程序为例，如表3.1所示。

表3.1　工程量清单计价程序表

序号	内　容	计　算　式
1	分部分项工程费	$\sum$(综合单价×工程数量)＋可能发生的差价
2	措施项目费	$\sum$(计费基础×相应费率)＋$\sum$(综合工日×工程数量)＋可能发生的差价
3	其他项目费	暂列金额＋暂估价＋$\sum$工程量×综合单价＋可能发生的差价
4	规　费	(1＋2＋3)×费率
5	税　金	(1＋2＋3＋4)×税率
6	工程造价	1＋2＋3＋4＋5

注：表中"可能发生的差价"是指合同约定或政府规定计入工程造价总价，但不计入综合单价的费用，如由发包人承担的除工程量变化以外的风险费按差价计列。差价主要是在工程结算时计算，不计入综合单价，只计取规费和税金。

⑦ 计算单项工程报价，并将结果填入附录的相应表格内。

单位工程名称按照单位工程汇总表的工程名称填写。金额按照单位工程汇总表的合计金额填写。

单项工程报价＝$\sum$单位工程报价　　　　　　　　（3.9）

⑧ 计算建设项目总报价，并将结果填入附录的相应表格内。

单项工程名称按照单项工程费汇总表的工程名称填写。金额按照单项工程费汇总表的合计金额填写。

建设项目总报价＝$\sum$单项工程报价　　　　　　　（3.10）

⑨ 核对、填写总价、封面、打印、整理、装订、盖章等。

封面格式见附录中的相关表格。

练习题

一、填空题

1. 最新的工程量清单计价规范于＿＿＿＿＿年＿＿＿＿＿月开始实行。

2. 各专业工程工程量计算规范的目的主要是规范各专业建设工程造价计量行为，统一＿＿＿＿＿、＿＿＿＿＿。

3. 工程量清单是指载明＿＿＿＿＿项目、＿＿＿＿＿项目、＿＿＿＿＿项目的名称和数量以及＿＿＿＿＿和＿＿＿＿＿等内容的明细清单。

4. 项目编码是指＿＿＿＿＿和＿＿＿＿＿清单名称的阿拉伯数字标识。

5. 招标控制价是由＿＿＿＿＿编制的招标工程＿＿＿＿＿限价。

6. 工程量清单应采用_____计价。

7. 措施项目费中的安全文明施工_____作为竞争性费用。

8. 分部分项工程项目清单必须载明_____、_____、_____、_____和_____。

9. 运用统筹法计算工程量时，三线是指_____、_____和_____。

10. 运用统筹法计算工程量时，两面是指_____和_____。

11. 运用统筹法计算工程量时，两表是指_____和_____。

二、简答题

1. 简述工程量计算的依据与方法。

2. 门厅、大厅面积如何确定？

3. 地下室和半地下室的建筑面积是如何确定的？

4. 建筑物哪些部位不计算建筑面积？

5. 实施工程量清单计价规范目的是什么？

6. 综合单价包括哪些费用？

7. 工程量清单的编制原则是什么？

8. 工程量清单的计价程序是什么？

第2篇　房屋建筑与装饰工程量清单编制与计价

第4章　房屋建筑工程量清单编制

■ 学前导读

本章介绍了土石方工程、地基处理与边坡支护工程、桩基工程、砌筑工程、混凝土及钢筋工程、金属结构工程、木结构工程、门窗工程、房屋及防水工程以及保温、隔热、防腐工程等十项房屋建筑工程工程量清单的相关内容。通过本章的学习，要求了解各项房屋建筑工程的基础知识；掌握各项装饰工程工程量清单编制的内容和方法；根据实例学会编制房屋建筑工程工程量清单。

4.1　土石方工程清单计量

4.1.1　土石方工程基础知识

土石方工程包括土方工程、石方工程以及回填工程，主要涉及土（石）方的挖掘、运输、回填和压实等施工过程。施工工艺包括场地平整、土方开挖、土方运输、土方回填夯实等。

建筑及装饰装修工程清单项目及计算规则中的土壤和岩石的区别是按照"土壤及岩石（普氏）分类表"来划分的，见表4.1。该表共分十六类，前四类为土，后十二类为石。其中Ⅰ、Ⅱ类合并，称为普通土；Ⅲ类称为坚土；Ⅳ类称为砂砾坚土；Ⅴ类称为松石；Ⅵ～Ⅷ称为次坚石；Ⅸ～ⅩⅥ类称为普坚石；ⅩⅠ～ⅩⅥ为特坚石，由于土壤类别直接关系到土方工程造价的多少，因此在编制工程预算时，对土壤应认真分类、准确套用综合单价，正确编制预算。

表 4.1　土壤及岩石（普氏）分类表

项目分类	普氏分类	土壤及岩石名称	天然湿度下平均重度/(kN/m³)	极限压碎强度/(kg/cm²)	用轻钻孔机钻进1m耗时/min	开挖方法及工具	普氏系数（紧固系数）f
普通土	Ⅰ	砂	1 500			用尖锹开挖	0.5～0.6
		砂壤土	1 600				
		腐殖土	1 200				
		泥炭	600				

续表 4.1

项目分类	普氏分类	土壤及岩石名称	天然湿度下平均重度/(kN/m³)	极限压碎强度/(kg/cm²)	用轻钻孔机钻进 1 m 耗时/min	开挖方法及工具	普氏系数（紧固系数）f
普通土	Ⅱ	轻壤和黄土类土	1 600			用锹开挖并少数用镐开挖	0.6~0.8
		潮湿而松散的黄土，软的盐渍土和碱土	1 600				
		平均 15 mm 以内的松散而软的砾石	1 700				
		含有草根的密实腐殖土	1 400				
		含有直径在 30 mm 以内根类的泥炭和腐殖土	1 100				
		掺有卵石、碎石和石屑的砂和腐殖土	1 650				
		含有卵石或碎石杂质的胶结成块的填土	1 750				
		含有卵石、碎石和建筑料杂质的砂壤土	1 900				
坚土	Ⅲ	肥黏土其中包括石炭纪、侏罗纪的黏土和冰黏土	1 800			用尖锹并同时用镐开挖（30%）	0.8~1.0
		重壤土、粗砾石，粒径为 15~40 mm 的碎石和卵石	1 750				
		干黄土和掺有碎石或卵石的自然含水量黄土	1 790				
		含有直径大于 30 mm 根类的腐殖黏土或泥炭	1 400				
		掺有碎石或卵石和建筑碎料的土壤	1 900				
砂砾坚土	Ⅳ	土含碎石重黏土，其中包括侏罗纪和石英纪的硬黏土	1 950			用尖锹并同时用镐和撬棍开挖（30%）	1.0~1.5
	Ⅳ	含有碎石、卵石、建筑碎料和重达 25 kg 的顽石（总体积 10% 以内）等杂质的肥黏土和重壤土	1 950			用尖锹并同时用镐和撬棍开挖（30%）	1.0~1.5
		冰渍黏土，含有质量在 50 kg 以内的巨砾，其含量为总体积 10% 以内	2 000				
		泥板岩	2 000				
		不含或含有质量达 10 kg 的顽石	1 950				

续表 4.1

项目分类	普氏分类	土壤及岩石名称	天然湿度下平均重度 /(kN/m³)	极限压碎强度 /(kg/cm²)	用轻钻孔机钻进 1 m 耗时 /min	开挖方法及工具	普氏系数（紧固系数）f
松石	V	含有质量在 50 kg 以内的巨砾（占体积 10% 以上）的冰渍石	2 100	小于 200	小于 3.5	部分用手凿工具、部分用爆破开挖	1.5～2.0
		矽藻岩和软白垩岩	1 800				
		胶结力弱的砾岩	1 900				
		各种不坚实的片岩	2 600				
		石膏	2 200				
次坚石	VI	凝灰岩和浮石	1 100	200～400	3.5	用风镐和爆破法开挖	2～4
		松软多孔和裂隙严重的石灰岩和介质石灰岩	1 200				
		中等硬变的片岩	2 700				
		中等硬变的泥灰岩	2 300				
	VII	石灰石胶结的带有卵石和沉积岩的砾石	2 200	400～600	6.0		4～6
		风化的和有大裂缝的黏土质砂岩	2 000				
		坚实的泥板岩	2 800				
		坚实的泥灰岩	2 500				
	VIII	砾质花岗岩	2 300	600～800	8.5	用爆破方法开挖	6～8
		泥灰质石灰岩	2 300				
		黏土质砂岩	2 200				
		砂质云母片岩	2 300				
		硬石膏	2 900				
普坚石	IX	严重风化的软弱的花岗岩、片麻岩和正长岩	2 500	800～1 000	11.5		8～10
		滑石化的蛇纹岩	2 400				
		致密的石灰岩	2 500				
		含有卵石、沉积岩的渣质胶结的砾岩	2 500				
		砂岩	2 500				
		砂质石灰质片岩	2 500				
		菱镁矿	3 000				
	X	白云石	2 700	1 000～1 200	15.0	用爆破方法开挖	10～12
		坚固的石灰岩	2 700				

续表 4.1

项目分类	普氏分类	土壤及岩石名称	天然湿度下平均重度/(kN/m³)	极限压碎强度/(kg/cm²)	用轻钻孔机钻进1m耗时/min	开挖方法及工具	普氏系数（紧固系数）f
特坚石	X	大理石	2 700				
		石灰胶结的致密砾石	2 600				
		坚固砂质片岩	2 600				
	XI	粗花岗岩	2 800	1 200 ~ 1 400	18.5		12 ~ 14
		非常坚硬的白云岩	2 900				
		蛇纹岩	2 600				
		石灰质胶结的含有火成岩之卵石的砾石	2 800				
	XI	石英胶结的坚固砂岩	2 700	1 200 ~ 1 400	18.5		12 ~ 14
		粗粒正长岩	2 700				
	XII	具有风化痕迹的安山岩和玄武岩	2 700	1 400 ~ 1 600	22.0		14 ~ 16
		片麻岩	2 600				
		非常坚固的石灰岩	2 900				
		硅质胶结的含有火成岩之卵石的砾岩	2 900				
		粗石岩	2 600				
	XIII	中粒花岗岩	3 100	1 600 ~ 1 800	27.5		16 ~ 18
		坚固的片麻岩	2 800				
		辉绿岩	2 700				
		玢岩	2 500				
		坚固的粗面岩	2 800				
		中粒正长岩	2 800				
	XIV	非常坚硬的细粒花岗岩	3 300	1 800 ~ 2 000	32.5		18 ~ 20
		花岗岩麻岩	2 900				
		闪长岩	2 900				
		高硬度的石灰岩	3 100				
		坚固的玢岩	2 700				
	XV	安山岩、玄武岩、坚固的角页岩	3 100	2 000 ~ 2 500	46.0		20 ~ 25
		高硬度的辉绿岩和闪长岩	2 900				
		坚固的辉长岩和石英岩	2 800				
	XVI	拉长玄武岩和橄榄玄武岩	3 300	大于2 500	大于60		大于25

4.1.2 工程量清单项目

4.1.2.1 土方工程（编号：010101）

土方工程包括平整场地，挖一般土方，挖沟槽土方，挖基坑土方，冻土开挖，挖淤泥流砂，管沟土方及回填 7 项。

1. 平整场地（项目编码：010101001）

一般的工业与民用建筑工程为了便于放线，施工前要对场地进行平整。平整场地是"五通一平"的内容之一，是一项施工准备工作。当建筑场地高程确定后，规定 ±30 cm 以内的挖、填、运、找平属场地平整。

图 4.1　平整场地示意图

工程内容：包括土方挖填，场地找平及运输。

项目特征：在编制工程量清单时，除注明项目编码、项目名称等外，还要详细描述项目特征，包括土壤类别、弃土运距、取土运距。

工程量计算规则：《计价规范》规定平整场地工程量按设计图示尺寸以建筑物底层面积（m^2）计算。

【例 4.1】 某建筑物基础平面图和剖面图如图 4.2 所示，土壤类别为 II 类土。试求该工程平整场地的工程量。

图 4.2　某建筑物基础平面图和剖面图

解：根据平整场地工程量计算规则规定，应按设计图示尺寸以建筑物底层面积计算。

$$S_{底} = (3.30 \times 2 + 0.12 \times 2) \times (3.30 + 0.12 \times 2) + 5.0 \times (3.30 + 0.12 \times 2)$$
$$= 6.84 \times 3.54 + 5.0 \times 3.54$$
$$= 24.21 + 17.70$$
$$= 41.91 \ m^2$$

2. 挖一般土方（项目编码：010101002）

沟槽、基坑、一般土方的划分为：底宽小于（等于）7 m，底长大于 3 倍底宽为沟槽；底长小于（等于）3 倍底宽、底面积小于（等于）20 m² 为基坑；超出上述范围则为一般土方。

工程内容：排地表水，土方开挖，围护（挡土板）及拆除，基底钎探和运输。

项目特征：在编制工程量清单时，应详细描述项目特征，包括土壤类别和挖土深度。

工程量计算规则：按图示尺寸以体积计算。

其他规定：土方体积应按挖掘前的天然密实体积计算。如需按天然密实体积折算时，应按表 4.2 的系数计算。

表 4.2　土方体积折算系数表

天然密实度体积	虚方体积	夯实后体积	松填体积
0.77	1.00	0.67	0.83
1.00	1.30	0.87	1.08
1.15	1.50	1.00	1.25
0.92	1.20	0.80	1.00

注：① 虚方指未经碾压、堆积时间≤1 年的土壤。
　　② 本表按《全国统一建筑工程预算工程量计算规则》GJDGZ—101—95 整理。
　　③ 设计密实度超过规定的，填方体积按工程设计要求执行；无设计要求按各省、自治区、直辖市或行业建设行政主管部门规定的系数执行。

挖土方平均厚度，应按自然地面测量高程至设计地坪高程间的平均厚度确定。

湿土的划分应按地质资料提供的地下常水位为界，地下常水位以下为湿土。

3. 挖沟槽土方（项目编码：010101003）

底宽≤3 m，且底长大于底宽 3 倍以上的按沟槽计算，如图 4.3 所示。

图 4.3　沟槽

工程内容：包括排地表水，土方开挖，围护（挡土板）及拆除，基底钎探和运输。

项目特征：在编制工程量清单时，应详细描述项目特征，包括土壤类别和挖土深度。

工程量计算规则：房屋建筑按设计图示尺寸以基础垫层底面积乘以挖土深度计算，构筑物按最大水平投影面积乘以挖土深度（原地面平均标高至坑底高度）以体积计算。

其他规定：挖沟槽土方时应适当留出下步施工工序必需的工作面，工作面的宽度应按施工组织设计所确定的宽度计算，如无施工组织设计时可参照表 4.3 数据计算。

表 4.3　基础施工所需工作面宽度计算表

基础材料	每边各增加工作面宽度（mm）
砖基础	200
浆砌毛石、条石基础	150
混凝土基础垫层支模板	300
混凝土基础支模板	300
基础垂直面做防水层	1 000（防水层面）

挖沟槽土方时，一、二类土深在 1.25 m 以内，三类土深在 1.5 m 以内，四类土深在 2 m 以内，均不考虑放坡。超过以上深度，如需放坡，按施工图示尺寸计算。如设计不明确，可按表 4.4 计算（放坡自垫层上表面开始计算）。图 4.5 所示为工作面、放坡面、挖深示意图。

表 4.4　放坡系数表

土类别	放坡起点（m）	人工挖土	机械挖土		
			在坑内作业	在坑上作业	顺沟槽在坑上作业
一、二类土	1.20	1：0.5	1：0.33	1：0.75	1：0.5
三类土	1.50	1：0.33	1：0.25	1：0.67	1：0.33
四类土	2.00	1：0.25	1：0.10	1：0.33	1：0.25

图 4.4　放坡施工示意图

图 4.5　工作面、放坡面、挖深示意图

B—垫层宽度；H—挖土深度；C—工作面宽度；K—放坡系数

挖沟槽工程量计算式如下：

不放坡、不设挡土板时：

$$V = (B + 2C) \times H \times (L_{中} + L_{内槽})$$

由垫层下表面放坡时：

$$V = (B + 2C + kH) \times H \times (L_{中} + L_{内槽})$$

由垫层上表面放坡时：

$$V = [B \times H_1 + (B + kH_2) \times H_2] \times (L_{中} + L_{内槽})$$

支设双面挡土板时：

$$V = (B + 2C + 0.2) \times H + (L_{中} + L_{内槽})$$

4. 挖基坑土方（项目编码：010101004）

规定底长≤3 倍底宽、底面积≤150 m² 为基坑，如图 4.6 所示，挖基坑土方的工程量清单项目同挖沟槽土方基本一致。

工程内容：包括排地表水，土方开挖，围护（挡土板）及拆除，基底钎探和运输。

项目特征：在编制工程量清单时，应详细描述项目特征；包括土壤类别和挖土深度。

工程量计算规则：房屋建筑按设计图示尺寸以基础垫层底面积乘以挖土深度计算，构筑物按最大水平投影面积乘以挖土深度（原地面平均标高至坑底高度）以体积计算。

图 4.6　基坑

5. 冻土开挖（项目编码：010101005）

冻土是指在 0 ℃ 以下且含有冰的土。冻土按冬夏是否冻融交替分为季节性冻土和永冻土两类。

工程内容：包括爆破、开挖、清埋及运输。

项目特征：在编制工程量清单时应描述冻土的厚度。

工程量计算规则：按设计图示尺寸开挖面积乘厚度以体积计算。

6. 挖淤泥、流砂（项目编码：010101006）

淤泥是河流、湖沼、水库、池塘中沉积的泥砂，所含有机物较多，常呈灰黑色，有异味、稀软状，坍落度较大。

挖土方深度超过地下水位时，坑底周边或地下的土层随地下水涌入基坑，这种和水形成流动状态的土壤称为流砂。

工程内容：包括挖淤泥、流砂；弃淤泥、流砂；即开挖和运输。

项目特征：应描述挖掘深度，弃淤泥，流砂的距离。

工程量计算规则：按设计图示位置、界限以体积（m³）计算。

其他规定：挖方出现流砂、淤泥时，可根据实际情况由发包人与承包人双方签证处理。

7. 管沟土方（项目编码：010101007）

本项目适用于管沟土方的开挖、回填。

工程内容：包括排地表水，土方开挖，挡土板的支拆、运输、回填。

项目特征：应描述土壤类别，管外径，挖沟平均深度，弃土运距及回填要求。

工程量计算规则：按设计图示以管道中心线长度（m）计算。

其他规定：有管沟设计时，平均深度以沟底垫层底表面高程至交付施工场地高程计算；无管沟设计时，直埋管（管道安装好后，无沟盖板保护，直接回填土）深度应按管底外表面高程至交付施工场地高程的平均高程计算。

4.1.2.2　石方工程（编号：010102）

石方工程包括挖一般石方（010102001），挖沟槽石方（010102002），挖基坑石方（010102003），基底摊座（010102004），管沟石方（010102005）这五个项目。

1. 挖一般石方（项目编码：010102001）

工程内容：包括排地表水，凿石，运输。

项目特征：需要描述岩石类别，开凿深度，弃渣运距。

工程量计算规则：按设计图示尺寸以体积计算。

其他规定：石方体积应按挖掘前的天然密实体积计算。如需按天然密实体积折算时，应按规范表 4.5 系数计算。

表 4.5　石方体积折算系数表

石方类别	天然密实度体积	虚方体积	松填体积	码　方
石　方	1.0	1.54	1.31	
块　石	1.0	1.75	1.43	1.67
砂夹石	1.0	1.07	0.94	

注：本表按建设部颁发《爆破工程消耗量定额》GYD—102—2008 整理。

2. 挖沟槽石方（项目编码：010102002）

工程内容：包括排地表水，凿石，运输。

项目特征：应描述岩石类别，开凿深度以及弃渣运距。

工程量计算规则：按设计图示尺寸沟槽底面积乘以挖石深度以体积计算。

3. 挖基坑石方（项目编码：010102003）

工程内容：包括排地表水，凿石，运输。

项目特征：需要描述岩石类别，开凿深度以及弃渣运距。

工程量计算规则：按设计图示尺寸基坑底面积乘以挖石深度以体积计算。

4. 基底摊座（项目编码：010102004）

工程内容：包括排地表水，凿石，运输。

项目特征：需要描述岩石类别，开凿深度以及弃渣运距。

工程量计算规则：按设计图示尺寸以展开面积计算。

5. 管沟石方（项目编码：010102005）

管沟石方项目适用于管道（给排水、工业、电力、通信），电缆沟及连接井（检查井）等。

工程内容：包括排地表水，凿石，回填，运输。

项目特征：应描述岩石类别，管外径，挖沟深度。

工程量计算规则：以 m 计量，按设计图示以管道中心线长度计算；以 m³ 计量，按设计图示截面积乘以长度计算。管沟施工每侧所需工作面宽度计算见表4.6。

表4.6　管沟施工每侧所需工作面宽度计算表

管沟材料＼管道结构宽（mm）	≤500	≤1 000	≤2 500	>2 500
混凝土及钢筋混凝土管道（mm）	400	500	600	700
其他材质管道（mm）	300	400	500	600

注：① 本表按《全国统一建筑工程预算工程量计算规则》GJDGZ—101—95整理。
　　② 管道结构宽：有管座的按基础外缘，无管座的按管道外径。

4.1.2.3　回填（编号：010103）

本项目适用于基础回填、室内回填、场地回填。

1. 回填方（项目编码：010103001）

工程内容：包括运输，回填，压实。

项目特征：应描述密实度要求，填方材料品种，填方粒径要求，填方来源、运距。

工程量计算规则：按设计图示尺寸以体积（m³）计算。

场地回填：回填面积乘平均回填厚度。

室内回填：主墙间面积乘回填厚度，不扣除间隔墙。

基础回填：挖方体积减去自然地坪以下埋设的基础体积（包括基础垫层及其他构筑物）。

2. 余方弃置（项目编码：010103002）

工程内容：包括余方点装料运输至弃置点。

项目特征：应描述废弃料品种，运距。

工程量计算规则：按挖方清单项目工程量减利用回填方体积（正数）计算。

4.1.3　工程量计算规则解读

（1）挖土应按自然地面测量标高至设计地坪标高的平均厚度确定。竖向土方、山坡切土开挖深度应按基础垫层底表面标高至交付施工现场地标高确定，无交付施工场地标高时，应按自然地面标高确定。

（2）挖沟槽、基坑、一般土方因工作面和放坡增加的工程量（管沟工作面增加的工程量），是否并入各土方工程量中，按各省、自治区、直辖市或行业建设主管部门的规定实施，如并入各土方工程量中，办理工程结算时，按经发包人认可的施工组织设计规定计算，编制工程量清单时，可按表 4.3、4.4、4.6 规定计算。

（3）挖方出现流砂、淤泥时，应根据实际情况由发包人与承包人双方现场签证确认工程量。

（4）管沟土方项目适用于管道（给排水、工业、电力、通信）、光（电）缆沟（包括：人孔桩、接口坑）及连接井（检查井）等。

（5）挖石应按自然地面测量标高至设计地坪标高的平均厚度确定。基础石方开挖深度应按基础垫层底表面标高至交付施工现场地标高确定，无交付施工场地标高时，应按自然地面标高确定。

（6）厚度 > ±300 mm 的竖向布置挖石或山坡凿石应按本表中挖一般石方项目编码列项。

（7）弃渣运距可以不描述，但应注明由投标人根据施工现场实际情况自行考虑，决定报价。

（8）岩石的分类应按表 4.1 确定。

（9）石方体积应按挖掘前的天然密实体积计算。如需按天然密实体积折算时，应按规范表 4.5 系数计算。

（10）沟槽、基坑、一般土方的划分为：底宽 ≤ 7 m，底长 > 3 倍底宽为沟槽；底长 ≤ 3 倍底宽、底面积 ≤ 150 m² 为基坑；超出上述范围则为一般土方。

（11）填方密实度要求，在无特殊要求情况下，项目特征可描述为满足设计和规范的要求。

（12）填方材料品种可以不描述，但应注明由投标人根据设计要求验方后方可填入，并符合相关工程的质量规范要求。

4.1.4　工程量清单编制示例

【例 4.2】　图 4.2 所示为某建筑物基础平面图和剖面图（土壤为 II 类，外运 3 km），根据图示尺寸。试编制挖基础土方工程量清单，并计算施工图工程量。

解：工程量清单是由招标方按《计价规范》的规定计算编制的文件。

首先根据图示尺寸可知此项目为挖沟槽土方。计算出挖沟槽土方工程量，根据计算规则和图示尺寸以及前面的注解，可算出基础底层面积为：

$$S_{底} = (外墙垫层中心线长 + 内墙垫层净长) \times 垫层底面宽度$$
$$= (L_{中} + L_{净}) \times 垫层底面宽度$$
$$= [(3.3 \times 6 + 5.0 \times 2) + (3.3 - 0.7 \times 2)] \times 1.4 \ \text{m}^2$$
$$= 44.38 \ (\text{m}^2)$$

$$挖土深度 = 1.80 \ \text{m} - 0.45 \ \text{m} = 1.35 \ \text{m}$$

$$挖沟槽土方工程量 = S_{底} \times 挖土深度$$
$$= 44.38 \ \text{m}^2 \times 1.35 \ \text{m}$$
$$= 59.91 \ (\text{m}^3)$$

由此编制出的挖基础土方工程量清单见表 4.7。

表 4.7　挖沟槽土方工程量清单

工程名称：某工程

序号	项目编码	项目名称	项目特征	计量单位	工程数量
1	010101003001	挖沟槽土方	Ⅱ类土，钢筋混凝土条形基础，素混凝土垫层，宽 1.4 m，长 31.7 m，挖土深 1.35 m，弃土运距 3 km	m³	55.91

【例 4.3】　图 4.2 所示为某建筑物基础平面图和剖面图，混凝土基础以下的 C15 混凝土垫层体积为 4.44 m³，钢筋混凝土基础体积为 23.11 m³，砖基础体积为 5.30 m³，室内地面厚度为 100 mm，室内地面高程为 ±0.000。试计算施工方案工程量，并编制土方回填工程量清单。

解：　基础土方回填工程量 = 挖土方体积 − 设计室外地坪以下埋设的基础体积

= [59.91(见例 4.2) − 4.44 − 23.11 − 5.30]

= 27.06 (m³)

室内土方回填工程量 = 主墙间净面积 × 回填厚度

= [(6.6 − 0.24) × (3.3 − 0.24) + (5 − 0.24) × (3.3 − 0.24)] × (0.45 − 0.1)

= (19.46 + 14.57) × 0.35

= 11.91 (m³)

将上面计算的数据、项目特征及编码等填入表 4.8 土（石）方回填工程量清单。

表 4.8　土（石）方回填工程量清单

工程名称：某工程

序号	项目编码	项目名称	项目特征	计量单位	工程数量
1	010103001001	基础土方回填	回填夯实，土方运距 3 km	m³	27.06
2	010103001002	室内土方回填	回填土分层夯实，土方运距 3 km	m³	11.91

4.2　地基处理与边坡支护工程计量

4.2.1　地基处理与边坡支护基础知识

地基处理与边坡支护工程包括地基处理以及基坑与边坡支护项目。

地基处理就是按照上部结构对地基的要求，对地基进行必要的加固或改良，提高地基土的承载力，保证地基稳定，减少房屋的沉降或不均匀沉降，消除湿陷性黄土的湿陷性及提高抗液化能力。常见的地基处理方法包括换填垫层，铺设木工合成材料，预压地基，强夯地基，振冲密实（不填料），振冲桩（填料），砂石桩，水泥粉煤灰碎石桩，深层搅拌桩，夯实水泥土桩，粉喷桩，高压喷射注浆桩，石灰桩，灰土（土）挤密桩，柱锤冲扩桩，注浆地基，褥垫层等。

为保证边坡及其环境的安全，需要对边坡采取支挡、加固与防护措施。边坡支护的常见处理方法有地下连续墙（见图 4.7），咬合灌注桩，圆木桩，预制钢筋混凝土板桩，型钢桩，钢板桩，锚杆（锚索），土钉，喷射混凝土、水泥砂浆，混凝土支撑，钢支撑等。

（a）挖导沟，筑导墙　　　　　（b）挖槽　　　　　　　（c）吊放接头管

（d）吊放钢筋笼　　　　　（e）浇筑水下混凝土　　　　　（f）拔出接头管成墙

图 4.7　地下连续墙施工顺序

4.2.2　工程量清单项目

4.2.2.1　地基处理（编号：010201）

1. 换填垫层（项目编码：010201001）

工程内容：工程内容包括振密或夯实，材料运输。

项目特征：材料种类及配比，压实系数，掺加剂品种。

工程量计算规则：按图示尺寸以面积计算。

2. 铺设木工合成材料（项目编码：010201002）

工程内容：包括挖填锚固沟，铺设，固定；运输。

项目特征：需要详细描述部位，品种及规格。

工程量计算规则：按图示尺寸以面积计算。

3. 预压地基（项目编码：010201003）

工程内容：包括排水竖井、盲沟、滤水管，铺设砂垫层、密封膜，堆载、卸载或抽气设备安拆、抽真空，材料运输。

项目特征：应描述井种类、断面尺寸、排列方式、间距、深度，预压方法，预压荷载、时间，砂垫层厚度。

工程量计算规则：按图示尺寸以加固面积计算。

4. 强夯地基（项目编码：010201004）

工程内容：包括夯填材料，强夯，夯填材料运输。

项目特征：需描述夯击能量，夯击遍数，夯击点布置形式、间距，地耐力要求，夯填材料种类。

工程量计算规则：按图示尺寸以加固面积计算。

5. 水泥粉煤灰碎石桩（项目编码：010201008）

工程内容：包括成孔，混合料制作、灌注、养护，材料运输。

项目特征：应描述地层情况，空桩长度、桩长，桩径，成孔方法，混合料强度等级。

工程量计算规则：按设计图示尺寸以桩长 m（包括桩尖）计算。

6. 深层搅拌桩（项目编码：010201009）

工程内容：包括预搅下钻、水泥浆制作、喷浆搅拌提升成桩，材料运输。

项目特征：应描述地层情况，空桩长度、桩长，桩截面尺寸，水泥强度等级、掺量。

工程量计算规则：按设计图示尺寸以桩长计算。

7. 高压喷射注浆桩（项目编码：010201012）

工程内容：包括成孔，水泥浆制作、高压喷射注浆，材料运输。

项目特征：需要描述地层情况，空桩长度、桩长，桩截面，注浆类型、方法，水泥强度等级。

工程量计算规则：按设计图示尺寸以桩长计算。

8. 石灰桩（项目编码：010201013）

工程内容：包括成孔，混合料制作、运输、夯填。

项目特征：应描述地层情况，空桩长度、桩长，桩径，成孔方法，掺和料种类、配合比。

工程量计算规则：按设计图示尺寸以桩长（包括桩尖）计算。

9. 灰土（土）挤密桩（项目编码：010201001）

工程内容：包括成孔，灰土拌和、运输、填充、夯实。

项目特征：应描述地层情况，空桩长度、桩长，桩径，成孔方法，灰土级配。

工程量计算规则：按设计图示尺寸以桩长（包括桩尖）计算。

4.2.2.2 基坑与边坡支护

1. 地下连续墙（项目编码：010202001）

工程内容：包括导墙挖填、制作、安装、拆除，挖土成槽、固壁、清底置换，混凝土制作、运输、灌注、养护，接头处理，土方、废泥浆外运，打桩场地硬化及泥浆池、泥浆沟。

项目特征：应描述地层情况，导墙类型、截面，墙体厚度，成槽深度，混凝土类别、强度等级，接头形式。

工程量计算规则：按设计图示墙中心线长乘以厚度乘以槽深以体积计算。

2. 预制钢筋混凝土板桩（项目编码：010202004）

工程内容：包括工作平台搭拆，桩机竖拆、移位，沉桩，桩板连接。

项目特征：应描述地层情况，送桩深度、桩长，桩截面，沉桩方法，连接方式，混凝土强度等级。

工程量计算规则：以 m 计量，按设计图示尺寸以桩长（包括桩尖）计算；以"根"计量，按设计图示数量计算。

3. 锚杆（锚索）（项目编码：010202007）

工程内容：包括钻孔、浆液制作、运输、压浆，锚杆、锚索索制作、安装，张拉锚固，锚杆、锚索施工平台搭设、拆除。

项目特征：包括地层情况，锚杆（索）类型、部位，钻孔深度，钻孔直径，杆体材料品种、规格、数量预应力浆液种类、强度等级。

工程量计算规则：以 m 计量，按设计图示尺寸以钻孔深度计算；以"根"计量，按设计图示数量计算。

4. 土钉（项目编码：010202008）

工程内容：钻孔、浆液制作、运输、压浆，锚杆、土钉制作、安装，锚杆、土钉施工平台搭设、拆除。

项目特征：应描述地层情况，钻孔深度，钻孔直，置入方法，杆体材料品种、规格、数量，浆液种类、强度等级。

工程量计算规则：以 m 计量，按设计图示尺寸以钻孔深度计算；以"根"计量，按设计图示数量计算。

5. 喷射混凝土、水泥砂浆（项目编码：010202009）

工程内容：包括修整边坡，混凝土（砂浆）制作、运输、喷射、养护，钻排水孔、安装排水管，喷射施工平台搭设、拆除。

项目特征：需要描述部位，厚度，材料种类，混凝土（砂浆）类别、强度等级。

工程量计算规则：按设计图示尺寸以面积计算。

4.2.3   工程量计算规则

（1）地层情况按表 4.9 和表 4.10 的规定，并根据岩土工程勘察报告按单位工程各地层所占比例（包括范围值）进行描述。对无法准确描述的地层情况，可注明由投标人根据岩土工程勘察报告自行决定报价。

（2）项目特征中的桩长应包括桩尖，空桩长度 = 孔深-桩长，孔深为自然地面至设计桩底的深度。

（3）高压喷射注浆类型包括旋喷、摆喷、定喷，高压喷射注浆方法包括单管法、双重管法、三重管法。

（4）如采用泥浆护壁成孔，工作内容包括土方、废泥浆外运，如采用沉管灌注成孔，工作内容包括桩尖制作、安装。

表 4.9　土壤分类表

土壤分类	土壤名称	开挖方法
一、二类土	粉土、砂土（粉砂、细砂、中砂、粗砂、砾砂）、粉质黏土、弱中盐渍土、软土（淤泥质土、泥炭、泥炭质土）、软塑红黏土、冲填土	用锹、少许用镐、条锄开挖。机械能全部直接铲挖满载者
三类土	黏土、碎石土（圆砾、角砾）混合土、可塑红黏土、硬塑红黏土、强盐渍土、素填土、压实填土	主要用镐、条锄、少许用锹开挖。机械需部分刨松方能铲挖满载者或可直接铲挖但不能满载者
四类土	碎石土（卵石、碎石、漂石、块石）、坚硬红黏土、超盐渍土、杂填土	全部用镐、条锄挖掘、少许用撬棍挖掘。机械须普遍刨松方能铲挖满载者

注：本表土的名称及其含义按国家标准《岩土工程勘察规范》GB50021—2001（2009年版）定义。

表 4.10　岩石分类表

岩石分类		代表性岩石	开挖方法
极软岩		（1）全风化的各种岩石； （2）各种半成岩	部分用手凿工具、部分用爆破法开挖
软质岩	软岩	（1）强风化的坚硬岩或较硬岩； （2）中等风化—强风化的较软岩； （3）未风化—微风化的页岩、泥岩、泥质砂岩等	用风镐和爆破法开挖
	较软岩	（1）中等风化—强风化的坚硬岩或较硬岩； （2）未风化—微风化的凝灰岩、千枚岩、泥灰岩、砂质泥岩等	用爆破法开挖
硬质岩	较硬岩	（1）微风化的坚硬岩； （2）未风化—微风化的大理岩、板岩、石灰岩、白云岩、钙质砂岩等	用爆破法开挖
	坚硬岩	未风化—微风化的花岗岩、闪长岩、辉绿岩、玄武岩、安山岩、片麻岩、石英岩、石英砂岩、硅质砾岩、硅质石灰岩等	用爆破法开挖

注：本表依据国家标准《工程岩体分级级标准》GB50218—94和《岩土工程勘察规范》GB50021—2001（2009年版）整理。

（5）其他锚杆是指不施加预应力的土层锚杆和岩石锚杆。置入方法包括钻孔置入、打入或射入等。

（6）基坑与边坡的检测、变形观测等费用按国家相关取费标准单独计算，不在本清单项目中。

4.2.4　工程量清单编制示例

【例 4.4】　计算图 4.8 预制钢筋混凝土板桩 30 根的工程量并编制工程量清单。已知：土壤级别二级土，混凝土等级 C30，轨道式柴油打桩机打桩，运桩距离 5 km，桩间距 6 m。

图 4.8　预制钢筋混凝土板桩

解：（1）列项目：010202004001。

（2）计算工程量：$(5.5 + 0.155) \times 0.155 \times 0.515 \times 30 = 13.54 \ (\text{m}^3)$。

（3）工程量清单，见表 4.11。

表 4.11　工程量清单

序号	项目编码	项目名称	项目特征	计量单位	工程数量
1	010202004001	预制钢筋混凝土板桩	二级土，单桩长 5 500 mm，共 30 根，桩截面 515 mm×155 mm，混凝土等级 C30，轨道式柴油打桩机打桩，运桩距离 5 km，桩间距 6 m	m³	13.54

4.3　桩基工程清单计量

4.3.1　桩基工程基础知识

当地基土上部为软弱土层，区荷载很大，采用浅基础已不能满足地基变形与强度要求时，可利用地基下部较坚硬的土层作为基础。常用的深基础有桩基础、沉井及地下连续墙等。

桩基础由桩身及承台组成，桩身全部或部分埋入土中，顶部由承台连成一体，在承台上修建上部建筑物，如图 4.9 所示。

桩基工程包括打桩和灌注桩。

打桩是指利用桩锤的冲击克服土对桩的阻力，使桩沉到预定深度或达到持力层。打桩应遵守"重锤低击"的原则。打桩分为预制钢筋混凝土方桩，预制钢筋混凝土管桩，钢管桩，凿桩头这 4 项。

灌注桩是直接在桩位上就地成孔，然后在孔内安放钢筋笼灌注混凝土而成。灌注桩能适应各种地层，无需接桩，施工时无振动、无挤土、噪音小，宜在建筑物密集地区使用。但其操作要求严格，施工后需较长的养护期方可承受荷载，成孔时有大量土渣或泥浆排出。根据成孔工艺不同，分为干作业成孔的灌注桩、泥浆护壁成孔的灌注桩、套管成孔的灌注桩和爆扩成孔的灌注桩等。灌注桩施工工艺近年来发展很快，还出现夯扩沉管灌注桩、钻孔压浆成桩等一些新工艺。

图 4.9　桩基础示意图

桩按承载性状分类分为摩擦型桩和端承型桩。摩擦型桩分为摩擦桩和端承摩擦桩，摩擦桩荷载绝大部分由桩周围土的摩擦力承担，而桩端阻力可以忽略不计，端承摩擦桩荷载主要由桩身摩擦力承担的桩。端承型桩分为端承桩和摩擦端承桩，端承桩荷载绝大部分由桩尖支承力来承担，而桩侧阻力可以忽略不计，摩擦端承桩荷载主要由桩端阻力承担的桩。桩按施工方法分类可分为预制桩、灌注桩等。

4.3.2　工程量清单项目

4.3.2.1　打桩（编号：010301）

1. 预制钢筋混凝土方桩（项目编码：010301001）

工程内容：包括工作平台搭拆，桩机竖拆、移位，沉桩，接桩，送桩。

项目特征：需要描述应描述地层情况，送桩深度和桩长，桩截面，桩倾斜度，沉桩方法，接桩方式，混凝土强度等级。

工程量计算规则：以 m 计量，按设计图示尺寸以桩长（包括桩尖）计算；以 m³ 计量，按设计图示截面积乘以桩长（包括桩尖）以实体积计算；以"根"计量，按设计图示数量计算。

2. 预制钢筋混凝土管桩（项目编码：010301002）

工程内容：包括工作平台搭拆，桩机竖拆、移位，沉桩，接桩，送桩，桩尖制作安装，填充材料、刷防护材料。

项目特征：需要描述地层情况，送桩深度和桩长，桩外径、壁厚，桩倾斜度，沉桩方法，桩尖类，混凝土强度等级，填充材料种类，防护材料种类。

工程量计算规则：以 m 计量，按设计图示尺寸以桩长（包括桩尖）计算；以 m³ 计量，按设计图示截面积乘以桩长（包括桩尖）以实体积计算；以根计量，按设计图示数量计算。

3. 钢管桩（项目编码：010301003）

工程内容：包括工作平台搭拆，桩机竖拆、移位，沉桩，接桩，送桩，切割钢管、精割盖帽，管内取土，填充材料，刷防护材料。

项目特征：需要描述地层情况，送桩深度、桩长，材质，管径和壁厚；桩倾斜度；沉桩方法；填充材料种类；防护材料种类。

工程量计算规则：以 t 计量，按设计图示尺寸以质量计算；以"根"计量，按设计图示数量计算。

4. 凿桩头（项目编码：010301004）

工程内容：包括截（切割）桩头，凿平，废料外运。

项目特征：需要描述桩类型，桩头截面及高度，混凝土强度等级，有无钢筋。

工程量计算规则：以 m^3 计量，按设计桩截面乘以桩头长度以体积计算；以"根"计量，按设计图示数量计算。

4.3.2.2　灌注桩（编号：010302）

1. 泥浆护壁成孔灌注桩（项目编码：010302001）

工程内容：包括护筒埋设，成孔、固壁，混凝土制作、运输、灌注、养护，土方、废泥浆外运，打桩场地硬化及泥，浆池、泥浆沟。

项目特征：需要描述地层情况，空桩长度、桩长，桩径，成孔方法，护筒类型、长度，混凝土类别、强度等级。

工程量计算规则：以 m 计量，按设计图示尺寸以桩长（包括桩尖）计算；以 m^3 计量，按不同截面在桩上范围内以体积计算；以"根"计量，按设计图示数量计算。

2. 沉管灌注桩（项目编码：010302002）

工程内容：包括打（沉）拔钢管，桩尖制作及安装，混凝土制作、运输、灌注、养护。

项目特征：需要描述地层情况，空桩长度及桩长，复打长度，桩径，沉管方法，桩尖类型，混凝土类别和强度等级。

工程量计算规则：以 m 计量，按设计图示尺寸以桩长（包括桩尖）计算；以 m^3 计量，按不同截面在桩上范围内以体积计算；以"根"计量，按设计图示数量计算。

3. 钻孔压浆桩（项目编码：010302006）

工程内容：包括钻孔，下注浆管，投放骨料，浆液制作，运输，压浆。

项目特征：需要描述地层情况，空钻长度、桩长，钻孔直径，水泥强度等级。

工程量计算规则：以 m 计量，按设计图示尺寸以桩长计算；以"根"计量，按设计图示数量计算。

4.3.3　工程量计算规则

（1）地层情况按规定，并根据岩土工程勘察报告按单位工程各地层所占比例（包括范围值）进行描述。对无法准确描述的地层情况，可注明由投标人根据岩土工程勘察报告自行决定报价。

（2）项目特征中的桩截面，混凝土强度等级，桩类型等可直接用标准图代号或设计桩型进行描述。

（3）打桩项目包括成品桩购置费，如果用现场预制桩，应包括现场预制的所有费用。

（4）地层情况按规定，并根据岩土工程勘察报告按单位工程各地层所占比例（包括范围值）进行描述。对无法准确描述的地层情况，可注明由投标人根据岩土工程勘察报告自行决定报价。

（5）项目特征中的桩长应包括桩尖，空桩长度＝孔深－桩长，孔深为自然地面至设计桩底的深度。

（6）项目特征中的桩截面（桩径）、混凝土强度等级、桩类型等可直接用标准图代号或设计桩型进行描述。

（7）泥浆护壁成孔灌注桩是指在泥浆护壁条件下成孔，采用水下灌注混凝土的桩。其成孔方法包括冲击钻成孔，冲抓锥成孔，回旋钻成孔，潜水钻成孔，泥浆护壁的旋挖成孔等。

（8）沉管灌注桩的沉管方法包括捶击沉管法，振动沉管法，振动冲击沉管法，内夯沉管法等。

4.3.4　工程量清单编制示例

【例4.5】　按图4.10所给条件计算混凝土方桩工程量并根据已知条件编制清单。

已知：一级土，单桩长 8 m，共 240 根。需要接成 24 m 桩，共 80 根，桩截面 250 mm × 250 mm，C20 预制混凝土、碎石 40，P. S42.5，用轨道式柴油打桩机打桩。运桩距离 5 km，桩间距 6 m。

图 4.10　预制混凝土方桩

解：清单工程量计算

$$L = 8.0 \times 3 \times 4 \times 20 = 1\,920（\text{m}）\quad 或 8\,\text{m/根} \times 240\,\text{根} = 1\,920（\text{m}）$$

工程量清单编制详见表 4.12。

表 4.12　分部分项工程量清单

序号	项目编码	项目名称	项目特征	计量单位	工程数量
1	010301001001	预制钢筋混凝土方桩	一级土，单桩长 8 m，共 240 根，接成 24 m 装，共 80 根，桩截面 250 mm × 250 mm，C20 预制混凝土、碎石 40，P.S42.5，轨道式柴油打桩机打桩，运桩距离 5 km，桩间距 6 m	m	1920

【例 4.6】　图 4.11 所示为一混凝土灌注桩，采用泥浆护壁成孔技术。螺旋钻机钻孔灌注混凝土桩共 15 根，根据图示尺寸试编制工程量清单。

图 4.11　螺旋钻机钻孔

解：清单工程量计算：

$$V = 3.14 \times 0.5 \times 0.5 \times (19 + 0.5) \times 15 = 229.61 （m^3）$$

工程量清单编制见表 4.13。

表 4.13　工程量清单

序号	项目编码	项目名称	项目特征	计量单位	工程数量
1	010302001001	泥浆护壁成孔灌注桩	土壤级别为二级土，单根桩长度为 19 m；共 15 根；截面尺 $\phi500$；混凝土强度等级 C25；泥浆运距 4 km；螺旋钻机钻孔	m^3	229.61

4.4　砌筑工程清单计量

4.4.1　砌筑工程基础知识

砌体工程是指在建筑工程中使用普通黏土砖、承重黏土空心砖、蒸压灰砂砖、粉煤灰砖、各种中小型砌块和石材等材料进行砌筑的工程。

砌筑工程包括砖砌体，砌块砌体，石砌体，垫层4项。其中砖砌体适用于砖基础，砖砌挖孔桩护壁，实心砖墙，多孔砖墙，空心砖墙，空斗墙，空花墙，填充墙，实心砖柱，多孔砖柱，砖检查井，零星砌砖，砖散水、地坪，砖地沟、明沟等。砌块砌体包括砌块墙，砌块柱。石砌体包括石基础，石勒脚，石墙，石挡土墙，石柱，石栏杆，石护坡，石台阶，石坡道，石地沟、明沟。

以下为砌筑工程基本规定：

（1）标准砖尺寸应为 240 mm × 115 mm × 53 mm。标准砖墙计算厚度应按表 4.14 计算。

（2）砖基础与砖墙（身）划分应以设计室内地坪为界（有地下室的按地下室室内设计地坪为界），以下为基础，以上为墙（柱）身。基础与墙身使用不同材料，位于设计室内地坪 ± 300 mm 以内时以不同材料为界，超过 ± 0.3 m 时以设计室内地坪为界，如图 4.12 所示。砖围墙应以设计室外地坪为界，以下为基础，以上为墙身。

表 4.14　标准砖墙计算厚度表

砖数（厚度）	1/4	1/2	3/4	1	$1\frac{1}{2}$	2	$2\frac{1}{2}$	3
计算厚度/mm	53	115	180	240	365	490	615	740

图 4.12　基础与墙身分界示意图

4.4.2　工程量清单项目

4.4.2.1　砖砌体（编号：010401）

1. 砖基础（项目编码：010401001）

砖基础项目适用于各种类型砖基础：柱基础，墙基础，管道基础等。

工程内容：包括砂浆制作、运输，砌砖，防潮层铺设，材料运输。

项目特征：应描述砖品种、规格、强度等级，基础类型，砂浆强度等级，防潮层材料种类。

工程量计算规则：按设计图示尺寸以体积计算，包括附墙垛基础宽出部分体积，扣除地梁（圈梁）、构造柱所占体积，不扣除基础大放脚 T 形接头处的重叠部分及嵌入基础内的钢筋、铁件、管道、基础砂浆防潮层和单个面积≤0.3 m² 的孔洞所占体积，靠墙暖气沟的挑檐不增加基础长度，外墙按外墙中心线，内墙按内墙净长线计算。

其他规定：当砖基为大放脚时，可参照表 4.15、4.16 进行折为墙高和断面面积计算，可参照表 4.17、4.18 进行折为体积计算。

（a）等高式　　　　　　　　　（b）间隔式

图 4.13　砖基础放脚形式

表 4.15　等高式标准砖墙基大放脚折为墙高和断面面积表

大放脚层数	折算为墙高/m						折算为断面面积/m³
	1/2 砖（0.115）	1 砖（0.240）	1.5 砖（0.365）	2 砖（0.490）	2.5 砖（0.615）	3 砖（0.740）	
一	0.137	0.066	0.043	0.032	0.026	0.021	0.015 75
二	0.411	0.197	0.129	0.096	0.077	0.064	0.047 25
三	0.822	0.394	0.256	0.193	0.154	0.128	0.094 50
四	1.369	0.656	0.432	0.321	0.256	0.213	0.157 50
五	2.054	0.984	0.647	0.432	0.384	0.319	0.236 30
六	2.876	1.378	0.906	0.675	0.538	0.447	0.330 80

注：本表折算墙基高度均以标准砖双面放脚为准。每层大放脚高为两匹砖，每层放出 1/4 砖（单面）。折算墙高 = 大放脚断面面积/墙厚。

表 4.16　不等高式标准砖墙基大放脚折为墙高和断面面积表

大放脚层数	折算为墙高/m						折算为断面面积/m³
	1/2 砖（0.115）	1 砖（0.240）	1.5 砖（0.365）	2 砖（0.490）	2.5 砖（0.615）	3 砖（0.740）	
一（一低）	0.069	0.033	0.022	0.016	0.013	0.011	0.007 88
二（一高一低）	0.342	0.164	0.108	0.080	0.064	0.053	0.039 38
三（二高一低）	0.685	0.328	0.216	0.161	0.128	0.106	0.078 75
四（二高二低）	1.096	0.525	0.345	0.257	0.205	0.170	0.126 00
五（三高二低）	1.643	0.788	0.518	0.386	0.307	0.255	0.189 00
六（三高三低）	2.260	1.083	0.712	0.530	0.423	0.351	0.259 90

注：层数中"高"是两匹砖，"低"是一匹砖，每层放出为 1/4 砖。

表 4.17　等高式标准砖柱基大放脚折为体积表

矩形砖柱两边之和（砖数）	大放脚层数（等高）				
	二	三	四	五	六
3	0.044 3	0.096 5	0.174 0	0.280 7	0.420 6
3.5	0.050 2	0.108 4	0.193 7	0.310 3	0.461 9
4	0.056 2	0.120 3	0.213 4	0.339 8	0.503 3
4.5	0.062 1	0.132 0	0.233 1	0.369 3	0.544 6
5	0.068 1	0.143 8	0.252 8	0.398 9	0.586 0
5.5	0.073 9	0.155 6	0.272 5	0.428 4	0.627 3
6	0.079 8	0.167 4	0.292 2	0.457 9	0.668 7
6.5	0.085 6	0.179 2	0.311 9	0.487 5	0.715 0
7	0.091 6	0.191 1	0.331 5	0.517 0	0.751 3
7.5	0.097 5	0.202 9	0.351 2	0.546 5	0.792 7
8	0.103 4	0.214 7	0.370 9	0.576 1	0.834 0

表 4.18　不等高式标准砖柱基大放脚折为体积表

矩形砖柱两边之和（砖数）	大放脚层数（不等高）				
	二	三	四	五	六
3	0.037 6	0.081 1	0.141 2	0.226 6	0.334 5
3.5	0.044 6	0.090 9	0.156 9	0.250 2	0.369 9
4	0.047 5	0.100 8	0.172 7	0.273 8	0.399 4
4.5	0.052 4	0.110 7	0.188 5	0.273 8	0.399 4
5	0.057 3	0.120 5	0.204 2	0.321 0	0.464 4
5.5	0.062 2	0.130 3	0.219 9	0.345 0	0.496 8
6	0.067 1	0.140 2	0.235 7	0.368 3	0.529 3
6.5	0.072 1	0.150 0	0.251 5	0.391 9	0.561 9
7	0.077 0	0.159 9	0.267 2	0.412 3	0.594 3
7.5	0.082 0	0.169 7	0.282 9	0.439 2	0.626 7
8	0.868	0.179 5	0.298 7	0.462 8	0.659 2

注：表为大放脚每层砖匹数及每层放出砖数与墙大放脚相同，体积为整个砖柱大放脚的体积。

【例 4.7】　如图 4.14 所示，房屋建筑墙基础大放脚为等高式，内外墙部位的地圈梁截面为 240 mm×240 mm，圈梁底面高程为 – 0.30 m。试计算砖基础工程量。

图 4.14 某房屋建筑基础平面图和剖面图

解: 从图 4.14 中可看出,内外墙基础上 – 0.30 m 处设有圈梁,由题意可知,圈梁截面面积为 240 mm × 240 mm,根据计算规则,应扣除其体积。

$$外墙中心线长 L_中 = 3.3 \times 6 + 5 \times 2 = 29.80(m)$$
$$内墙中心线长 L_净 = 3.3 - 0.24 = 3.06(m)$$

查表 4.15 等高式大放脚二层增加的断面面积为:0.047 25 m²;高度为 0.197 m。

$$折加后砖基础净高度 = 1.5 - 0.30(垫层) - 0.24(圈梁高) +$$
$$0.197(大放脚折加高度) = 1.157(m)$$
$$砖基础工程量 = 基础长度 \times 基础墙厚 \times 折加后砖基础净高度$$
$$= (29.8 + 3.06) \times 0.24 \times 1.157 = 9.12(m^3)$$

2. 砖砌挖孔桩护壁(项目编码:010401002)

工程内容:包括砂浆制作,运输,砌砖,材料运输。

项目特征:应描述砖品种、规格、强度等级,砂浆强度等级。

工程量计算规则:按设计图示尺寸以 m³ 计算。

3. 实心砖墙(项目编码:010401003)

工程内容:包括砂浆制作、运输,砌砖,刮缝,砖压顶砌筑,材料运输。

项目特征:需要描述砖品种、规格、强度等级、墙体类型,砂浆强度等级、配合比。

工程量计算规则:按设计图示尺寸以体积计算,扣除门窗洞口、过人洞、空圈、嵌入墙内的钢筋混凝土柱、梁、圈梁、挑梁、过梁及凹进墙内的壁龛、管槽、暖气槽、消火栓箱所占体积,不扣除梁头、板头、檩头、垫木、木楞头、沿缘木、木砖、门窗走头、砖墙内加固钢筋、木筋、铁件、钢管及单个面积 ≤0.3 ㎡ 的孔洞所占的体积。凸出墙面的腰线、挑檐、压顶、窗台线、虎头砖、门窗套的体积亦不增加。凸出墙面的砖垛并入墙体体积内计算。

(1)墙长度:外墙按中心线、内墙按净长计算。

(2)墙高度:

外墙:斜(坡)屋面无檐口顶棚者算至屋面板底(见图 4.15);有屋架且室内外均有顶棚者算至屋架下弦底另加 200 mm(见图 4.16);无顶棚者算至屋架下弦底另加 300 mm,出檐宽度超过 600 mm 时按实砌高度计算(见图 4.17);与钢筋混凝土楼板隔层者算至板顶。平屋顶算至钢筋混凝土板底。

内墙:位于屋架下弦者,算至屋架下弦底;无屋架者算至天棚底另加 100 mm;有钢筋混凝土楼板隔层者算至楼板顶;有框架梁时算至梁底。

图 4.15　斜坡屋面无檐口顶棚者墙身高度计算　图 4.16　有屋架，且室内外均有顶棚者墙身高度计算

图 4.17　无顶棚者墙身高度计算

女儿墙：从屋面板上表面算至女儿墙顶面（如有混凝土压顶时算至压顶下表面）。

内、外山墙：按其平均高度计算。

框架间墙：不分内外墙按墙体净尺寸以体积计算。

围墙：高度算至压顶上表面（如有混凝土压顶时算至压顶下表面），围墙柱并入围墙体积内。

其他规定：砌体内加筋的制作、安装应按混凝土及钢筋混凝土工程相关项目编码列项。

4. 多孔砖墙（项目编码：010401004）

是指以黏土、页岩、粉煤灰为主要原料，经成型、焙烧而成的多孔砖，孔洞率不小于 15% ~ 30%，孔型为圆孔或非圆孔，孔的尺寸小而数量多，具有长方形或圆形孔的承重烧结多孔砖，主要适用于承重墙体。

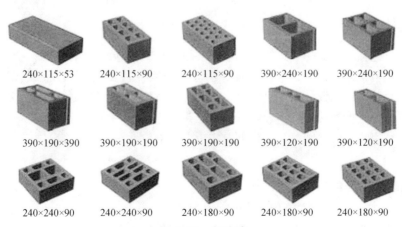

图 4.18　多孔砖

工程内容：包括砂浆制作、运输，砌砖，刮缝，砖压顶砌筑，材料运输。

项目特征：需要描述砖品种、规格、强度等级，墙体类型，砂浆强度等级、配合比。

工程量计算规则：同实心砖墙。

5. 空心砖墙（项目编码：010401005）

空心砖是以黏土、页岩等为主要原料，经过原料处理、成型、烧结制成。空心砖优点是质轻、强度高、保温、隔音降噪性能好。

工程内容：包括砂浆制作、运输，砌砖，刮缝，砖压顶砌筑，材料运输。

项目特征：需要描述砖品种、规格、强度等级，墙体类型，砂浆强度等级、配合比。

工程量计算规则：同实心砖墙。

6. 空斗墙（项目编码：010401006）

空斗墙是用砖侧砌或平、侧交替砌筑成的空心墙体。具有用料省、自重轻和隔热、隔声性能好等优点，适用于1~3层民用建筑的承重墙或框架建筑的填充墙。

空斗墙的砌筑方法分有眠空斗墙和无眠空斗墙两种（见图4.19）。侧砌的砖称斗砖，平砌的砖称眠砖。有眠空斗墙是每隔1~3匹斗砖砌一皮眠砖，分别称为一眠一斗，一眠二斗，一眠三斗。

图 4.19　空斗墙

工程内容：包括砂浆制作、运输，砌砖，装填充料，刮缝，材料运输。

项目特征：应描述砖品种、规格、强度等级，墙体类型，砂浆强度等级、配合比。

工程量计算规则：按设计图示尺寸以空斗墙外形体积计算。墙角、内外墙交接处、门窗洞口立边、窗台砖、屋檐处的实砌部分体积并入空斗墙体积内。

其他规定：空斗墙的窗间墙、窗台下、楼板下、梁头下等的实砌部分，按零星砌砖项目编码列项。

7. 空花墙（项目编码：010401007）

用砖或者蝴蝶瓦（也叫本瓦）按一定的图案砌筑的镂空的花窗叫做空花墙，如图4.20所示。一般用于古典式围墙、封闭或半封闭走廊、公共厕所的外墙等处，也有大面积的镂空围墙。

图 4.20 砖砌空花墙

工程内容：包括砂浆制作、运输，砌砖，装填充料，刮缝，材料运输。

项目特征：应描述砖品种、规格、强度等级，墙体类型，砂浆强度等级、配合比。

工程量计算规则：按设计图示尺寸以空花部分外形体积计算，不扣除空洞部分体积。

其他规定："空花墙"项目适用于各种类型的空花墙，使用混凝土花格砌筑的空花墙，实砌墙体与混凝土花格应分别计算，混凝土花格按混凝土及钢筋混凝土中预制构件相关项目编码列项。

8. 填充墙（项目编码：010401008）

工程内容：包括砂浆制作、运输，砌砖，装填充料，刮缝，材料运输。

项目特征：应描述砖品种、规格、强度等级，墙体类型，填充材料种类及厚度，砂浆强度等级、配合比。

工程量计算规则：按设计图示尺寸以填充墙外形体积计算。

9. 零星砌砖（项目编码：010401012）

工程内容：包括砂浆制作、运输，砌砖，刮缝，材料运输。

项目特征：应描述零星砌砖名称、部位，砖品种、规格、强度等级，砂浆强度等级、配合比。

工程量计算规则：以 m³ 计量，按设计图示尺寸截面积乘以长度计算；以 m² 计量，按设计图示尺寸水平投影面积计算；以 m 计量，按设计图示尺寸长度计算；以"个"计量，按设计图示数量计算。

10. 砖散水、地坪（项目编码：010401013）

工程内容：包括土方挖、运，地基找平、夯实，铺设垫层，砌砖散水、地坪，抹砂浆面层。

项目特征：砖品种、规格、强度等级，垫层材料种类、厚度，散水、地坪厚度，面层种类、厚度，砂浆强度等级。

工程量计算规则：按设计图示尺寸以面积计算。

11. 砖地沟、明沟（项目编码：010401014）

工程内容：包括土方挖、运，铺设垫层，底板混凝土制作、运输、浇筑、振捣、养护，砌砖，刮缝、抹灰，材料运输。

项目特征：应详细描述砖品种、规格、强度等级，沟截面尺寸，垫层材料种类、厚度，混凝土强度等级，砂浆强度等级。

工程量计算规则：以 m 计量，按设计图示以中心线长度计算。

4.4.2.2　砌块砌体（编码：010402）

砌块是砌筑用的人造块材，是一种新型墙体材料，外形多为直角六面体，也有各种异型体砌块。砌块系列中主要规格的长度、宽度、或高度有一项或一项以上分别超过 365 mm、240 mm 或 115 mm，但砌块高度一般不大于长度或宽度的 6 倍，长度不超过高度的 3 倍。

1. 砌块墙（项目编码：010402001）

砌块墙是用砌块和砂浆砌筑成的墙体，可作工业与民用建筑的承重墙和围护墙。根据砌块尺寸的大小分为小型砌块、中型砌块和大型砌块墙体。按材料分有加气混凝土墙、硅酸盐砌块墙、水泥煤渣空心墙等。

（a）转角处　　　　　　　　　　（b）交接处

图 4.21　砌块墙

工程内容：包括砂浆制作、运输砌砖、砌块，勾缝，材料运输。

项目特征：需要描述砌块品种、规格、强度等级，墙体类型，砂浆强度等级。

工程量计算规则：按设计图示尺寸以体积计算，具体规定见实心砖墙。

2. 砌块柱（项目编码：010402002）

工程内容：包括砂浆制作、运输砌砖、砌块，勾缝，材料运输。

项目特征：应描述砖品种、规格、强度等级，墙体类型，砂浆强度等级。

工程量计算规则：按设计图示尺寸以体积计算扣除混凝土及钢筋混凝土梁垫、梁头、板头所占体积。

4.4.2.3　垫层（编号：010404）

垫层（项目编码：010404001）。

工程内容：包括垫层材料的拌制，垫层铺设，材料运输。

项目特征：应描述垫层材料种类，配合比，厚度。

工程量计算规则：按设计图示尺寸以 m^3 计算。

4.4.3　工程量计算规则

（1）"砖基础"项目适用于各种类型砖基础：柱基础、墙基础、管道基础等。

（2）基础与墙（柱）身使用同一种材料时，以设计室内地面为界（有地下室者，以地下室室内设计地面为界），以下为基础，以上为墙（柱）身。基础与墙身使用不同材料时，位于设计室内地面高度 ≤ ±300 mm 时，以不同材料为分界线，高度 > ±300 mm 时，以设计室内地面为分界线。

（3）砖围墙以设计室外地坪为界，以下为基础，以上为墙身。

（4）"空花墙"项目适用于各种类型的空花墙，使用混凝土花格砌筑的空花墙，实砌墙体与混凝土花格应分别计算，混凝土花格按混凝土及钢筋混凝土中预制构件相关项目编码列项。

（5）台阶、台阶挡墙、梯带、锅台、炉灶、蹲台、池槽、池槽腿、砖胎模、花台、花池、楼梯栏板、阳台栏板、地垄墙、≤0.3 m 的孔洞填塞等，应按零星砌砖项目编码列项。砖砌锅台与炉灶可按外形尺寸以个计算，砖砌台阶可按水平投影面积以 m^2 计算，小便槽、地垄墙可按长度计算、其他工程按 m^3 计算。

（6）砌体内加筋、墙体拉结的制作、安装，应按混凝土及钢筋混凝土工程中相关项目编码列项。

（7）砌块排列应上、下错缝搭砌，如果搭错缝长度满足不了规定的压搭要求，应采取压砌钢筋网片的措施，具体构造要求按设计规定。若设计无规定时，应注明由投标人根据工程实际情况自行考虑；钢筋网片按规范金属结构工程中相应编码列项。

（8）砌体垂直灰缝宽 > 30 mm 时，采用 C20 细石混凝土灌实。灌注的混凝土应按混凝土及钢筋混凝土工程相关项目编码列项。

4.4.4　工程量清单编制示例

【例 4.8】　图 4.22 所示为某单位值班室平面图。已知墙体计算高度为 3 m，外墙厚 365 mm，内墙厚 240 mm，用 MU10 实心标准砖，M5 混合砂浆砌筑。内外墙均设 C20 混凝土圈梁，遇到门窗洞口加筋作为过梁，圈过梁高均为 240 mm，门窗洞口尺寸见表 4.19。试计算砌体工程量并列出工程量清单。

表 4.19　门窗洞口尺寸　　　　　　　　　　　　　单位：mm

门窗名称	洞口尺寸（宽×高）
M1	1 000×2 100
M2	900×2 100
C1	1 800×1 500
C2	1 500×1 500

图 4.22　某单位值班室平面图

解： 根据计算规则规定砖砌体工程量应扣除门窗洞口及混凝土圈梁、过梁所占的体积。

外门洞 M1 所占体积 $= 1.00 \times 2.1 \times 0.365 = 0.77（\mathrm{m}^3）$

内门洞 M2 所占体积 $= 0.9 \times 2.1 \times 0.24 = 0.45（\mathrm{m}^3）$

外窗洞 C1 所占体积 $= 1.80 \times 1.50 \times 0.365 \times 2 = 1.97（\mathrm{m}^3）$

C2 所占体积 $= 1.50 \times 1.50 \times 0.365 = 0.82（\mathrm{m}^3）$

$$\begin{aligned}
外墙混凝土圈过梁体积 &= (3.3 \times 6 + 5 \times 2) \times 0.365 \times 0.24 \\
&= 10.88 \times 0.24 \\
&= 2.61（\mathrm{m}^3）
\end{aligned}$$

$$\begin{aligned}
内墙上混凝土圈过梁体积 &= (3.3 - 0.365) \times 0.24 \times 0.24 \\
&= 0.70 \times 0.24 \\
&= 0.17（\mathrm{m}^3）
\end{aligned}$$

$$\begin{aligned}
外墙墙体砌砖工程量 &= 墙长 \times 墙厚 \times 墙高 - 外门窗洞体积 - \\
&\quad 外墙上混凝土圈过梁体积 \\
&= [(3.3 \times 6 + 5 \times 2) \times 0.365 \times 3 - (0.77 + \\
&\quad 1.97 + 0.82 + 2.61)] \\
&= (32.63 - 6.18) \\
&= 26.45（\mathrm{m}^3）
\end{aligned}$$

$$\begin{aligned}
内墙墙体砌砖工程量 &= 内墙净长 \times 墙厚 \times 墙高 - 内门洞所占体积 - \\
&\quad 内墙上圈过梁所占体积 \\
&= (3.3 - 0.365) \times 0.24 \times 3 - (0.45 + 0.17) \\
&= (2.11 - 0.62) \\
&= 1.49（\mathrm{m}^3）
\end{aligned}$$

编制砖砌体工程量清单，见表 4.20。

表 4.20　砖砌体工程量清单

工程名称：某工程

序号	项目编码	项目名称	项目特征	计量单位	工程数量
1	010401003001	实心砖墙	MU10 标准砖，365 mm 厚外墙 M5 混合砂浆砌筑	m³	26.45
2	010401003002	实心砖墙	MU10 标准砖，240 mm 厚内墙 M5 混合砂浆砌筑	m³	1.49

4.5　混凝土及钢筋工程清单计量

4.5.1　混凝土及钢筋工程基础知识

4.5.1.1　混凝土基本知识

1. 混凝土

以水泥、沥青或合成材料（如树脂等）为胶结料，与粗细骨料（石、砂）和水（或其他液体）按规定比例混合搅拌而成的一种稠糊状材料，就称为混凝土（砼）。混凝土按照胶结材料的不同，可分为水泥混凝土、沥青混凝土和聚合物混凝土等。

2. 混凝土标准值

混凝土标准值见表 4.21。

表 4.21　混凝土标准值　　　　单位：MPa

强度种类	符号	混凝土标准强度等级													
		C15	C20	C25	C30	C35	C40	C45	C50	C55	C60	C65	C70	C75	C80
轴心抗压	f_{ck}	10.0	13.4	16.7	20.1	23.4	26.8	29.6	32.4	35.5	38.5	41.5	44.5	47.4	50.2
轴心抗拉	f_{tk}	1.27	1.54	1.78	2.01	2.20	2.39	2.51	2.64	2.74	2.85	2.93	2.99	3.05	3.11

3. 混凝土构件类别

混凝土构件有无筋混凝土构件和有筋混凝土构件之分。将钢筋与混凝土浇筑在一起的构件称为钢筋混凝土构件。钢筋混凝土构件按施工方法和程序的不同，分为现浇钢筋混凝土构件和预制钢筋混凝土构件两大类。

4.5.1.2　钢筋混凝土基本知识

1. 钢筋混凝土

混凝土的抗压能力较强，但抗拉能力却很差，因此用混凝土制成的构件当受到拉力时就很容易被破坏。为了弥补混凝土构件的这一缺陷，经过反复试验，发现钢筋和混凝土黏结在一起可克服混凝土抗拉能力差这个缺陷，因而在混凝土构件中承受拉力的部位，配制一些钢筋，让钢筋和混凝土分别承受不同的力，发挥各自特长，组成一种既耐压又抗拉的混凝土构件，称为钢筋混凝土。

2．钢筋的选用

钢筋是建筑工程中用量很大的建筑材料，混凝土构件常用钢筋有热轧光圆钢筋、热轧带肋钢筋、热处理钢筋和余热处理钢筋等。结构工程师对钢筋一般是按下列规定选用：

（1）普通钢筋通常采用 HRB400 级和 HRB335 级钢筋，但也采用 HPB235 级和 RRB400 级钢筋。

（2）预应力钢筋通常采用预应力钢绞线、钢丝，但有时也采用热处理钢筋。

注：① 普通钢筋是指用于钢筋混凝土结构中的钢筋和预应力混凝土结构中的非预应力钢筋。

② HRB400 级和 HRB335 级钢筋是指现行国家标准《钢筋混凝土用钢第 2 部分：热轧带肋钢筋》（GB 1499.2）中的 HRB400 和 HRB335 钢筋；HPB235 级钢筋是指现行国家标准《钢筋混凝土用钢第 1 部分：热轧光圆钢筋》（GB 1499.1）中的 Q235 钢筋，RRB400 级钢筋是指现行国家标准《钢筋混凝土用余热处理钢筋》（GB 13014）中的 KL 400 钢筋。

③ 预应力钢丝是指现行国家标准《预应力混凝土用钢丝》（GB/T 5223）中的光圆、螺旋肋和三面刻痕的消除应力的钢丝。

3．热轧钢筋的强度标准值

热轧钢筋的强度标准值见表 4.22 所示。

表 4.22　热轧钢筋的强度标准值

种　类		符号	d（mm）	f_{yk}（MPa）
热轧钢筋	HPB235（Q235）	A	8～20	235
	HRB335（20MnSi）	B	6～50	335
	HRB400（20MnSiv、20MnSiNb、20MnTi）	C	6～50	400
	RRB400（K20MnSi）	C^K	8～40	400

4.5.1.3　模板基本知识

1．模板的概念

混凝土及钢筋混凝土构件在浇筑混凝土前，按照设计图纸规定的构件形状、尺寸等，制作出与图纸规定相符合的模型称为模板。

2．模板的作用

是保证混凝土在浇筑过程中能够保持构件的正确形状和尺寸，在硬化过程中进行防护和养护的工具。

3．模板的组成和要求

模板系统由模板、支架和连接件 3 部分组成。模板及其支架应具有足够的承载能力、刚度和稳定性，能可靠地承受浇筑混凝土的重力、侧压力以及施工荷载。

4. 模板的种类

按照所用材料的不同，模板可分为钢模板、木模板、复合木模板3种。

5. 模板的形式

可分为整体式模板、定型模板、工具式模板、滑升模板和地胎模板等。

4.5.2　工程量清单项目

4.5.2.1　现浇混凝土基础（编号：010501）

现浇混凝土基础工程分为带形基础、独立基础、满堂基础、桩承台基础、设备基础等5个项目。其中，带形基础项目适用于各种带形基础，墙下的板式基础包括浇筑在一字排桩上面的带形基础；独立基础项目适用于块体柱基、杯基、柱下的板式基础，无筋倒圆台基础，壳体基础，电梯井基础等；满堂基础项目适用于地下室的箱式、筏式基础等；桩承台基础项目适用于浇筑在组桩（如梅花桩）上的承台；设备基础项目适用于设备的块体基础、框架基础。现浇混凝土基础工程量区分不同特征均按设计图示尺寸以体积（m³）计算，不扣除构件内钢筋、预埋铁件和伸入承台基础的桩头所占体积。

基础与柱或墙的分界线以基础的扩大顶面为界。以下为基础，以上为柱或墙，如图4.23所示。

图 4.23　基础扩大面示意图

1. 垫层（项目编码：010501001）

工程内容：包括模板及支撑制作、安装、拆除、堆放、运输及清理模内杂物、刷隔离剂等，混凝土制作、运输、浇筑、振捣、养护。

项目特征：需要描述混凝土类别，混凝土强度等级。

工程量计算规则：按设计图示尺寸以体积计算。不扣除伸入承台基础的桩头所占体积。

2. 带形基础（项目编码：010501002）

从基础结构而言，凡墙下的长条形基础，或柱和柱间距离较近而连接起来的条形基础，都称为带形基础。

工程内容：包括模板及支撑制作、安装、拆除、堆放、运输及清理模内杂物、刷隔离剂等，混凝土制作、运输、浇筑、振捣、养护。

项目特征：需要描述混凝土类别，混凝土强度等级。

工程量计算规则：按设计图示尺寸以体积计算。不扣除伸入承台基础的桩头所占体积。

基础长度：外墙按 $L_{中}$，内墙按 $L_{内}$ 计算。

如图 4.24 所示，无梁式（板式）带形基础计算公式：$V = \left[Bh_1 + \dfrac{B+b}{2} h_2 \right] \times (L_{中} + L_{内})$

如图 4.25 所示，有梁式（带肋）带形基础计算公式：$V = \left[Bh_1 + \dfrac{B+b}{2} h_2 + bh_3 \right] \times (L_{中} + L_{内})$

3. 独立基础（项目编码：010501003）

工程内容：包括模板及支撑制作、安装、拆除、堆放、运输及清理模内杂物、刷隔离剂等，混凝土制作、运输、浇筑、振捣、养护。

项目特征：需要描述混凝土类别，混凝土强度等级。

图 4.24　无梁式（板式）带形基础　　　图 4.25　有梁式（带肋）带形基础（$h_3 \leqslant 4b$）

工程量计算规则：按设计图示尺寸以体积计算。不扣除伸入承台基础的桩头所占体积。

如图 4.26 所示，阶台形基础计算公式：$V = abh_1 + a_1 b_1 h_2$

如图 4.27 所示，锥台形基础计算公式：$V = abh + \dfrac{h_1}{6}[ab + (a+a_1)(b+b_1) + a_1 b_1]$

图 4.26　阶台形基础　　　　　　　　图 4.27　锥台形基础

4. 满堂基础（项目编码：010501004）

用板梁墙柱组合浇筑而成的基础，称为满堂基础，如图 4.28 所示。一般有板式（也叫无梁式）满堂基础、梁板式（也叫片筏式）满堂基础和箱型满堂基础 3 种形式。

工程内容：包括模板及支撑制作、安装、拆除、堆放、运输及清理模内杂物、刷隔离剂等，混凝土制作、运输、浇筑、振捣、养护。

项目特征：需要描述混凝土类别，混凝土强度等级。

工程量计算规则：按设计图示尺寸以体积计算。不扣除伸入承台基础的桩头所占体积。

图 4.28　满堂基础示意图

无梁式筏板基础计算公式：$V=$底板长×宽×板厚+单个柱墩体积×柱墩个数

有梁式筏板基础计算公式：$V=$底板长×宽×板厚+$\sum$(梁断面面积×梁长)

5. 桩承台基础（项目编码：010501005）

工程内容：包括模板及支撑制作、安装、拆除、堆放、运输及清理模内杂物、刷隔离剂等，混凝土制作、运输、浇筑、振捣、养护。

项目特征：需要描述混凝土类别、混凝土强度等级。

工程量计算规则：按设计图示尺寸以体积计算。不扣除伸入承台基础的桩头所占体积。

6. 设备基础（项目编码：010501006）

工程内容：包括模板及支撑制作、安装、拆除、堆放、运输及清理模内杂物、刷隔离剂等，混凝土制作、运输、浇筑、振捣、养护。

项目特征：需要描述混凝土类别，混凝土强度等级，灌浆材料、灌浆材料强度等级。

工程量计算规则：按设计图示尺寸以体积计算。不扣除伸入承台基础的桩头所占体积。

4.5.2.2　现浇混凝土柱（编号：010502）

1. 矩形柱（项目编码：010502001）

工程内容：包括模板及支架（撑）制作、安装、拆除、堆放、运输及清理模内杂物、刷隔离剂等，混凝土制作、运输、浇筑、振捣、养护。

项目特征：需要描述混凝土类别、混凝土强度等级。

工程量计算规则：按设计图示尺寸以体积计算。柱高：有梁板的柱高，应自柱基上表面（或楼板上表面）至上一层楼板上表面之间的高度计算；无梁板的柱高，应自柱基上表面（或楼板上表面）至柱帽下表面之间的高度计算；框架柱的柱高：应自柱基上表面至柱顶高度计算；构造柱按全高计算，嵌接墙体部分（马牙槎）并入柱身体积；依附柱上的牛腿和升板的柱帽，并入柱身体积计算。

2. 构造柱（项目编码：010502002）

工程内容：包括模板及支架（撑）制作、安装、拆除、堆放、运输及清理模内杂物、刷隔离剂等，混凝土制作、运输、浇筑、振捣、养护。

项目特征：需要描述混凝土类别，混凝土强度等级。

工程量计算规则：按设计图示尺寸以体积计算。柱高：有梁板的柱高，应自柱基上表面（或楼板上表面）至上一层楼板上表面之间的高度计算；无梁板的柱高，应自柱基上表面（或楼板上表面）至柱帽下表面之间的高度计算；框架柱的柱高：应自柱基上表面至柱顶高度计算；构造柱按全高计算，嵌接墙体部分（马牙槎）并入柱身体积；依附柱上的牛腿和升板的柱帽，并入柱身体积计算。

3. 异形柱（项目编码：010502003）

工程内容：包括模板及支架（撑）制作、安装、拆除、堆放、运输及清理模内杂物、刷隔离剂等，混凝土制作、运输、浇筑、振捣、养护。

项目特征：需要描述柱形状，混凝土类别，混凝土强度等级。

工程量计算规则：按设计图示尺寸以体积计算。柱高：有梁板的柱高，应自柱基上表面（或楼板上表面）至上一层楼板上表面之间的高度计算；无梁板的柱高，应自柱基上表面（或楼板上表面）至柱帽下表面之间的高度计算；框架柱的柱高：应自柱基上表面至柱顶高度计算；构造柱按全高计算，嵌接墙体部分（马牙槎）并入柱身体积；依附柱上的牛腿和升板的柱帽，并入柱身体积计算。

4.5.2.3　现浇混凝土梁（编号：010503）

现浇混凝土梁工程中，包括基础梁（010503001）、矩形梁（010503002）、异形梁（010503003）、圈梁（010503004）、过梁（010503005）、弧形及拱形梁（010503006）等6个项目。

工程内容：包括模板及支架（撑）制作、安装、拆除、堆放、运输及清理模内杂物、刷隔离剂等，混凝土制作、运输、浇筑、振捣、养护。

项目特征：需要描述混凝土类别，混凝土强度等级。

工程量计算规则：按设计图示尺寸以体积计算。伸入墙内的梁头、梁垫并入梁体积内。梁长：梁与柱连接时，梁长算至柱侧面；主梁与次梁连接时，次梁长算至主梁侧面。

4.5.2.4　现浇混凝土墙（编号：010504）

现浇混凝土墙项目中，包括直形墙（010504001）、弧形墙（010504002）、短肢剪力墙（010504003）和挡土墙（010504004）等4个项目。短肢剪力墙是指截面厚度不大于300 mm、各肢截面高度与厚度之比的最大值大于4但不大于8的剪力墙；各肢截面高度与厚度之比的最大值不大于4的剪力墙按柱项目编码列项。

工程内容：包括模板及支架（撑）制作、安装、拆除、堆放、运输及清理模内杂物、刷隔离剂等，混凝土制作、运输、浇筑、振捣、养护。

项目特征：需要描述混凝土类别，混凝土强度等级。

工程量计算规则：按设计图示尺寸以体积算。扣除门窗洞口及单个面积 > 0.3 ㎡的孔洞所占体积，墙垛及突出墙面部分并入墙体体积计算。

4.5.2.5　现浇混凝土板（编号：010505）

现浇混凝土板工程中中，包括有梁板（010505001），无梁板（010505002），平板（010505003），拱板（010505004），薄壳板（010505005），栏板（010505006），天沟（檐沟）、挑檐板（010505007），雨篷、悬挑板、阳台板（010505008），其他板（010505009）等9个项目，相关内容如下：

有梁板是指由梁和板连成一体的钢筋混凝土板，它包括梁板式肋形板和井字肋形板（见图4.29）；无梁板是指板无梁、直接用柱头支撑，包括板和柱帽（见图4.30）；平板是指既无柱支承，又非现浇梁板结构，而周边直接由墙来支承的现浇钢筋混凝土板。通常这种板多用于较小跨度的空间，如建筑中的浴室、卫生间、走廊等跨度在 3 m 以内，板厚在 60～80 mm 的板（见图 4.31）。

图 4.29　有梁板

图 4.30　无梁板

图 4.31　平板

有梁板、无梁板、平板、拱板、薄壳板、栏板项目中，工程内容包括模板及支架（撑）制作、安装、拆除、堆放、运输及清理模内杂物、刷隔离剂，混凝土制作、运输、浇筑、振捣、养护。项目特征需要描述混凝土类别，混凝土强度等级。工程量计算规则需要按设计图示尺寸以体积计算，不扣除构件内钢筋、预埋铁件及单个面积 ≤0.3 m^2 的柱、垛以及孔洞所占体积。压形钢板混凝土楼板扣除构件内压形钢板所占体积。有梁板（包括主、次梁与板）按梁、板体积之和计算，无梁板按板和柱帽体积之和计算，各类板伸入墙内的板头并入板体积内，薄壳板的肋、基梁并入薄壳体内计算。

天沟（檐沟）、挑檐板项目中，工程内容包括模板及支架（撑）制作、安装、拆除、堆放、运输及清理模内杂物、刷隔离剂，混凝土制作、运输、浇筑、振捣、养护。项目特征需要描述混凝土类别，混凝土强度等级。工程量计算规则为按设计图示尺寸以体积计算。

雨篷、悬挑板、阳台板项目中，工程内容包括模板及支架（撑）制作、安装、拆除、堆放、运输及清理模内杂物、刷隔离剂，混凝土制作、运输、浇筑、振捣、养护。项目特征需要描述混凝土类别，混凝土强度等级。工程量计算规则为按设计图示尺寸以墙外部分体积计算。包括伸出墙外的牛腿和雨篷反挑檐的体积。

其他板项目中，工程内容包括模板及支架（撑）制作、安装、拆除、堆放、运输及清理模内杂物、刷隔离剂；混凝土制作、运输、浇筑、振捣、养护。项目特征需要描述混凝土类别，混凝土强度等级。工程量计算规则为按设计图示尺寸以体积计算。

4.5.2.6　现浇混凝土楼梯（编号：010506）

现浇混凝土楼梯项目中，包括现浇混凝土直形楼梯（010406001）和弧形楼梯（010406002）这 2 个项目。

工程内容：包括模板及支架（撑）制作、安装、拆除、堆放、运输及清理模内杂物、刷隔离剂等，混凝土制作、运输、浇筑、振捣、养护。

项目特征：需要描述混凝土类别，混凝土强度等级。

工程量计算规则：以平方米计量，按设计图示尺寸以水平投影面积计算。不扣除宽度 ≤500 mm 的楼梯井，伸入墙内部分不计算；以 m^3 计量，按设计图示尺寸以体积计算。

4.5.2.7　现浇混凝土其他构件（编号：010507）

1.　散水、坡道（项目编码：050107001）

工程内容：包括地基夯实，铺设垫层，模板及支撑制作、安装、拆除、堆放、运输及清理模内杂物、刷隔离剂等，混凝土制作、运输、浇筑、振捣、养护，变形缝填塞。

项目特征：需要描述垫层材料种类、厚度，面层厚度，混凝土类别，混凝土强度等级，变形缝填塞材料种类。

工程量计算规则：按设计图示尺寸以面积计算。不扣除单个面积≤0.3 m² 的孔洞所占面积。

2. 室外地坪（项目编码：050107002）

工程内容：包括地基夯实，铺设垫层，模板及支撑制作、安装、拆除、堆放、运输及清理模内杂物、刷隔离剂等，混凝土制作、运输、浇筑、振捣、养护，变形缝填塞。

项目特征：需要描述地坪厚度，混凝土强度等级。

工程量计算规则：按设计图示尺寸以面积计算。不扣除单个≤0.3 m² 的孔洞所占面积。

3. 电缆沟、地沟（项目编码：050107003）

工程内容：包括挖填、运土石方，铺设垫层，模板及支撑制作、安装、拆除、堆放、运输及清理模内杂物、刷隔离剂等，混凝土制作、运输、浇筑、振捣、养护，刷防护材料。

项目特征：需要描述土壤类别，沟截面净空尺寸，垫层材料种类、厚度，混凝土类别，混凝土强度等级，防护材料种类。

工程量计算规则：按设计图示以中心线长计算。

4. 台阶（项目编码：050107004）

工程内容：包括模板及支撑制作、安装、拆除、堆放、运输及清理模内杂物、刷隔离剂等，混凝土制作、运输、浇筑、振捣、养护。

项目特征：需要描述踏步高宽比，混凝土类别，混凝土强度等级。

工程量计算规则：以 m² 计量，按设计图示尺寸水平投影面积计算；以 m³ 计量，按设计图示尺寸以体积计算。

5. 扶手、压顶（项目编码：010507005）

工程内容：包括模板及支架（撑）制作、安装、拆除、堆放、运输及清理模内杂物、刷隔离剂等，混凝土制作、运输、浇筑、振捣、养护。

项目特征：需要描述断面尺寸，混凝土类别，混凝土强度等级。

工程量计算规则：以 m 计量，按设计图示的延长米计算；以 m³ 计量，按设计图示尺寸以体积计算。

6. 化粪池、检查井（项目编码：010507006）

工程内容：包括模板及支架（撑）制作、安装、拆除、堆放、运输及清理模内杂物、刷隔离剂等，混凝土制作、运输、浇筑、振捣、养护。

项目特征：需要描述混凝土强度等级，防水、抗渗要求。

工程量计算规则：按设计图示尺寸以体积计算；以"座"计量，按设计图示数量计算。

7. 其他构件（项目编码：010507007）

工程内容：包括模板及支架（撑）制作、安装、拆除、堆放、运输及清理模内杂物、刷隔离剂等，混凝土制作、运输、浇筑、振捣、养护。

项目特征：需要描述构件的类型，构件规格，部位，混凝土类别，混凝土强度等级。

工程量计算规则：按设计图示尺寸以体积计算；以"座"计量，按设计图示数量计算。

4.5.2.8 后浇带（编号：010508）

后浇带（项目编码：010508001）。

工程内容：包括模板及支架（撑）制作、安装、拆除、堆放、运输及清理模内杂物、刷隔离剂等，混凝土制作、运输、浇筑、振捣、养护及混凝土交接面、钢筋等的清理。

项目特征：需要描述混凝土类别，混凝土强度等级。

工程量计算规则：按设计图示尺寸以体积计算。

4.5.2.9 预制混凝土梁（编号：010510）

预制混凝土梁项目中，包括预制混凝土矩形梁（010510001）、异形梁（010510002）、过梁（010510003）、拱形梁（010510004）、鱼腹式吊车梁（010510005）、风道梁（010510006）等 6 个项目。

工程内容：包括模板制作、安装、拆除、堆放、运输及清理模内杂物、刷隔离剂等，混凝土制作、运输、浇筑、振捣、养护，构件运输、安装，砂浆制作、运输，接头灌封、养护。

项目特征：需要描述图代号，单件体积，安装高度，混凝土强度等级，砂浆（细石混凝土）强度等级、配合比。

工程量计算规则：以 m³ 计量，按设计图示尺寸以体积计算；以"根"计量，按设计图示尺寸以数量计算。

4.5.2.10 预制混凝土屋架（编号：010511）

预制混凝土屋架项目中，包括预制混凝土折线形屋架（010511001）、组合屋架（010511002）、薄腹屋架（010511003）、门式刚架屋架（010511004）、天窗架屋架（010511005）等 5 个项目。

工程内容：包括模板制作、安装、拆除、堆放、运输及清理模内杂物、刷隔离剂等，混凝土制作、运输、浇筑、振捣、养护，构件运输、安装，砂浆制作、运输，接头灌封、养护。

项目特征：需要描述图代号，单件体积，安装高度，混凝土强度等级，砂浆（细石混凝土）强度等级、配合比。

工程量计算规则：以 m³ 计量，按设计图示尺寸以体积计算；以"榀"计量，按设计图示尺寸以数量计算。

4.5.2.11 预制混凝土楼梯（编号：0105013）

预制混凝土楼梯（项目编码：0105013001）。

工程内容：包括模板制作、安装、拆除、堆放、运输及清理模内杂物、刷隔离剂等，混凝土制作、运输、浇筑、振捣、养护，构件运输、安装，砂浆制作、运输，接头灌封、养护。

项目特征：需要描述楼梯类型，单件体积，混凝土强度等级，砂浆（细石混凝土）强度等级。

工程量计算规则：以 m³ 计量，按设计图示尺寸以体积计算，扣除空心踏步板空洞体积；以"块"计量，按设计图示数量计算。

4.5.2.12　其他预制构件（编号：0105014）

1. 垃圾道、通风道、烟道（项目编码：010514001）

工程内容：包括模板制作、安装、拆除、堆放、运输及清理模内杂物、刷隔离剂等，混凝土制作、运输、浇筑、振捣、养护，构件运输、安装，砂浆制作、运输、接头灌封、养护。

项目特征：需要描述单件体积，混凝土强度等级，砂浆强度等级。

工程量计算规则：以 m^3 计量，按设计图示尺寸以体积计算。单个面积≤300 mm×300 mm 的孔洞所占体积，扣除烟道、垃圾道、通风道的孔洞所占体积；以 m^2 计量，按设计图示尺寸以面积计算，不扣除单个面积≤300 mm×300 mm 的孔洞所占面积；以"根"计量，按设计图示尺寸以数量计算。

2. 其他构件（项目编码：010514002）

工程内容：包括模板制作、安装、拆除、堆放、运输及清理模内杂物、刷隔离剂等，混凝土制作、运输、浇筑、振捣、养护，构件运输、安装，砂浆制作、运输；接头灌封、养护。

项目特征：需要描述单件体积，构件的类型，混凝土强度等级，砂浆强度等级。

工程量计算规则：以 m^3 计量，按设计图示尺寸以体积计算。单个面积≤300 mm×300 mm 的孔洞所占体积，扣除烟道、垃圾道、通风道的孔洞所占体积；以 m^2 计量，按设计图示尺寸以面积计算，不扣除单个面积≤300 mm×300 mm 的孔洞所占面积；以根计量，按设计图示尺寸以数量计算。

4.5.2.13　钢筋工程（编号：010515）

1. 现浇构件钢筋（项目编码：0105015001）

工程内容：包括钢筋网制作、运输，钢筋网安装，焊接（绑扎）。

项目特征：需要描述钢筋种类、规格。

工程量计算规则：按设计图示钢筋（网）长度（面积）乘单位理论质量计算。

2. 预制构件钢筋（项目编码：0105015002）

工程内容：包括钢筋网制作、运输，钢筋网安装，焊接（绑扎）。

项目特征：需要描述钢筋种类、规格。

工程量计算规则：按设计图示钢筋（网）长度（面积）乘单位理论质量计算。

3. 钢筋网片（项目编码：010515003）

工程内容：包括钢筋网制作、运输，钢筋网安装，焊接（绑扎）。

项目特征：需要描述钢筋种类、规格。

工程量计算规则：按设计图示钢筋（网）长度（面积）乘单位理论质量计算。

4. 钢筋笼（项目编码：010515004）

工程内容：包括钢筋笼制作、运输，钢筋笼安装，焊接（绑扎）。

项目特征：需要描述钢筋种类、规格。

工程量计算规则：按设计图示钢筋（网）长度（面积）乘单位理论质量计算。

5．先张法预应力钢筋（项目编码：010515005）

工程内容：包括钢筋制作、运输，钢筋张拉。

项目特征：需要描述钢筋种类、规格，锚具种类。

工程量计算规则：按设计图示钢筋长度乘单位理论质量计算。

6．后张法预应力钢筋（项目编码：010515006）

工程内容：包括钢筋、钢丝、钢绞线制作、运输，钢筋、钢丝、钢绞线安装，预埋管孔道铺设，锚具安装，砂浆制作、运输，孔道压浆、养护。

项目特征：需要描述钢筋种类、规格，钢丝种类、规格，钢绞线种类、规格，锚具种类，砂浆强度等级。

工程量计算规则：按设计图示钢筋（丝束、绞线）长度乘单位理论质量计算。低合金钢筋两端均采用螺杆锚具时，钢筋长度按孔道长度减 0.35 m 计算，螺杆另行计算；低合金钢筋一端采用镦头插片、另一端采用螺杆锚具时，钢筋长度按孔道长度计算，螺杆另行计算；低合金钢筋一端采用镦头插片、另一端采用帮条锚具时，钢筋增加 0.15 m 计算；两端均采用帮条锚具时，钢筋长度按孔道长度增加 0.3 m 计算；低合金钢筋采用后张混凝土自锚时，钢筋长度按孔道长度增加 0.35 m 计算；低合金钢筋（钢绞线）采用 JM、XM、QM 型锚具，孔道长度 ≤ 20 m 时，钢筋长度增加 1 m 计算，孔道长度 > 20 m 时，钢筋长度增加 1.8 m 计算；碳素钢丝采用锥形锚具，孔道长度 ≤ 20 m 时，钢丝束长度按孔道长度增加 1 m 计算，孔道长度 > 20 m 时，钢丝束长度按孔道长度增加 1.8 m 计算；碳素钢丝采用镦头锚具时，钢丝束长度按孔道长度增加 0.35 m 计算。

7．支撑钢筋（铁马）（项目编码：010515009）

工程内容：包括钢筋制作，焊接，安装。

项目特征：需要描述钢筋种类，规格。

工程量计算规则：按钢筋长度乘单位理论质量计算。

8．声测管（项目编码：010515010）

声测管是现在桥梁建设必不可少的声波检测管，如图 4.32 所示，利用声测管可以检测出一根桩的质量好坏，声测管是灌注桩进行超声检测法时探头进入桩身内部的通道。它是灌注桩超声检测系统的重要组成部分。

图 4.32　声测管

工程内容：包括检测管截断、封头，套管制作、焊接，定位、固定。

项目特征：需要描述材质，规格型号。

工程量计算规则：按设计图示尺寸质量计算。

4.5.2.14　螺栓、铁件（编号：010516）

1. 螺栓（项目编码：010516001）

工程内容：包括螺栓、铁件制作、运输，螺栓、铁件安装。

项目特征：需要描述螺栓种类，规格。

工程量计算规则：按设计图示尺寸以质量计算。

2. 预埋铁件（项目编码：010516002）

工程内容：包括螺栓、铁件制作、运输，螺栓、铁件安装。

项目特征：需要描述钢材种类，规格；铁件尺寸。

工程量计算规则：按设计图示尺寸以质量计算。

3. 机械连接（项目编码：010516003）

工程内容：包括钢筋套丝，套筒连接。

项目特征：需要描述连接方式，螺纹套筒种类、规格。

工程量计算规则：按数量计算。

4.5.3　工程量计算规则

（1）肋带形基础、无肋带形基础应按相关项目列项，并注明肋高。

（2）箱式满堂基础中柱、梁、墙、板按相关项目分别编码列项；箱式满堂基础底板按满堂基础项目列项。

（3）框架式设备基础中柱、梁、墙、板分别按相关项目编码列项；基础部分按本表相关项目编码列项。

（4）如为毛石混凝土基础，项目特征应描述毛石所占比例。

（5）混凝土类别指清水混凝土、彩色混凝土等，如在同一地区既使用预拌（商品）混凝土、又允许现场搅拌混凝土时，也应注明。

（6）现浇挑檐、天沟板、雨篷、阳台与板（包括屋面板、楼板）连接时，以外墙外边线为分界线；与圈梁（包括其他梁）连接时，以梁外边线为分界线。外边线以外为挑檐、天沟、雨篷或阳台。

（7）整体楼梯（包括直形楼梯、弧形楼梯）水平投影面积包括休息平台、平台梁、斜梁和楼梯的连接梁。当整体楼梯与现浇楼板无梯梁连接时，以楼梯的最后一个踏步边缘加 300 mm 为界。

（8）现浇混凝土小型池槽、垫块、门框等，应按其他构件项目编码列项。

（9）架空式混凝土台阶，按现浇楼梯计算。

（10）预制混凝土柱，梁以根计量，必须描述单件体积。

（11）预制混凝土屋架以榀计量，必须描述单件体积。三角形屋架应按折线型屋架项目编码列项。

（12）预制混凝土板以块、套计量，必须描述单件体积。不带肋的预制遮阳板、雨篷板、挑檐板、拦板等，应按平板项目编码列项。预制 F 形板、双 T 形板、单肋板和带反挑檐的雨篷板、挑檐板、遮阳板等，应按带肋板项目编码列项。预制大型墙板、大型楼板、大型屋面板等，应按大型板项目编码列项。

（13）现浇构件中伸出构件的锚固钢筋应并入钢筋工程量内。除设计（包括规范规定）标明的搭接外，其他施工搭接不计算工程量，在综合单价中综合考虑。

（14）现浇构件中固定位置的支撑钢筋、双层钢筋用的"铁马"在编制工程量清单时，其工程数量可为暂估量，结算时按现场签证数量计算。

（15）现浇或预制混凝土和钢筋混凝土构件，不扣除构件内钢筋、螺栓、预埋铁件、张拉孔道所占体积，但应扣除劲性骨架的型钢所占体积。

4.5.4　工程量清单编制示例

【例 4.9】　某现浇钢筋混凝土带形基础的尺寸如图 4.33 所示。混凝土垫层强度等级为 C15，混凝土基础强度等级为 C20，场外集中搅拌，混凝土车运输，运距为 4 km。槽底均用电动夯实机夯实。试编制有梁现浇混凝土带形基础工程量清单。

图 4.33　某带形基础平面及剖面图

解： 按照图示尺寸和要求，应分下述几步进行：

（1）外墙基础混凝土工程量的计算。

由图 4.33 可以看出，该基础的中心线与外墙中心线重合，故外墙基础的计算长度可取 $L_中$，则：

$$外墙基础混凝土工程量 = 基础断面面积 \times L_中$$
$$= \left(0.4 \times 0.3 + \frac{0.4+1}{2} \times 0.15 + 1 \times 0.2\right) \times (3.6 \times 2 + 4.8) \times 2$$
$$= 0.425 \times 24$$
$$= 10.2 \ (m^3)$$

（2）内墙基础混凝土工程量的计算。

$$梁间净长度 = 4.8 - 0.2 \times 2 = 4.4（m）$$
$$斜坡中心线长度 = 4.8 - (0.2 + 0.3/2) \times 2 = 4.1（m）$$
$$基底净长度 = 4.8 - 0.5 \times 2 = 3.8（m）$$

墙基础混凝土工程量 $= \sum$ 内墙基础各部分断面面积相应计算长度

$$= 0.4 \times 0.3 \times 4.4 + (0.4 + 1)/2 \times 0.15 \times 4.1 + 1 \times 0.2 \times 3.8$$
$$= (0.528 + 0.43 + 0.76) = 1.72（m^3）$$

带形基础混凝土工程量 $= 10.2 + 1.72 = 11.92（m^3）$

（3）带形基础工程量清单的编制（见表 4.23）。

表 4.23　带形基础工程量清单

工程名称：某工程

序号	项目编码	项目名称	项目特征	计量单位	工程数量
1	010501002001	带形基础	垫层材料的种类、厚度：C15 混凝土、100 mm 厚；基础形式、材料种类：有梁式混凝土基础；混凝土强度等级：C20；混凝土材料要求：场外集中搅拌，运距 4 km	m³	11.92

【例 4.10】　有梁式满堂基础尺寸如图 4.34 所示。机械原土打夯，铺设混凝土垫层，混凝土强度等级为 C15；有梁式满堂基础，混凝土强度等级为 C20，场外集中搅拌，运距 5 km。试编制有梁式满堂基础的工程量清单。

图 4.34　某有梁式满堂基础

解：（1）计算现浇混凝土满堂基础清单工程量。

有梁式满堂基础工程量 = 基础底板体积 + 梁体积

$$= 32 \times 14 \times 0.3 + 0.3 \times 0.4 \times 32 \times 3 + (14 - 0.3 \times 3) \times 5$$
$$= 153.78（m^3）$$

（2）有梁式满堂基础工程量清单的编制，见表 4.24。

表 4.24　有梁式满堂基础工程量清单

工程名称：某工程

序号	项目编码	项目名称	项目特征	计量单位	工程数量
1	010501004001	满堂基础	基础形式、材料种类：有梁式混凝土满堂基础；混凝土强度等级：C20；混凝土材料要求：场外集中搅拌，运距 5 km	m^3	153.78

【例 4.11】　某建筑柱断面尺寸为 400 mm × 600 mm，杯形基础尺寸如图 4.35 所示，混凝土强度等级为 C20，场外集中搅拌，运距 5 km。试编制基础工程量清单。

图 4.35　杯形基础平面及剖面图

解：（1）计算现浇混凝杯形基础清单工程量。

将杯形基础体积分为 4 部分：

① 下部矩形体积 V_1。

$$V_1 = 3.5 \times 4.0 \times 0.5 = 7 \ (m^3)$$

② 中部棱台体积 V_2。

棱台下底长和宽分别为 3.5 m 和 4 m。

棱台上底长和宽分别为：

$$3.5 - 1.075 \times 2 = 1.35 \ (m)$$
$$4 - 1.225 \times 2 = 1.55 \ (m)$$

棱台高 0.5 m，故

$$V_2 = \frac{0.5}{3} \times (3.5 \times 4 + \sqrt{3.5 \times 4 \times 1.35 \times 1.55} + 1.35 \times 1.55) = 3.58 \ (m^3)$$

③ 上部矩形体积 V_3。

$$V_3 = 1.35 \times 1.55 \times 0.6 = 1.26 \ (m^3)$$

④ 杯口净空体积 V_4。

$$V_4 = \frac{0.7}{3} \times (0.5 \times 0.7 + \sqrt{0.5 \times 0.7 \times 0.55 \times 0.75} + 0.55 \times 0.75) = 0.27 \ (\text{m}^3)$$

⑤ 杯形基础体积 V。

$$V = V_1 + V_2 + V_3 - V_4 = 7 + 3.58 + 1.26 - 0.27 = 11.57 \ (\text{m}^3)$$

（2）杯形基础工程量清单的编制，见表 4.25。

表 4.25　杯形基础工程量清单

工程名称：某工程

序号	项目编码	项目名称	项目特征	计量单位	工程数量
1	010501006001	设备基础	基础形式、材料种类：杯形基础；混凝土强度等级：C20；混凝土材料要求：场外集中搅拌，运距 5 km	m³	11.57

【例 4.12】　某教学楼单层用房，现浇钢筋混凝土圈梁带过梁，尺寸如图 4.36 所示。门洞尺寸为 1 000 mm×2 700 mm，共 4 个；窗洞尺寸为 1 500 mm×1 500 mm，共 8 个。混凝土强度等级 C20，现场搅拌混凝土。试编制现浇钢筋混凝土圈梁、过梁工程量清单。

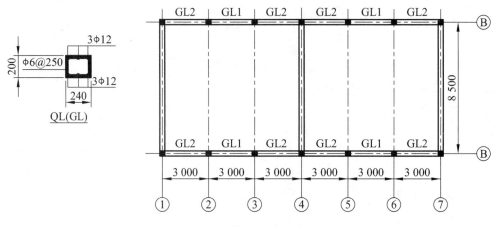

图 4.36　某教学单层用房

解：（1）计算现浇混凝土过梁、圈梁清单工程量。

过梁清单工程量＝图示断面面积×过梁长度

（设计无规定时，按门窗洞口宽度，两端各加 250 mm 计算）

$$= [(1 + 0.5) \times 4 + (1.5 + 0.5) \times 8] \times 0.24 \times 0.2 = 1.056 \ (\text{m}^3)$$

圈梁清单工程量＝圈梁断面面积×圈梁长度

$$= [(3 \times 6 + 8.5) \times 2 - 0.24 \times 14 + 8.5 - 0.24] \times 0.24 \times 0.2 - 1.056$$
$$= 2.779 - 1.056 = 1.72 \ (\text{m}^3)$$

（2）现浇钢筋混凝土过梁、圈梁工程量清单的编制，见表 4.26。

表 4.26 现浇钢筋混凝土过梁、圈梁工程量清单

工程名称：某工程

序号	项目编码	项目名称	项目特征	计量单位	工程数量
1	010503004001	圈 梁	梁底高程：2.7 m；梁截面：240 mm×200 mm；混凝土强度等级：C20；混凝土材料要求：现场搅拌	m³	1.72
2	010503005001	过 梁	梁底高程：2.7 m；梁截面：240 mm×200 mm；混凝土强度等级：C20；混凝土材料要求：现场搅拌	m³	1.06

【例 4.13】 某工程现浇混凝土挑檐天沟如图 4.37 所示，混凝土强度等级为 C20，现场搅拌混凝土。试编制挑檐天沟清单工程量。

图 4.37 某现浇混凝土挑檐天沟

解：（1）计算现浇混凝土挑檐天沟工程量。

挑檐板工程量 = {[(39.9 + 11.6)×2 + 2.1×4]×0.9 + 0.9×0.9×4}×0.08
              = 8.28（m²）

天沟壁工程量 = {[(39.9 + 11.6)×2 + 2.1×4 + 0.9×8]×0.06 − 0.06×0.06×4}×0.3
              = 2.13（m³）

挑檐天沟工程量 = 10.41（m³）

（2）现浇混凝土挑檐天沟工程量清单的编制，见表 4.27。

表 4.27 现浇混凝土挑檐天沟工程量清单

工程名称：某工程

序号	项目编码	项目名称	项目特征	计量单位	工程数量
1	010505007001	挑檐天沟	混凝土强度等级为：C20；混凝土拌和料要求：现场搅拌	m³	10.41

【例 4.14】 某工程现浇混凝土阳台结构如图 4.38 所示，混凝土强度等级为 C20，现场搅拌混凝土。试编制阳台清单工程量。

图 4.38　某工程现浇混凝土阳台

解：（1）计算现浇混凝土阳台工程量。

$$阳台板工程量 = 1.5 \times 4.8 \times 0.10 = 0.72（m^3）$$

$$现浇阳台拦板工程量 = [(1.5 \times 2 + 4.8) - 0.1 \times 2] \times (1.1 - 0.1) \times 0.1$$
$$= 0.76（m^3）$$

$$现浇阳台扶手工程量 = [(1.5 \times 2 + 4.8) - 0.2 \times 2] \times 0.2 \times 0.1 = 0.15（m^3）$$

$$现浇阳台工程量 = 1.63（m^3）$$

（2）现浇混凝土阳台工程量清单的编制，见表 4.28。

表 4.28　现浇混凝土阳台工程量清单

工程名称：某工程

序号	项目编码	项目名称	计量单位	工程数量
1	010505008001	现浇混凝土阳台 ① 混凝土强度等级为：C20； ② 混凝土拌和料要求：现场搅拌	m³	1.63

【例 4.15】　某工程现浇混凝土楼梯如图 4.39 所示，轴线为墙中心线，墙厚为 200 mm，混凝土强度等级为 C25，现场搅拌混凝土。试编制楼梯清单工程量（该建筑为 6 层，共 5 层楼梯）。

图 4.39　某工程现浇混凝土楼梯

解：（1）计算现浇混凝土楼梯工程量。

$$现浇混凝土楼梯工程量=图示水平投影长度×图示投影水平宽度-$$
$$大于500\ mm的楼梯井$$
$$=(1.33+0.1+1.33)×(1.25+3+0.2)×5$$
$$=61.41（m^2）$$

（2）现浇混凝土楼梯工程量清单的编制（见表4.29）。

表4.29　现浇混凝土楼梯工程量清单

工程名称：某工程

序号	项目编码	项目名称	计量单位	工程数量
1	010506001001	直形楼梯 ① 梯板形式：双跑； ② 梯板厚度：200 mm； ③ 混凝土强度等级为：C25； ④ 混凝土材料要求：现场搅拌	m²	61.41

【例4.16】　某现浇框架结构房屋的二层结构平面如图4.40所示。已知一层板顶高程为3.3 m，二层板顶高程为6.6 m，板厚100 mm，构件断面尺寸见表4.30。柱混凝土为C30，梁、板混凝土为C20，均为现场搅拌。试编制钢筋混凝土构件工程量清单。

表4.30　构件断面尺寸表

构件名称	构件尺寸（mm×mm）
KZ	400×400
KL1	250×550（宽×高）
KL2	300×600（宽×高）
L1	250×500（宽×高）

图4.40　某现浇框架结构房屋二层结构平面图

解：（1）计算混凝土工程量。

由已知条件可知，本例设计的钢筋混凝土构件包括矩形柱（KZ）、有梁板（KL、L 及板）。

（1）矩形柱（KZ）混凝土工程量 $= 0.4 \times 0.4 \times 3.3 \times 4 = 2.11$（$m^3$）。

（2）有梁板混凝土工程量。

① 梁体积：

$$KL_1 \text{混凝土工程量} = 0.25 \times (0.55 - 0.1) \times (4.8 - 0.2 \times 2) \times 2 = 0.99（m^3）$$

$$KL_2 \text{混凝土工程量} = 0.3 \times (0.6 - 0.1) \times (6.3 - 0.2 \times 2) \times 23 = 1.77（m^3）$$

$$L_1 \text{混凝土工程量} = 0.25 \times (0.5 - 0.1) \times (4.8 + 0.2 \times 2 - 0.3 \times 2) \times 2 = 0.92（m^3）$$

$$\text{矩形梁混凝土工程量} = 0.99 + 1.77 + 0.92 = 3.68（m^3）$$

② 板体积：

$$\begin{aligned}\text{板混凝土工程量} &= (6.3 + 0.2 \times 2) \times (4.8 + 0.2 \times 2) \times 0.1 - 0.4 \times 0.4 \times 0.1 \times 4 \\ &= 3.484 - 0.064 = 3.42（m^3）\end{aligned}$$

$$\text{有梁板混凝土工程量} = 3.68 + 3.42 = 7.1（m^3）$$

（2）钢筋混凝土构件工程量清单的编制，见表 4.31。

表 4.31 钢筋混凝土构件工程量清单

工程名称：某工程

序号	项目编码	项目名称	项目特征	计量单位	工程数量
1	010509001001	矩形柱	柱高度：3.3 m； 柱截面尺寸：400 mm×400 mm； 混凝土强度等级：C30； 混凝土拌和料要求：现场搅拌	m^3	2.11
2	010505001001	有梁板	板底高程：6.5 m； 板厚度：100 mm； 混凝土强度等级：C20； 混凝土拌和料要求：现场搅拌	m^3	7.1

【例 4.17】 某工程需用先张法预应力钢筋混凝土槽形板 80 块，如图 4.41 所示，混凝土强度等级为 C30，灌缝混凝土强度等级 C20，现场搅拌混凝土。试编制预应力混凝土槽形板工程量清单。

图 4.41 预应力混凝土槽形板

解：（1）计算预应力混凝土槽形板工程量。

预应力混凝土槽形板工程量 = 单板体积 × 块数

= (大棱台体积 − 小棱台体积) × 块数

$$= \left[\frac{1}{3} \times 0.12 \times (0.59 \times 4.2 + 0.57 \times 4.18 + \sqrt{0.59 \times 4.2 \times 0.57 \times 4.18}) - \right.$$

$$\left. \frac{0.08}{3} \times (0.49 \times 4.1 + 0.47 \times 4.08 + \sqrt{0.49 \times 4.1 \times 0.47 \times 4.08}) \right] \times 80$$

$$= 0.134\,55 \times 80 = 10.76 \, (\text{m}^3)$$

（2）预应力混凝土槽形板工程量清单的编制，见表 4.32。

表 4.32　预应力混凝土槽形板工程量清单

工程名称：某工程

序号	项目编码	项目名称	项目特征	计量单位	工程数量
1	010512003001	槽形板	单件体积：0.135； 混凝土强度等级：C30； 灌缝混凝土强度等级：C20	m^3	10.76

4.6　金属结构工程清单计量

4.6.1　金属结构工程基础知识

以强度高而匀质的建筑材料——钢、铝和铸铁等金属制成的杆件和板件经过必要的组装和连接而成的金属结构构件，称为金属结构工程（也可称为"钢结构"）。

钢材的特点是强度高、自重轻、整体刚性好、变形能力强，故特别适用于建造大跨度和超高、超重型的建筑；材料匀质性和各向同性好，属理想弹性体，最符合一般工程力学的基本假定；材料塑性、韧性好，可有较大变形，能很好地承受动力荷载；建筑工期短；其工业化程度高，可进行机械化程度高的专业化生产。金属结构以钢材的这些优点在工业厂房、市政基础设施建设、文教体育建设、电力、桥梁、海洋石油工程、航空航天等行业得到了广泛的应用。

金属结构工程包括钢网架（见图 4.42），钢屋架（见图 4.43）、钢托架、钢桁架、钢桥架，钢柱，钢梁，钢板楼板、墙板，钢构件，金属制品 7 项。

图 4.42　钢网架

图 4.43　钢屋架

4.6.2　工程量清单项目

4.6.2.1　钢网架（编号：010601）

钢网架项目适用于一般钢网架和不锈钢网架。不论节点形式（球形节点、板式节点等）和节点连接方式（焊接、丝接）等均使用该项目。

钢网架（项目编码：010601001）。

工程内容：包括拼装，安装，探伤，补刷油漆。

项目特征：应描述钢材品种、规格，网架节点形式、连接方式，网架跨度、安装高度，探伤要求，防火要求。

工程量计算规则：按设计图示尺寸以质量计算。不扣除孔眼切边、切肢的质量，焊条、铆钉、螺栓等不另增加质量。不规则或多边形钢板，以其外接矩形面积乘厚度乘单位理论质量计算。

4.6.2.2　钢屋架、钢托架、钢桁架、钢桥架（编号：010602）

钢屋架项目适用于一般钢屋架和轻钢屋架、冷弯薄壁型钢屋架。

采用圆钢筋、小角钢（小于∠45×4 等肢角钢、小于∠56×36×4 不等肢角钢）和薄钢板（其厚度一般不大于 4 mm）等材料组成的屋架称为轻钢屋架。薄壁型钢屋架是指厚度在 2~6 mm 的钢板或带形钢经冷弯或冷拔等方式弯曲而成的型钢组成的屋架。

支承屋架间距 6 m、跨度 18~36 m 或支承两柱柱距 12 m 而设置的承托屋架的钢构件，称为钢托架。

1. 钢屋架（项目编码：010602001）

工程内容：包括拼装，安装，探伤，补刷油漆。

项目特征：应描述钢材品种、规格，单榀质量，屋架跨度、安装高度，螺栓种类，探伤要求，防火要求。

工程量计算规则：以"榀"计量，按设计图示数量计算；以 t 计量，按设计图示尺寸以质量计算。不扣除孔眼的质量，焊条、铆钉、螺栓等不另增加质量。

2. 钢托架（项目编码：010602002）

工程内容：包括拼装，安装，探伤，补刷油漆。

项目特征：需要描述钢材品种、规格，单榀质量，安装高度，螺栓种类，探伤要求，防火要求。

工程量计算规则：按设计图示尺寸以质量计算。不扣除孔眼的质量，焊条、铆钉、螺栓等不另增加质量。

3. 钢桁架（项目编码：010602003）

工程内容：包括拼装，安装，探伤，补刷油漆。

项目特征：需要描述钢材品种、规格，单榀质量，安装高度，螺栓种类，探伤要求，防火要求。

工程量计算规则：按设计图示尺寸以质量计算。不扣除孔眼的质量，焊条、铆钉、螺栓等不另增加质量。

4. 钢桥架（项目编码：010602004）

工程内容：包括拼装，安装，探伤，补刷油漆。

项目特征：应描述桥架类型，钢材品种、规格，单榀质量，安装高度，螺栓种类，探伤要求。

工程量计算规则：按设计图示尺寸以质量计算。不扣除孔眼的质量，焊条、铆钉、螺栓等不另增加质量。

4.6.2.3　钢柱（编号：010603）

钢柱工程包括实腹柱、空腹柱、钢管柱3个项目。实腹柱项目适用于实腹钢柱和实腹式型钢筋混凝土柱，空腹柱项目适用于空腹钢柱和空腹型钢筋混凝土柱（由混凝土包裹型钢组成的柱称作型钢混凝土柱），钢管柱项目适用于钢管柱和钢管混凝土柱（将普通混凝土填入薄壁圆形钢管内形成的组合结构称为钢管混凝土）。

1. 实腹钢柱（项目编码：010603001）

工程内容：包括拼装，安装，探伤，补刷油漆。

项目特征：应描述柱类型，钢材品种、规格，单根柱质量，螺栓种类，探伤要求，防火要求。

工程量计算规则：按设计图示尺寸以质量计算。不扣除孔眼的质量，焊条、铆钉、螺栓等不另增加质量，依附在钢柱上的牛腿及悬臂梁等并入钢柱工程量内。

2. 空腹钢柱（项目编码：010603002）

工程内容：包括拼装，安装，探伤，补刷油漆。

项目特征：应描述柱类型，钢材品种、规格，单根柱质量，螺栓种类，探伤要求，防火要求。

工程量计算规则：按设计图示尺寸以质量计算。不扣除孔眼的质量，焊条、铆钉、螺栓等不另增加质量，依附在钢柱上的牛腿及悬臂梁等并入钢柱工程量内。

3. 钢管柱（项目编码：010603003）

工程内容：包括拼装，安装，探伤，补刷油漆。

项目特征：应描述钢材品种、规格，单根柱质量，螺栓种类，探伤要求，防火要求。

工程量计算规则：以其外接矩形面积乘厚度乘单位理论质量计算。不扣除孔眼的质量，焊条、铆钉、螺栓等不另增加质量，钢管柱上的节点板、加强环、内衬管、牛腿等并入钢管柱工程。

4.6.2.4　钢梁（编号：010604）

钢梁工程包括钢梁（010604001）、钢吊车梁（010406002）两个项目。钢梁项目适用于钢梁和实腹式型钢筋混凝土梁、空腹式型混凝土梁（指由混凝土包裹型钢而组成的梁）；钢吊车梁项目适用于钢吊车梁及吊车梁的制动梁（指吊车梁旁边承受吊车横向水平荷载的梁）、制动板、制动桁架，车挡并入钢吊车梁工程量内。

1. 钢梁（项目编码：010604001）

工程内容：包括拼装，安装，探伤，补刷油漆。

项目特征：应描述梁类型；钢材品种、规格，单根质量，螺栓种类，安装高度，探伤要求，防火要求。

工程量计算规则：按设计图示尺寸以质量计算。不扣除孔眼的质量，焊条、铆钉、螺栓等不另增加质量，制动梁、制动板、制动桁架、车挡并入钢吊车梁工程量内。

2. 钢吊车梁（项目编码：010604002）

工程内容：包括拼装，安装，探伤，补刷油漆。

项目特征：需要描述钢材品种、规格，单根质量，螺栓种类，安装高度，探伤要求，防火要求。

工程量计算规则：按设计图示尺寸以质量计算。不扣除孔眼的质量，焊条、铆钉、螺栓等不另增加质量，制动梁、制动板、制动桁架、车挡并入钢吊车梁工程量内。

4.6.2.5　钢板楼板、墙板（编号：010605）

1. 钢板楼板（项目编码：010605001）

工程内容：包括拼装，安装，探伤，补刷油漆。

项目特征：应描述钢材品种、规格，钢板厚度，螺栓种类，防火要求。

工程量计算规则：按设计图示尺寸以铺设水平投影面积计算。不扣除柱、垛及单个面积≤0.3 m² 孔洞所占面积。

2. 钢板墙板（项目编码：010605002）

工程内容：包括拼装，安装，探伤，补刷油漆。

项目特征：需要描述钢材品种、规格，钢板厚度、复合板厚度，螺栓种类，复合板夹芯材料种类、层数、型号、规格，防火要求。

工程量计算规则：按设计图示尺寸以铺挂展开面积计算。不扣除单个面积≤0.3 m² 的孔洞所占面积，包角、包边、窗台泛水等不另加面积。

4.6.2.6　钢构件（编号：010606）

1. 钢支撑、钢拉条（项目编码：010606001）

工程内容：包括拼装，安装，探伤，补刷油漆。

项目特征：应描述钢材品种、规格，构件类型，安装高度，螺栓种类，探伤要求，防火要求。

工程量计算规则：按设计图示尺寸以质量计算。不扣除孔眼切边、切肢的质量，焊条、铆钉、螺栓等不另增加质量。

2. 钢墙架（项目编码：010606005）

工程内容：包括拼装，安装，探伤，补刷油漆。

项目特征：应描述钢材品种、规格，单榀质量，螺栓种类，探伤要求，防火要求。

工程量计算规则：按设计图示尺寸以质量计算。不扣除孔眼的质量，焊条、铆钉、螺栓等不另增加质量。

3. 钢平台（项目编码：010606006）

工程内容：包括拼装，安装，探伤，补刷油漆。

项目特征：应描述钢材品种、规格，螺栓种类，防火要求。

工程量计算规则：按设计图示尺寸以质量计算。不扣除孔眼的质量，焊条、铆钉、螺栓等不另增加质量。

4. 钢梯（项目编码：010606008）

工程内容：包括拼装，安装，探伤，补刷油漆。

项目特征：应描述钢材品种、规格，钢梯形式，螺栓种类，防火要求。

工程量计算规则：按设计图示尺寸以质量计算。不扣除孔眼的质量，焊条、铆钉、螺栓等不另增加质量。

5. 钢护栏（项目编码：010606009）

工程内容：包括拼装、安装、探伤、补刷油漆。

项目特征：需要描述钢材品种、规格，防火要求。

工程量计算规则：按设计图示尺寸以质量计算。不扣除孔眼的质量，焊条、铆钉、螺栓等不另增加质量。

4.6.2.7 金属制品（编号：010607）

1. 成品空调金属百页护栏（项目编码：010607001）

工程内容：包括安装，校正，预埋铁件及安装螺栓。

项目特征：需要描述材料品种、规格，边框材质。

工程量计算规则：按设计图示尺寸以框外围展开面积计算。

2. 金属网栏（项目编码：010607004）

工程内容：包括安装，校正，安螺栓及金属立柱。

项目特征：需要描述材料品种、规格；边框及立柱型钢品种、规格。

工程量计算规则：按设计图示尺寸以框外围展开面积计算。

3. 砌块墙钢丝网加固（项目编码：010607005）

如图4.44所示，砌块墙钢丝网可以起到加固作用，提高墙体结构承载能力，工程上习惯于把不锈钢丝网、镀锌钢丝网、镀铜钢丝网、高强钢丝网等金属丝网统称为钢丝网。根据十字交叉点处纵横向钢丝的连接情况可分为编织网和电阻点焊网。通过选用不同直径、不同网孔尺寸的钢丝网以及改变钢丝网层数可达到调整网配筋率的目的。

图4.44 砌块墙体钢丝网加固

工程内容：包括铺贴，铆固。

项目特征：需要描述材料品种、规格、加固方式。

工程量计算规则：按设计图示尺寸以面积计算。

4. 后浇带金属网（项目编码：010607006）

工程内容：包括铺贴，铆固。

项目特征：需要描述材料品种、规格，加固方式。

工程量计算规则：按设计图示尺寸以面积计算。

4.6.3　工程量计算规则

（1）以"榀"计量的，按标准图设计的应注明标准图代号，按非标准图设计的项目特征必须描述单榀屋架的质量。

（2）实腹钢柱类型指十字、T、L、H形等。

（3）空腹钢柱类型指箱形、格构等。

（4）钢梁的梁类型指H、L、T形、箱形、格构式等。

（5）压型钢楼板按钢楼板项目编码列项。

（6）钢墙架项目包括墙架柱、墙架梁和连接杆件。

（7）加工铁件等小型构件，应按零星钢构件项目编码列项。

（8）抹灰钢丝网加固按本表中砌块墙钢丝网加固项目编码列项。

（9）金属构件的切边，不规则及多边形钢板发生的损耗在综合单价中考虑。

（10）防火要求指耐火极限。

4.6.4　工程量清单编制示例

【例 4.18】　如图 4.45 所示，计算柱间钢支撑工程量并编制工程量清单。已知：角钢 L75×50×6 每米理论质量为 5.68 kg/m，钢材理论质量为 7 850 kg/m^3。

图 4.45　柱间支撑示意图

解：角钢重：5.9×2（根）$\times 5.68 = 67.02$（kg）

钢板面积：$(0.05 + 0.155) \times (0.17 + 0.04) \times 4 = 0.177\,2$（m^2）

钢板质量：$0.177\,2 \times 0.008 \times 7\,850 = 10.81$（kg）

柱间支撑工程量：$67.02 + 10.81 = 77.83$（kg）

工程量清单，见表 4.33。

表 4.33　工程量清单

序号	项目编码	项目名称	项目特征	计量单位	工程数量
1	010606001001	钢支撑、钢拉条	工厂制作；运输距离 5 km；刷调和漆二道	t	0.078

【例 4.19】　某围墙需施工一钢护栏，采用现场制作安装，施工图纸如图 4.46 所示试计算其金属结构工程的工程量清单。

图 4.46　围墙护栏图

解：（1）列项目 010606009001。

（2）计算工程量。

采用的是空心型材，要计算重量可采用理论容重乘以体积。

$50 \times 50 \times 3$ 方管：

$$7.85 \times (0.05 \times 0.05 - 0.044 \times 0.044) \times 6.1 = 0.027 \text{（t）}$$

$30 \times 30 \times 1.5$ 方管：

数量 $6 \div 0.3 - 1 = 19$（根）

重量 $7.85 \times (0.03 \times 0.03 - 0.027 \times 0.027) \times 3 \times 19 = 0.077$（t）

合计 $0.027 + 0.077 = 0.104$（t）

（3）工程量清单，见表 4.34。

表 4.34　工程量清单

序号	项目编码	项目名称	项目特征	计量单位	工程数量
1	010606009001	钢护栏	（1）采山方钢管，立柱 30×30×1.5@300，横杆 50×50×3； （2）刷一遍红丹防锈漆； （3）立柱与预埋 60×60×1 钢板焊接连接	t	0.104

4.7　木结构工程清单计量

4.7.1　木结构工程基础知识

木结构工程包括木屋架、木构件和屋面木基层。

木屋架工程包括"木屋架"和"钢木屋架"2 个项目。木屋架项目适用于各种方木、圆木屋架，钢木屋架项目适用于各种方木、圆木的钢木组合屋架。

木构件工程包括木柱、木梁、木楼梯和其他木构件 4 个项目。木柱、木梁项目适用于建筑物各部位的柱、梁。木楼梯项目适用于楼梯和爬梯。其他木构件项目适用于斜撑，传统民间的垂花、花芽子、封檐板、博风板等构件，如图 4.47 所示。

图 4.47　封檐板及博风板

4.7.2　工程量清单项目

4.7.2.1　木屋架（编号：010701）

1. 木屋架（项目编码：010701001）

工程内容：包括制作，运输，安装，刷防护材料。

项目特征：需要描述跨度；材料品种、规格，刨光要求，拉杆及夹板种类，防护材料种类。

工程量计算规则：以"榀"计量，按设计图示数量计算；以 m³ 计量，按设计图示的规格尺寸以体积计算。

2. 钢木屋架（项目编码：010701002）

钢木屋架指受压杆件如上弦杆及斜杆均采用木材制作，受拉杆件如下弦杆及拉杆均采用钢材制作，拉杆一般用圆钢材料，下弦杆可以采用圆钢或型钢材料的屋架，如图 4.48 所示。

　　钢材和木材组合使用，能够有效的发挥两者的优势，起到扬长避短的作用，提高受力能力和经济效益。

图 4.48　钢木屋架

　　工程内容：包括制作，运输，安装，刷防护材料。

　　项目特征：需要描述跨度，木材品种、规格，刨光要求，钢材品种、规格，防护材料种类。

　　工程量计算规则：以"榀"计量，按设计图示数量计算。

4.7.2.2　木构件（编号：010702）

1. 木梁（项目编码：010702001）

　　工程内容：包括制作，运输，安装，刷防护材料。

　　项目特征：需要描述构件规格尺寸，木材种类，刨光要求，防护材料种类。

　　工程量计算规则：按设计图示尺寸以体积计算。

2. 木檩（项目编码：010702003）

　　工程内容：包括制作，运输，安装，刷防护材料。

　　项目特征：需要描述构件规格尺寸，木材种类，刨光要求，防护材料种类。

　　工程量计算规则：以 m^3 计量，按设计图示尺寸以体积计算；以 m 计量，按设计图示尺寸以长度计算。

3. 木楼梯（项目编码：010702004）

　　工程内容：包括制作，运输，安装，刷防护材料。

　　项目特征：需要描述楼梯形式，木材种类，刨光要求，防护材料种类。

　　工程量计算规则：按设计图示尺寸以水平投影面积计算。不扣除宽度 ≤300mm 的楼梯井，伸入墙内部分不计算。

4. 其他木构件（项目编码：010702005）

　　工程内容：包括制作，运输，安装，刷防护材料。

　　项目特征：需要描述构件名称，构件规格尺寸，木材种类，刨光要求；防护材料种类。

　　工程量计算规则：以 m^3 计量，按设计图示尺寸以体积计算；以 m 计量，按设计图示尺寸以长度计算。

4.7.2.3　屋面木基层（010703）

屋面木基层（项目编码：010703001）。

工程内容：包括椽子制作、安装，望板制作、安装，顺水条和挂瓦条制作、安装，刷防护材料。

项目特征：需要描述椽子断面尺寸及椽距，望板材料种类、厚度，防护材料种类。

工程量计算规则：按设计图示尺寸以斜面积计算。不扣除房上烟囱、风帽底座、风道、小气窗、斜沟等所占面积。小气窗的出檐部分不增加面积。

4.7.3　工程量计算规则

（1）屋架的跨度应以上、下弦中心线两交点之间的距离计算。

（2）带气楼的屋架和马尾、折角以及正交部分的半屋架，按相关屋架相目编码列项。

（3）以"榀"计量，按标准图设计，项目特征必须标注标准图代号，按非标准图设计的项目特征必须按本表要求予以描述。

（4）木楼梯的栏杆（栏板）、扶手，应按相关项目编码列项。

（5）以米计量，项目特征必须描述构件规格尺寸。

4.7.4　工程量清单编制示例

【例 4.20】　如图 4.49 所示，求方木钢屋架工程量。已知木材种类为杉木，要求露面部分抛光，刷防火漆一遍，清漆一遍。

图 4.49　方木钢屋架示意图

解：（1）列项目。

（2）计算工程量。

$$上弦工程量 = 1.2 \times 3 \times 0.06 \times 0.1 \times 2 = 0.043（m^3）$$

斜撑工程量：$1.2 \times 0.06 \times 0.05 \times 2 + 1.36 \times 0.06 \times 0.06 \times 2 = 0.017（m^3）$

合计：$0.043 + 0.017 = 0.06（m^3）$

（3）工程量清单，见表 4.35。

表 4.35 工程量清单

序号	项目编码	项目名称	项目特征	计量单位	工程数量
1	010701002001	钢木屋架	方木钢屋架； 木材种类：杉木； 刨光要求：露面部分刨光； 油漆：防火漆一遍，清漆一遍	m³	0.06

【例 4.21】 如图 4.50 所示的连续檩条屋面，檩条截面积为 80 mm × 150 mm 方檩木，计算连续檩木的工程量并编制工程量清单，檩木为 15 根。

图 4.50 连续檩条屋面示意图

解： 工程量 = 檩木截面积 × 设计长度 × 调增系数 × 根数
　　　　 = $0.08 × 0.15 × (3.30 × 3 + 0.24 + 0.52 × 2) × 1.05 × 15$
　　　　 = 2.11（m³）

序号	项目编码	项目名称	项目特征	计量单位	工程数量
1	010702003001	檩木	木材种类：杉木； 抛光要求：露面部分抛光； 截面尺寸：80 mm × 150 mm	m³	2.11

【例 4.22】 某建筑屋面采用木结构，如图 4.51 所示，屋面坡度角度为 26°34′，木板材厚 30 mm。计算封檐板、博风板工程量。

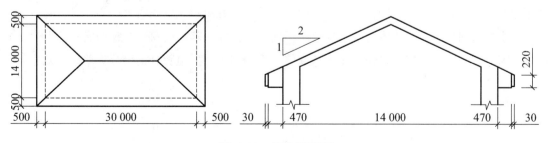

图 4.51 某建筑屋面

解：（1）列项目 010702005001、010702005002。

（2）计算工程量。

010702005001 封檐板：$(30 + 0.47 \times 2) \times 2 = 61.88$（m）

010702005002 博风板：$[14 + (0.47 + 0.03) \times 2] \times 1.118 \times 2 + 0.47 \times 4 = 35.42$（m）

（3）工程量清单，见表4.36。

表4.36 工程量清单

序号	项目编码	项目名称	项目特征	计量单位	工程数量
1	010702005001	封檐板	（1）木材种类：杉木； （2）刨光要求：露面部分刨光； （3）截面：220 mm×30 mm； （4）油漆：防火漆一遍，清漆一遍	m	61.88
2	010702005002	博风板	（1）木材种类：杉木； （2）刨光要求：露面部分刨光； （3）截面：220 mm×30 mm； （4）油漆：防火漆一遍，清漆一遍	m	35.42

4.8 门窗工程清单计量

4.8.1 门窗工程基础知识

门和窗是房屋围护结构中的两种重要构件，如图4.52、图4.53所示。门具有交通联系和分隔不同的空间（室内与室外、走道与房间或房间与房间），并兼有保温、隔声、采光、通风等功能；窗具有采光、通风、日照、眺望等功能。此外，门窗对建筑物的立面装饰效果影响极大。因此建筑师们在工程设计中，对门窗的造型、材质、尺寸、比例、位置布置等，无不进行深入的研究处理。随着建筑装饰工程的不断发展，门窗也在不断演变，从材质上看，已由过去以木材为主发展到今天的铝合金、不锈钢、彩色涂层钢板及塑料和塑钢等材料做成的各种门窗。

门窗工程包括木门，金属门，金属卷帘（闸）门，厂库房大门、特种门，其他门，木窗，金属窗，门窗套，窗台板，窗帘、窗帘盒、轨等几项。其中特种门是指与普通门窗相比具有特殊用途的门，比如防火门、防盗门、自动门、全玻门、旋转门、金属卷帘门等。

门窗按材料划分可分为木门窗、铝合金门窗、钢门窗、塑料门窗、塑钢门窗；按开启方式可分为固定窗、平开门窗、推拉门窗、地弹门、卷闸门等；按扇数分类可分为单扇、双扇、三扇、四扇及四扇以上等。

（a）单扇门　　　　　　　　　（b）双扇门

图 4.52　门示意图

（a）窗构造　　　　　　　　　（b）门构造

图 4.53　门窗构造

4.8.2　工程量清单项目

4.8.2.1　木门（编号：010801）

1. 木质门（项目编码：010801001）

工程内容：包括门安装，玻璃安装，五金安装。

项目特征：需要描述门代号及洞口尺寸，镶嵌玻璃品种、厚度。

工程量计算规则：以"樘"计量，按设计图示数量计算；以 m^2 计量，按设计图示洞口尺寸以面积计算。

2. 木质门带套（项目编码：010801002）

工程内容：门安装，玻璃安装，五金安装。

项目特征：门代号及洞口尺寸，镶嵌玻璃品种、厚度。

工程量计算规则：以"樘"计量，按设计图示数量计算；以 m^2 计量，按设计图示洞口尺寸以面积计算。

3. 木质连窗门（项目编码：010801003）

工程内容：包括门安装，玻璃安装，五金安装。

项目特征：需要描述门代号及洞口尺寸，镶嵌玻璃品种、厚度。

工程量计算规则：以"樘"计量，按设计图示数量计算；以 m^2 计量，按设计图示洞口尺寸以面积计算。

4. 木质防火门（项目编码：010801004）

工程内容：门安装，玻璃安装，五金安装。

项目特征：门代号及洞口尺寸；镶嵌玻璃品种、厚度。

工程量计算规则：以"樘"计量，按设计图示数量计算；以 m^2 计量，按设计图示洞口尺寸以面积计算。

5. 木门框（项目编码：010801005）

工程内容：包括木门框制作、安装，运输，刷防护材料。

项目特征：需要描述门代号及洞口尺寸，框截面尺寸，防护材料种类。

工程量计算规则：以"樘"计量，按设计图示数量计算；以 m^2 计量，按设计图示洞口尺寸以面积计算。

6. 门锁安装（项目编码：010801006）

工程内容：需要完成安装。

项目特征：应描述锁品种，锁规格。

工程量计算规则：按设计图示数量计算。

4.8.2.2　金属门（编号：010802）

1. 金属（塑钢）门（项目编码：010802001）

工程内容：需要完成门安装，五金安装，玻璃安装。

项目特征：应描述门代号及洞口尺寸，门框或扇外围尺寸，门框、扇材质，玻璃品种、厚度。

工程量计算规则：以"樘"计量，按设计图示数量计算；以 m^2 计量，按设计图示洞口尺寸以面积计算。

2. 彩板门（项目编码：010802002）

工程内容：需要完成门安装，五金安装，玻璃安装。

项目特征：需要描述门代号及洞口尺寸，门框或扇外围尺寸。

工程量计算规则：以"樘"计量，按设计图示数量计算；以 m^2 计量，按设计图示洞口尺寸以面积计算。

3. 钢质防火门（项目编码：010802003）

工程内容：包括门安装，五金安装，玻璃安装。

项目特征：应描述门代号及洞口尺寸，门框或扇外围尺寸，门框、扇材质。

工程量计算规则：以"樘"计量，按设计图示数量计算；以 m^2 计量，按设计图示洞口尺寸以面积计算。

4. 防盗门（项目编码：010802003）

工程内容：包括门安装，五金安装。

项目特征：应描述门代号及洞口尺寸，门框或扇外围尺寸，门框、扇材质。

工程量计算规则：以"樘"计量，按设计图示数量计算；以 m² 计量，按设计图示洞口尺寸以面积计算。

4.8.2.3 金属卷帘（闸）门（编码：010803）

1. 金属卷帘（闸）门（项目编码：010803001）

工程内容：包括门运输、安装，启动装置、活动小门、五金安装。

项目特征：需要描述门代号及洞口尺寸，门材质，启动装置品种、规格。

工程量计算规则：以"樘"计量，按设计图示数量计算；以 m² 计量，按设计图示洞口尺寸以面积计算。

2. 防火卷帘（闸）门（项目编码：010803002）

工程内容：包括门运输、安装，启动装置、活动小门、五金安装。

项目特征：需要描述门代号及洞口尺寸，门材质，启动装置品种、规格。

工程量计算规则：以"樘"计量，按设计图示数量计算；以 m² 计量，按设计图示洞口尺寸以面积计算。

以"樘"计量，项目特征必须描述洞口尺寸；以 m² 计量，项目特征可不描述洞口尺寸。

4.8.2.4 厂库房大门、特种门（编码：010804）

1. 木板大门（项目编码：010804001）

工程内容：包括门（骨架）制作、运输，门、五金配件安装，刷防护材料。

项目特征：需要描述门代号及洞口尺寸，门框或扇外围尺寸，门框、扇材质，五金种类、规格，防护材料种类。

工程量计算规则：以"樘"计量，按设计图示数量计算；以 m² 计量，按设计图示洞口尺寸以面积计算。

2. 钢木大门（项目编码：010804002）

工程内容：包括门（骨架）制作、运输，门、五金配件安装，刷防护材料。

项目特征：需要描述门代号及洞口尺寸，门框或扇外围尺寸，门框、扇材质，五金种类、规格；防护材料种类。

工程量计算规则：以"樘"计量，按设计图示数量计算；以 m² 计量，按设计图示洞口尺寸以面积计算。

3. 全钢板大门（项目编码：010804003）

工程内容：应完成门（骨架）制作、运输，门、五金配件安装，刷防护材料。

项目特征：需要描述门代号及洞口尺寸，门框或扇外围尺寸，门框、扇材质，五金种类、规格，防护材料种类。

工程量计算规则：以"樘"计量，按设计图示数量计算；以 m^2 计量，按设计图示门框或扇以面积计算。

4. 防护铁丝门（项目编码：010804004）

工程内容：包括门（骨架）制作、运输，门、五金配件安装，刷防护材料。

项目特征：需要描述门代号及洞口尺寸，门框或扇外围尺寸，门框、扇材质，五金种类、规格，防护材料种类。

工程量计算规则：以"樘"计量，按设计图示数量计算；以 m^2 计量，按设计图示门框或扇以面积计算。

5. 金属格栅门（项目编码：010804005）

工程内容：包括门安装，启动装置、五金配件安装。

项目特征：需要描述门代号及洞口尺寸，门框或扇外围尺寸，门框、扇材质，启动装置的品种、规格。

工程量计算规则：以"樘"计量，按设计图示数量计算；以 m^2 计量，按设计图示洞口尺寸以面积计算。

6. 钢质花饰大门（项目编码：010804006）

工程内容：包括门安装，五金配件安装。

项目特征：应描述门代号及洞口尺寸，门框或扇外围尺寸，门框、扇材质。

工程量计算规则：以"樘"计量，按设计图示数量计算；以 m^2 计量，按设计图示门框或扇以面积计算。

7. 特种门（项目编码：010804007）

工程内容：需要完成门安装，五金配件安装。

项目特征：应描述门代号及洞口尺寸，门框或扇外围尺寸，门框、扇材质。

工程量计算规则：以"樘"计量，按设计图示数量计算；以 m^2 计量，按设计图示洞口尺寸以面积计算。

4.8.2.5　其他门（编码：010805）

1. 电子感应门（项目编码：010805001）

工程内容：包括门安装，启动装置、五金、电子配件安装。

项目特征：应描述门代号及洞口尺寸，门框或扇外围尺寸，门框、扇材质，玻璃品种、厚度，启动装置的品种、规格，电子配件品种、规格。

工程量计算规则：以"樘"计量，按设计图示数量计算，以 m^2 计量，按设计图示洞口尺寸以面积计算。

2. 旋转门（项目编码：010805002）

工程内容：包括门安装，启动装置、五金、电子配件安装。

项目特征：应描述门代号及洞口尺寸，门框或扇外围尺寸，门框、扇材质，玻璃品种、厚度，启动装置的品种、规格，电子配件品种、规格。

工程量计算规则：以"樘"计量，按设计图示数量计算，以 m^2 计量，按设计图示洞口尺寸以面积计算。

3. 电子对讲门（项目编码：010805003）

工程内容：包括门安装，启动装置、五金、电子配件安装。

项目特征：需要完成门代号及洞口尺寸，门框或扇外围尺寸，门材质，玻璃品种、厚度，启动装置的品种、规格，电子配件品种、规格。

工程量计算规则：以"樘"计量，按设计图示数量计算；以 m^2 计量，按设计图示洞口尺寸以面积计算。

4. 电动伸缩门（项目编码：010805004）

工程内容：包括门安装，启动装置、五金、电子配件安装。

项目特征：需要完成门代号及洞口尺寸，门框或扇外围尺寸，门材质，玻璃品种、厚度，启动装置的品种、规格，电子配件品种、规格。

工程量计算规则：以"樘"计量，按设计图示数量计算；以 m^2 计量，按设计图示洞口尺寸以面积计算。

5. 全玻自由门（项目编码：010805005）

工程内容：包括门安装，五金安装。

项目特征：需要完成门代号及洞口尺寸，门框或扇外围尺寸，框材质，玻璃品种、厚度。

工程量计算规则：以"樘"计量，按设计图示数量计算；以 m^2 计量，按设计图示洞口尺寸以面积计算。

6. 镜面不锈钢饰面门（项目编码：010805006）

工程内容：包括门安装，五金安装。

项目特征：需要描述门代号及洞口尺寸，门框或扇外围尺寸，框、扇材质，玻璃品种、厚度。

工程量计算规则：以"樘"计量，按设计图示数量计算；以 m^2 计量，按设计图示洞口尺寸以面积计算。

7. 复合材料门（项目编码：010805007）

工程内容：包括门安装，五金安装。

项目特征：需要描述门代号及洞口尺寸，门框或扇外围尺寸，框、扇材质，玻璃品种、厚度。

工程量计算规则：以"樘"计量，按设计图示数量计算；以 m^2 计量，按设计图示洞口尺寸以面积计算。

以"樘"计量，项目特征必须描述洞口尺寸，没有洞口尺寸必须描述门框或扇外围尺寸；以 m^2 计量，项目特征可不描述洞口尺寸及框、扇的外围尺寸；以 m^2 计量，无设计图示洞口尺寸，按门框、扇外围以面积计算。

4.8.2.6　木窗（编码：010806）

1. 木质窗（项目编码：010806001）

工程内容：包括窗安装，五金、玻璃安装。

项目特征：需要描述窗代号及洞口尺寸，玻璃品种、厚度。

工程量计算规则：以"樘"计量，按设计图示数量计算；以 m² 计量，按设计图示洞口尺寸以面积计算。

2. 木飘（凸）窗（项目编码：010806002）

工程内容：包括窗制作，运输，安装五金，玻璃安装刷防护材料。

项目特征：需要描述窗代号及洞口尺寸，玻璃品种、厚度。

工程量计算规则：以"樘"计量，按设计图示数量计算；以 m² 计量，按设计图示尺寸以框外围展开面积计算。

3. 木橱窗（项目编码：010806003）

工程内容：包括窗制作，运输，安装五金，玻璃安装刷防护材料。

项目特征：应描述窗代号，框截面及外围展开面积，玻璃品种、厚度，防护材料种类。

工程量计算规则：以"樘"计量，按设计图示数量计算；以 m² 计量，按设计图示尺寸以框外围展开面积计算。

4. 木纱窗（项目编码：010806004）

工程内容：包括窗安装，五金安装。

项目特征：应描述窗代号及洞口尺寸，窗纱材料品种、规格。

工程量计算规则：以"樘"计量，按设计图示数量计算，以 m² 计量，按框的外围尺寸以面积计算。

4.8.2.7　金属窗（编码：010807）

1. 金属（塑钢、断桥）窗（项目编码：010807001）

工程内容：包括窗安装，五金、玻璃安装。

项目特征：需要描述窗代号及洞口尺寸，框、扇材质，玻璃品种、厚度。

工程量计算规则：以"樘"计量，按设计图示数量计算；以 m² 计量，按设计图示洞口尺寸以面积计算。

2. 金属防火窗（项目编码：010807002）

工程内容：包括窗安装，五金、玻璃安装。

项目特征：需要描述窗代号及洞口尺寸，框、扇材质，玻璃品种、厚度。

工程量计算规则：以"樘"计量，按设计图示数量计算；以 m² 计量，按设计图示洞口尺寸以面积计算。

3. 金属百叶窗（项目编码：010807003）

工程内容：包括窗安装，五金安装。

项目特征：应描述窗代号及洞口尺寸，框、扇材质，玻璃品种、厚度。

工程量计算规则：以"樘"计量，按设计图示数量计算；以 m² 计量，按设计图示洞口尺寸以面积计算。

4. 金属纱窗（项目编码：010807004）

工程内容：包括窗安装，五金安装。

项目特征：应描述窗代号及洞口尺寸，框材质，窗纱材料品种、规格。

工程量计算规则：以"樘"计量，按设计图示数量计算；以 m^2 计量，按框的外围尺寸以面积计算。

5. 金属（塑钢、断桥）橱窗（项目编码：010807006）

工程内容：包括窗制作、运输、安装，五金、玻璃安装，刷防护材料。

项目特征：需要描述窗代号，框外围展开面积，框、扇材质，玻璃品种、厚度，防护材料种类。

工程量计算规则：以"樘"计量，按设计图示数量计算；以 m^2 计量，按设计图示尺寸以框外围展开面积计算。

4.8.2.8 门窗套（编码：010808）

1. 木门窗套（项目编码：010808001）

工程内容：包括清理基层，底层抹灰，立筋制作、安装，基层板安装，面层铺贴，线条安装，刷防护材料。

项目特征：应描述窗代号及洞口尺寸，门窗套展开宽度，基层材料种类，面层材料品种、规格，线条品种、规格，防护材料种类。

工程量计算规则：以"樘"计量，按设计图示数量计算；以 m^2 计量，按设计图示尺寸以展开面积计算；以 m 计量，按设计图示中心以延长米计算。

2. 金属门窗套（项目编码：010808004）

工程内容：包括清理基层，立筋制作、安装，基层板安装，面层铺贴，刷防护材料。

项目特征：需要描述窗代号及洞口尺寸，门窗套展开宽度，基层材料种类，面层材料品种、规格，防护材料种类。

工程量计算规则：以"樘"计量，按设计图示数量计算；以 m^2 计量，按设计图示尺寸以展开面积计算；以 m 计量，按设计图示中心以延长米计算。

3. 门窗木贴脸（项目编码：010808006）

工程内容：需要完成安装。

项目特征：需要描述门窗代号及洞口尺寸，贴脸板宽度；防护材料种类。

工程量计算规则：以"樘"计量，按设计图示数量计算；以 m 计量，按设计图示尺寸以延长米计算。

4. 成品木门窗套（项目编码：010808007）

工程内容：包括清理基层，立筋制作、安装，板安装。

项目特征：需要描述窗代号及洞口尺寸；门窗套展开宽度；门窗套材料品种、规格。

工程量计算规则：以"樘"计量，按设计图示数量计算；以 m^2 计量，按设计图示尺寸以展开面积计算；以 m 计量，按设计图示中心以延长米计算。

4.8.2.9　窗台板（编码：010809）

1. 木窗台板（项目编码：010809001）

工程内容：包括基层清理，基层制作、安装，窗台板制作、安装，刷防护材料。

项目特征：需要描述基层材料种类，窗台面板材质、规格、颜色，防护材料种类。

工程量计算规则：按设计图示尺寸以展开面积计算。

2. 铝塑窗台板（项目编码：010809002）

工程内容：包括基层清理，基层制作、安装，窗台板制作、安装，刷防护材料。

项目特征：需要描述基层材料种类，窗台面板材质、规格、颜色，防护材料种类。

工程量计算规则：按设计图示尺寸以展开面积计算。

3. 金属窗台板（项目编码：010809003）

工程内容：包括基层清理，基层制作、安装，窗台板制作、安装，刷防护材料。

项目特征：需要描述基层材料种类，窗台面板材质、规格、颜色，防护材料种类。

工程量计算规则：按设计图示尺寸以展开面积计算。

4. 石材窗台板（项目编码：010809004）

工程内容：包括基层清理，抹找平层，窗台板制作、安装。

项目特征：需要描述粘结层厚度、砂浆配合比，窗台板材质、规格、颜色。

工程量计算规则：按设计图示尺寸以展开面积计算。

4.8.3　工程量计算规则

（1）木质门应区分镶板木门、企口木板门、实木装饰门、胶合板门、夹板装饰门、木纱门、全玻门（带木质扇框）、木质半玻门（带木质扇框）等项目，分别编码列项。

（2）木门五金应包括：折页、插销、门碰珠、弓背拉手、搭机、木螺丝、弹簧折页（自动门）、管子拉手（自由门、地弹门）、地弹簧（地弹门）、角铁、门轧头（地弹门、自由门）等。

（3）木质门带套计量按洞口尺寸以面积计算，不包括门套的面积，但门套应计算在综合单价中。

（4）木门以"樘"计量，项目特征必须描述洞口尺寸；以 m^2 计量，项目特征可不描述洞口尺寸。

（5）金属门应区分金属平开门、金属推拉门、金属地弹门、全玻门（带金属扇框）、金属半玻门（带扇框）等项目，分别编码列项。

（6）铝合金门五金包括：地弹簧、门锁、拉手、门插、门铰、螺丝等。

（7）金属门五金包括 L 形执手插锁（双舌）、执手锁（单舌）、门轧头、地锁、防盗门机、门眼（猫眼）、门碰珠、电子锁（磁卡锁）、闭门器、装饰拉手等。

（8）金属门以"樘"计量，项目特征必须描述洞口尺寸，没有洞口尺寸必须描述门框或扇外围尺寸；以 m^2 计量，项目特征可不描述洞口尺寸及框、扇的外围尺寸；以 m^2 计量，无设计图示洞口尺寸，按门框、扇外围以面积计算。

（9）特种门应区分冷藏门、冷冻间门、保温门、变电室门、隔音门、防射电门、人防门、金库门等项目，分别编码列项。

（10）特种门以"樘"计量，项目特征必须描述洞口尺寸，没有洞口尺寸必须描述门框或扇外围尺寸；以 m^2 计量，项目特征可不描述洞口尺寸及框、扇的外围尺寸；以 m^2 计量，无设计图示洞口尺寸，按门框、扇外围以面积计算。

（11）其他门以"樘"计量，项目特征必须描述洞口尺寸，没有洞口尺寸必须描述门框或扇外围尺寸；以 m^2 计量，项目特征可不描述洞口尺寸及框、扇的外围尺寸；以 m^2 计量，无设计图示洞口尺寸，按门框、扇外围以面积计算。

（12）木质窗应区分木百叶窗、木组合窗、木天窗、木固定窗、木装饰空花窗等项目，分别编码列项。

（13）木窗以"樘"计量，项目特征必须描述洞口尺寸，没有洞口尺寸必须描述窗框外围尺寸；以 m^2 计量，项目特征可不描述洞口尺寸及框的外围尺寸；以 m^2 计量，无设计图示洞口尺寸，按窗框外围以面积计算。

（14）木橱窗、木飘（凸）窗以"樘"计量，项目特征必须描述框截面及外围展开面积。

（15）木窗五金包括：折页、插销、风钩、木螺丝、滑楞滑轨（推拉窗）等。

（16）金属窗应区分金属组合窗、防盗窗等项目，分别编码列项。

（17）金属窗以"樘"计量，项目特征必须描述洞口尺寸，没有洞口尺寸必须描述窗框外围尺寸，以平方米计量，项目特征可不描述洞口尺寸及框的外围尺寸。以平方米计量，无设计图示洞口尺寸，按窗框外围以面积计算。

（18）金属橱窗、飘（凸）窗以"樘"计量，项目特征必须描述框外围展开面积。

（19）金属窗中铝合金窗五金应包括：卡锁、滑轮、铰拉、执手、拉把、拉手、风撑、角码、牛角制等。

4.8.4 工程量清单编制示例

【例4.23】 金属卷闸门安装按洞口高度增加600 mm乘以门实际宽度，以"m^2"计算。电动装置安装以"套"计算，小门安装以"个"计算。根据图4.54所示，根据已知尺寸，计算卷闸门工程量并编制清单。

图4.54 金属卷闸门示意图

解：工程量 $S = 3.2 \times (3.6 + 0.6) = 13.44$（$m^2$）

工程量清单，见表 4.37。

表 4.37   工程量清单

序号	项目编码	项目名称	项目特征	计量单位	工程数量
1	010803001001	金属卷帘（闸）门	洞口尺寸 3 200 mm×3 600 mm；铝合金；电动装置启动	m	55.77

【**例 4.24**】   某工程施工图如图 4.55 所示，该房屋门、窗的工程做法及洞口尺寸见表 4.38。试编制门窗工程工程量清单。

图 4.55

表 4.38   工程做法表

部位	工程做法
M1	防盗门 门类型：成品防盗门； 门材料种类、规格及外围尺寸：钢材、成品，1 000 mm×2 400 mm
M2	夹板装饰门 门类型：单扇红榉装饰木门； 门材质及外围尺寸：木龙骨基层，细木工板 9 mm 厚面饰红榉面板，900 mm×2 100 mm
C1	铝合金推拉窗 窗类型：双扇推拉窗，带上亮； 材料种类及外围尺寸：铝合金，1 800 mm×2 100 mm

解：（1）计算工程量防盗门。

M1 的清单工程量 = 1（樘）

M2 的清单工程量 = 2（樘）

C1 的清单工程量 = 1（樘）

（2）门窗装饰装修工程量清单的编制，见表 4.39。

表 4.39 门窗工程工程量清单

工程名称：某建筑物

序号	项目编码	项目名称	项目特征	计量单位	工程数量
1	010802004001	防盗门	成品防盗门；钢材、成品，1 000 mm×2 400 mm	樘	1
2	010801001001	夹板装饰门	单扇红榉装饰木门；木龙骨基层，细木工板9 mm 厚面饰红榉面板，900 mm×2 100 mm	樘	2
3	010802001001	铝合金推拉窗	双扇推拉窗，带上亮；铝合金，1 800 mm×1 800 mm	樘	5

4.9 屋面及防水工程清单计量

4.9.1 屋面及防水工程基础知识

屋面是指屋顶的表面层，屋面工程一般由保温层、找坡层、找平层、防水层、屋面排水等项目组成。由于屋面直接受大自然的侵袭，所以屋顶的面层材料要有很好的防水性能，并耐大自然的长期侵蚀。

屋面防水包括屋面卷材防水，屋面涂膜防水，屋面刚性防水这三类。卷材防水屋面是用胶结材料粘结卷材进行防水的屋面，能适应一定程度的结构振动和胀缩变形，所用卷材有传统的沥青防水卷材、高聚物改性沥青防水卷材和合成高分子防水卷材等三大系列；涂膜防水屋面是在屋面基层上涂刷防水涂料，经固化后形成一层有一定厚度和弹性的整体涂膜，从而达到防水目的的一种防水屋面形式；采用混凝土浇捣而成的屋面防水层叫刚性防水屋面，在混凝土中掺入膨胀剂、减水剂、防水剂等外加剂，使浇筑后的混凝土细致密实，水分子难以通过，从而达到防水的目的。图 4.56 所示为两种常见的屋面防水方式。

（a）正置式屋面防水

（b）倒置式屋面防水

图 4.56　屋面防水

　　防水工程包括楼地面、墙基、墙身、构筑物、水池、水塔、室内厕所、浴室等防水，及建筑物 ± 0.000 以下的防水、防潮工程。图 4.57 所示为墙面防水示意图。

图 4.57　墙面防水

4.9.2　工程量清单项目

4.9.2.1　瓦、型材及其他屋面（编号：010901）

1. 瓦屋面（项目编码：010901001）

工程内容：包括砂浆制作、运输、摊铺、养护，安瓦、作瓦脊。

项目特征：需要描述瓦品种、规格，粘结层砂浆的配合比。

工程量计算规则：按设计图示尺寸以斜面积计算。不扣除房上烟囱、风帽底座、风道、小气窗、斜沟等所占面积。小气窗的出檐部分不增加面积。

2. 型材屋面（项目编码：010901002）

工程内容：包括檩条制作、运输、安装，屋面型材安装，接缝、嵌缝。

项目特征：需要描述型材品种、规格，金属檩条材料品种、规格，接缝、嵌缝材料种类。

工程量计算规则：按设计图示尺寸以斜面积计算。不扣除房上烟囱、风帽底座、风道、小气窗、斜沟等所占面积。小气窗的出檐部分不增加面积。

3. 阳光板屋面（项目编码：010901003）

工程内容：包括骨架制作、运输、安装、刷防护材料、油漆，阳光板安装，接缝、嵌缝。

项目特征：需要描述阳光板品种、规格，骨架材料品种、规格，接缝、嵌缝材料种类；油漆品种、刷漆遍数。

工程量计算规则：按设计图示尺寸以斜面积计算。不扣除屋面面积 $\leqslant 0.3 \ m^2$ 孔洞所占面积。

4. 玻璃钢屋面（项目编码：010901004）

工程内容：包括骨架制作、运输、安装、刷防护材料、油漆，玻璃钢制作、安装，接缝、嵌缝。

目特征：需要描述玻璃钢品种、规格，骨架材料品种、规格，玻璃钢固定方式；接缝、嵌缝材料种类，油漆品种、刷漆遍数。

工程量计算规则：按设计图示尺寸以斜面积计算。不扣除屋面面积 $\leqslant 0.3 \ m^2$ 孔洞所占面积。

5. 膜结构屋面（项目编码：010901005）

工程内容：包括膜布热压胶接；支柱（网架）制作、安装，膜布安装，穿钢丝绳、锚头锚固，锚固基座挖土、回填；刷防护材料，油漆。

项目特征：需要描述膜布品种、规格，支柱（网架）钢材品种、规格，钢丝绳品种、规格，锚固基座做法，油漆品种、刷漆遍数。

工程量计算规则：按设计图示尺寸以需要覆盖的水平投影面积计算。

4.9.2.2　屋面防水及其他（编号：010902）

1. 屋面卷材防水（项目编码：010902001）

工程内容：包括基层处理，刷底油，铺油毡卷材、接缝。

项目特征：需要描述卷材品种、规格、厚度，防水层数，防水层做法。

工程量计算规则：按设计图示尺寸以面积计算。斜屋顶（不包括平屋顶找坡）按斜面积计算，平屋顶按水平投影面积计算。不扣除房上烟囱、风帽底座、风道、屋面小气窗和斜沟所占面积。屋面的女儿墙、伸缩缝和天窗等处的弯起部分，并入屋面工程量内。

2. 屋面涂膜防水（项目编码：010902002）

工程内容：包括基层处理，刷基层处理剂，铺布、喷涂防水层。

项目特征：需要描述防水膜品种，涂膜厚度、遍数，增强材料种类。

工程量计算规则：按设计图示尺寸以面积计算。斜屋顶（不包括平屋顶找坡）按斜面积计算，平屋顶按水平投影面积计算。不扣除房上烟囱、风帽底座、风道、屋面小气窗和斜沟所占面积。屋面的女儿墙、伸缩缝和天窗等处的弯起部分，并入屋面工程量内。

3. 屋面刚性层（项目编码：010902003）

工程内容：包括基层处理，混凝土制作、运输、铺筑、养护，钢筋制作。

项目特征：需要描述刚性层厚度；混凝土种类，混凝土强度等级，嵌缝材料种类；钢筋规格、型号。

工程量计算规则：按设计图示尺寸以面积计算。不扣除房上烟囱、风帽底座、风道等所占面积。

4. 屋面排水管（项目编码：010902004）

工程内容：包括排水管及配件安装、固定，雨水斗、山墙出水口、雨水篦子安装，接缝、嵌缝，刷漆。

项目特征：需要描述排水管品种、规格，雨水斗、山墙出水口品种、规格，接缝、嵌缝材料种类，油漆品种、刷漆遍数。

工程量计算规则：按设计图示尺寸以长度计算。如设计未标注尺寸，以檐口至设计室外散水上表面垂直距离计算。

5. 屋面排（透）气管（项目编码：010902005）

工程内容：包括排（透）气管及配件安装、固定，铁件制作、安装，接缝、嵌缝，刷漆。

项目特征：需要描述排（透）气管品种、规格，接缝、嵌缝材料种类，油漆品种、刷漆遍数。

工程量计算规则：按设计图示尺寸以长度计算。

6. 屋面（廊、阳台）吐水管（项目编码：010902006）

工程内容：包括吐水管及配件安装、固定，接缝、嵌缝，刷漆。

项目特征：需要描述吐水管品种、规格，接缝、嵌缝材料种类，吐水管长度，油漆品种、刷漆遍数。

工程量计算规则：按设计图示数量计算。

7. 屋面天沟、檐沟（项目编码：010902007）

工程内容：包括天沟材料铺设，天沟配件安装，接缝、嵌缝，刷防护材料。

项目特征：需要描述材料品种、规格，接缝、嵌缝材料种类。

工程量计算规则：按设计图示尺寸以展开面积计算。

8. 屋面变形缝（项目编码：010902008）

工程内容：包括清缝，填塞防水材料，止水带安装，盖缝制作、安装，刷防护材料。

项目特征：需要描述嵌缝材料种类，止水带材料种类，盖缝材料，防护材料种类。

工程量计算规则：按设计图示以长度计算。

4.9.2.3　墙面防水（编号：010903）

1. 墙面卷材防水（项目编码：010903001）

工程内容：包括基层处理，刷粘结剂，铺防水卷材，接缝、嵌缝。

项目特征：需要描述卷材品种、规格、厚度，防水层数，防水层做法。

工程量计算规则：按设计图示尺寸以面积计算。

2. 墙面涂膜防水（项目编码：010903002）

工程内容：包括基层处理，刷基层处理剂，铺布、喷涂防水层。

项目特征：需要描述防水膜品种，涂膜厚度、遍数，增强材料种类。

工程量计算规则：按设计图示尺寸以面积计算。

3. 墙面砂浆防水（防潮）（项目编码：010903003）

工程内容：包括基层处理，挂钢丝网片，设置分格缝，砂浆制作、运输、摊铺、养护。

项目特征：需要描述防水层做法，砂浆厚度、配合比，钢丝网规格。

工程量计算规则：按设计图示尺寸以面积计算。

4. 墙面变形缝（项目编码：010903004）

工程内容：包括清缝，填塞防水材料，止水带安装，盖缝制作、安装，刷防护材料。

项目特征：需要描述嵌缝材料种类，止水带材料种类，盖缝材料，防护材料种类。

工程量计算规则：按设计图示以长度计算。

4.9.2.4　楼（地）面防水、防潮（编号：010904）

1. 楼（地）面卷材防水（项目编码：010904001）

工程内容：包括基层处理抹找平层，刷粘结剂，铺防水卷材，铺保护层接缝、嵌缝。

项目特征：需要描述卷材品种、规格、厚度，防水层数，防水层做法，反边高度。

工程量计算规则：按设计图示尺寸以面积计算。楼（地）面防水：按主墙间净空面积计算，扣除凸出地面的构筑物、设备基础等所占面积，不扣除间壁墙及柱、垛、烟囱和单个面积 $\leq 0.3 \ \mathrm{m^2}$ 孔洞所占面积。楼（地）面防水反边高度 $\leq 300 \ \mathrm{mm}$ 算作地面防水，反边高度 $> 300 \ \mathrm{mm}$ 算作墙面防水。

2. 楼（地）面涂膜防水（项目编码：010904002）

工程内容：包括基层处理抹找平层，刷基层处理剂，铺布、喷涂防水层。

项目特征：需要描述防水膜品种，涂膜厚度、遍数，增强材料种类，反边高度。

工程量计算规则：按设计图示尺寸以面积计算。楼（地）面防水：按主墙间净空面积计算，扣除凸出地面的构筑物、设备基础等所占面积，不扣除间壁墙及柱、垛、烟囱和单个面积 $\leq 0.3 \ \mathrm{m^2}$ 孔洞所占面积。楼（地）面防水反边高度 $\leq 300 \ \mathrm{mm}$ 算作地面防水，反边高度 $> 300 \ \mathrm{mm}$ 算作墙面防水。

3. 楼（地）面砂浆防水（防潮）（项目编码：010904003）

工程内容：包括基层处理挂钢丝网片，设置分格缝，砂浆制作、运输、摊铺、养护。

项目特征：需要描述防水层做法，砂浆厚度、配合比，反边高度。

工程量计算规则：按设计图示尺寸以面积计算。楼（地）面防水：按主墙间净空面积计算，扣除凸出地面的构筑物、设备基础等所占面积，不扣除间壁墙及柱、垛、烟囱和单个面积 $\leq 0.3 \ \mathrm{m^2}$ 孔洞所占面积。楼（地）面防水反边高度 $\leq 300 \ \mathrm{mm}$ 算作地面防水，反边高度 $> 300 \ \mathrm{mm}$ 算作墙面防水。

4. 楼（地）面变形缝（项目编码：010904004）

工程内容：包括清缝，填塞防水材料，止水带安装，盖缝制作、安装，刷防护材料。

项目特征：需要描述嵌缝材料种类，止水带材料种类，盖缝材料，防护材料种类。

工程量计算规则：按设计图示以长度计算。

4.9.3　工程量计算规则

（1）瓦屋面，若是在木基层上铺瓦，项目特征不必描述粘结层砂浆的配合比，瓦屋面铺防水层，按屋面防水及其他中相关项目编码列项。

（2）型材屋面、阳光板屋面、玻璃钢屋面的柱、梁、屋架，按金属结构工程、木结构工程中相关项目编码列项。

（3）屋面刚性层无钢筋，其钢筋项目特征不必描述。

（4）屋面找平层按楼地面装饰工程"平面砂浆找平层"项目编码列项。

（5）屋面防水搭接及附加层用量不另行计算，在综合单价中考虑。

（6）屋面保温找坡层按保温、隔热、防腐工程保温隔热屋编码列项。

（7）屋面防水搭接及附加层用量不另行计算，在综合单价中考虑。

（8）屋面保温找坡层按本保温、隔热、防腐工程"保温隔热屋面"项目编码列项。

（9）墙面防水搭接及附加层用量不另行计算，在综合单价中考虑。

（10）墙面变形缝，若做双面，工程量乘系数2。

（11）墙面找平层按墙、柱面装饰与隔断工程"立面砂浆找平层"项目编码列项。

（12）楼（地）面防水找平层按楼地面装饰工程"平面砂浆找平层"项目编码列项。

（13）楼（地）面防水搭接及附加层用量不另行计算，在综合单价中考虑。

4.9.4　工程量清单编制示例

【例4.25】　图4.58所示的屋面黏土平瓦规格为420 mm×332 mm，单价为0.8元/块，长向搭接75 mm，宽向搭接32 mm，脊瓦规格为432 mm×228 mm，长向搭接75 mm，单价2.0元/块。计算瓦屋面工程的工程量清单。

图4.58　屋面木基层

解：（1）列项目 010901001001。

（2）计算工程量：

瓦屋面工程量：$(16.24 + 2 \times 0.37) \times (9.24 + 2 \times 0.37) \times 1.118 = 189.46$（m^2）

（3）工程量清单，见表 4.40。

表 4.40　工程量清单

序号	项目编码	项目名称	项目特征	计量单位	工程数量
1	010901001001	瓦屋面	（1）瓦：黏土瓦 420 mm×332 mm，长向搭接 75 mm，宽向搭接 32 mm，脊瓦 432 mm×228 mm、长向搭接 75 mm； （2）基层：方木檩条 120 mm×180 mm@1 m（托木 120 mm×120 mm×240 mm）；椽子 40 mm×60 mm@0.4 m；挂瓦条 30 mm×30 mm@0.33 m；三角木 60 mm×75 mm 对开； （3）木材材质：杉木	m^2	189.46

【例 4.26】　某屋面设计如图 4.59 所示。根据图示条件计算屋面防水相应项目工程量并编制工程量清单。

图 4.59　屋面做法示意图

解：（1）列项目 010902001001。

（2）计算工程量：

屋面卷材防水按设计图示尺寸以水平面积计算，得

$$S = (50.8 + 0.6 \times 2) \times (12.8 + 0.6 \times 2) = 728 \text{（m}^2\text{）}$$

（3）工程量清单，见表 4.41。

表 4.41　工程量清单

序号	项目编码	项目名称	项目特征	计量单位	工程数量
1	010902001001	屋面卷材防水	二黏三油一砂防水层；20 mm 厚 1：3 水泥砂浆找平层；100 mm 厚加气混凝土保温层	m^2	728

【例 4.27】　如图 4.60 所示编制地面防水（二毡三油）工程量清单。

图 4.60　地面防水

解：（1）列项目 010904001001。

（2）计算工程量：

二毡三油平面：

$$(7.2 - 0.24) \times (4.0 - 0.24) + (3.6 - 0.24) \times (4.0 - 0.24) = 38.80（\text{m}^2）$$

二毡三油立面：

$$0.36 \times [(7.2 + 3.6 - 0.48) \times 2 + (4.0 - 0.24) \times 4] = 12.84（\text{m}^2）$$

合计：$38.80 + 12.84 = 51.64（\text{m}^2）$

（3）工程量清单，见表 4.42。

表 4.42　工程量清单

序号	项目编码	项目名称	项目特征	计量单位	工程数量
1	010904001001	楼（地）面卷材防水	二粘三油防水；15 mm 厚 1∶3 水泥砂浆	m²	728

4.10　保温、隔热、防腐工程清单计量

4.10.1　保温、隔热、防腐工程基础知识

保温隔热是建筑节能中重要的组成部分，主要包括保温隔热屋面，保温隔热天棚，保温隔热墙保温柱、梁，隔热楼地面，其他保温隔热 6 个分项工程。

（a）正置式屋面保温隔热构造

（b）倒置式屋面保温隔热构造

图 4.61　屋面保温构造

防腐面层包括防腐混凝土面层，防腐砂浆面层，防腐胶泥面层，玻璃钢防腐面层，池、槽块料防腐面层。

其他防腐包括：隔离层，砌筑沥青浸渍砖，防腐涂料 3 项。

4.10.2　工程量清单项目

4.10.2.1　隔热、保温（编号：011001）

1. 保温隔热屋面（项目编码：011001001）

工程内容：包括基层清理，刷粘结材料，铺粘保温层，铺、刷（喷）防护材料。

项目特征：应描述保温隔热材料品种、规格、厚度，隔气层材料品种、厚度，粘结材料种类、做法；防护材料种类、做法。

工程量计算规则：按设计图示尺寸以面积计算。扣除面积 $> 0.3 \text{ m}^2$ 孔洞及占位面积。

2. 保温隔热天棚（项目编码：011001002）

工程内容：包括基层清理，刷粘结材料，铺粘保温层，铺、刷（喷）防护材料。

项目特征：应描述保温隔热面层材料品种、规格、性能，保温隔热材料品种、规格及厚度，粘结材料种类及做法，防护材料种类及做法。

工程量计算规则：按设计图示尺寸以面积计算。扣除面积 $> 0.3 \text{ m}^2$ 上柱、垛、孔洞所占面积，计算并入天棚工作量内。

3. 保温隔热墙面（项目编码：011001003）

工程内容：包括基层清理，刷界面剂，安装龙骨，填贴保温材料，保温板安装，粘贴面层，铺设增强格网、抹抗裂、防水砂浆面层，嵌缝，铺、刷（喷）防护材料。

项目特征：应描述保温隔热部位，保温隔热方式，踢脚线、勒脚线保温做法，龙骨材料品种、规格，保温隔热面层材料品种、规格、性能，保温隔热材料品种、规格及厚度，增强网及抗裂防水砂浆种类，粘结材料种类及做法，防护材料种类及做法。

工程量计算规则：按设计图示尺寸以面积计算。扣除门窗洞口以及面积 $> 0.3 \text{ m}^2$ 梁、孔洞所占面积；门窗洞口侧壁需作保温时，并入保温墙体工程量内。

4. 保温柱、梁（项目编码：011001004）

工程内容：包括基层清理，刷界面剂，安装龙骨，填贴保温材料，保温板安装，粘贴面层，铺设增强格网、抹抗裂、防水砂浆面层，嵌缝，铺、刷（喷）防护材料。

项目特征：应描述保温隔热部位，保温隔热方式，踢脚线、勒脚线保温做法，龙骨材料品种、规格，保温隔热面层材料品种、规格、性能，保温隔热材料品种、规格及厚度，增强网及抗裂防水砂浆种类，粘结材料种类及做法，防护材料种类及做法。

工程量计算规则：按设计图示尺寸以面积计算。柱按设计图示柱断面保温层中心线展开长度乘保温层高度以面积计算，扣除面积 $> 0.3 \text{ m}^2$ 梁所占面积；梁按设计图示梁断面保温层中心线展开长度乘保温层长度以面积计算。

5. 保温隔热楼地板（项目编码：011001005）

工程内容：包括基层清理，刷粘结材料，铺粘保温层，铺、刷（喷）防护材料。

项目特征：应描述保温隔热部位，保温隔热材料品种、规格、厚度，隔气层材料品种、厚度，粘结材料种类、做法，防护材料种类、做法。

工程量计算规则：按设计图示尺寸以面积计算。扣除面积 > 0.3 m² 柱、垛、孔洞所占面积。

6. 其他保温隔热（项目编码：011001006）

工程内容：包括基层清理，刷界面剂，安装龙骨，填贴保温材料，保温板安装，粘贴面层，铺设增强格网、抹抗裂防水砂浆面层，嵌缝，铺、刷（喷）防护材料。

项目特征：应描述保温隔热部位，保温隔热方式，隔气层材料品种、厚度，保温隔热面层材料品种、规格、性能，保温隔热材料品种、规格及厚度，粘结材料种类及做法，增强网及抗裂防水砂浆种类，防护材料种类及做法。

工程量计算规则：按设计图示尺寸以展开面积计算。扣除面积 > 0.3 m² 孔洞及占位面积。

保温隔热屋面、保温隔热天棚、隔热楼地面工程量，按设计图示尺寸以面积（m²）计算，不扣除柱、垛所占面积，即

$$F = LB$$

式中　F——屋面（天棚、地面）保温（隔热）工程量（m²）；

　　　L——屋面（天棚、地面）保温（隔热）图示长度（m）；

　　　B——屋面（天棚、地面）保温（隔热）图示宽度（m）。

保温隔热屋面项目适用于各种材料的屋面隔热。但屋面保温隔热层上的防水层应按屋面的防水项目单独列项。预制隔热板屋面的隔热板与砖墩分别按混凝土及钢筋混凝土工程和砌筑工程相关项目编码列项。屋面保温隔热的找坡、找平层应包括在报价内，如果屋面防水层项目包括找坡和找平层时，屋面保温隔热层项目中则不另行列项计算找坡、找平层，以免重复计算。

保温隔热天棚项目适用于各种材料的下贴式或吊顶上搁置式的保温隔热的天棚工程。但保温隔热材料需加药物防虫剂时，应在工程量清单中加以明确描述。下贴式保温隔热天棚如需底层抹灰时，应包括在报价内。

保温隔热墙工程量按设计图示尺寸以面积（m²）计算。扣除门窗洞口所占面积；门窗洞口侧壁如做保温时，其工程量并入保温墙体工程量内。

保温隔热项目适用于工业与民用建筑物外墙、内墙保温隔热工程。在编制工程量清单时，外墙内保温和外保温的面层；外墙内保温的内保温踢脚线；外墙外保温、内保温、内墙保温的基层抹灰或刮腻子的工料消耗均应包括在综合单价内，不得另行列项计算。

4.10.2.2　防腐面层（编号：011002）

防腐混凝土面层（011002001），防腐砂浆面层（011002002），防腐胶泥面层（011002003）和玻璃钢防腐面层（011002004）工程量，按设计图示尺寸以面积（m²）计算。计算平面防腐层工程量时，应扣除凸出地面的构筑物、设备基础等所占面积；计算立面防腐层工程量时，砖垛等突出部分按展开面积并入墙面积内。

防腐混凝土面层、防腐砂浆面层、防腐胶泥面层项目适用于平面或立面的水玻璃混凝土、水玻璃砂浆、水玻璃胶泥、沥青混凝土、沥青砂浆、沥青胶泥、树脂砂浆、树脂胶泥以及聚合物水泥砂浆等防腐工程。玻璃钢防腐面层项目适用于树脂胶料与增强材料（如玻璃纤维丝、布、玻璃纤维表面毡、玻璃纤维短切毡或涤纶布、涤纶毡、丙纶布、丙纶毡等）复合塑制而成的玻璃钢防腐。

聚氯乙烯板面层(011002005)，块料防腐面层(011002006)，池、槽块料防腐面层(011002007)工程量应按设计图示尺寸以面积（m²）计算。具体方法规定为：

（1）平面防腐面层计算应扣除凸出地面的构筑物及设备基础等所占的面积。

（2）立面防腐面积计算应将砖垛等突出部分按展开面积并入墙面积内。

（3）踢脚板防腐面层计算应扣除门洞所占面积并相应增加门洞侧壁面积，其计算公式为

$$F_{脚} = (L_{净} - L_{M} + L_{侧})H_{脚}$$

式中　$F_{脚}$——踢脚板工程量（m²）；

　　　$L_{净}$——踢脚板净长度（m）；

　　　L_{M}——踢脚板净长度上门洞宽度（m）；

　　　$L_{侧}$——踢脚板门洞侧壁长（宽）度（m）；

　　　$H_{脚}$——踢脚板设计高度（m）。

聚氯乙烯板面层项目适用于地面、墙面的软、硬聚氯乙烯板防腐蚀工程；块料防腐面层项目适用于地面、沟槽、基础的各类块料防腐工程。聚氯乙烯板面层的焊接工料消耗应包括在综合单价内，而不得另行列项计算，防腐蚀块料面层的块料粘贴部位、规格、品种应在清单项目中描述清楚。

4.10.3　工程量计算规则

（1）柱帽保温隔热工程量应并入天棚保温隔热工程量内计算。

（2）池槽保温隔热工程，池壁、池底应分别编码列项，池壁应并入墙面保温隔热工程量内，池底并入地面保温隔热工程量内。

（3）防腐工程中的酸化处理及养护工作内容应包括在综合单价内。

4.10.4　工程量清单编制示例

【例 4.28】　根据图 4.62、图 4.63 所给屋面做法，列项计算屋面保温项目工程量并编制工程量清单。

图 4.62　屋面平面图

图 4.63 屋面构造大样图

解：（1）工程量计算：

清单量计算屋面水平面积 $S_平 = (30.0 - 0.37 \times 2) \times (20.0 - 0.37 \times 2) = 563.55$（$m^2$）

（2）编制工程量清单，见表 4.43。

表 4.43 分部分项工程量清单

序号	项目编码	项目名称	项目特征	计量单位	工程数量
1	011001001001	保温隔热屋面	（1）保温隔热部位：层面； （2）保温隔热材料种类：水泥珍珠岩； （3）20 mm 厚 1：2.5 水泥砂浆； （4）三毡四油防水层	m^2	563.55

【例 4.29】 如图 4.64 所示，求冷库室内软木保温层工程量并编制工程量清单。

图 4.64 某小型冷库保温隔热示意图

解：（1）依据题意及上述计算公式其工程量计算如下：

天棚隔热 $= (5 + 4 - 0.24 \times 2) \times (4 - 0.24) \times 0.1 = 3.2$（$m^3$）

墙体隔热 $= [(9 - 0.48 - 0.1 \times 2) \times 2 + (4 - 0.24 - 0.1) \times 4 - 0.8 \times 2 \times 3] \times 0.1 = 2.65$（$m^3$）

门侧 $= [2 \times 0.34 \times 2 + 0.8 \times 0.34 + 2 \times 2 \times 0.22 + 0.8 \times 0.22] \times 0.34 \times 0.1 = 0.27$（$m^3$）

墙体合计 $= 2.65 + 0.27 = 2.92$（m^3）

地面隔热层 $= (5 + 4 - 0.24 \times 2) \times (4 - 0.24) \times 0.1 + 0.8 \times 0.24 \times 0.1 = 3.222$（$m^3$）

（2）编制工程量清单，见表 4.44。

表 4.44 分部分项工程量清单

序号	项目编码	项目名称	项目特征	计量单位	工程数量
1	011001002001	保温隔热天棚	木龙骨，二层 50 厚软木	m^3	3.2
2	011001002003	保温隔热墙面	木龙骨，二层 50 厚软木	m^3	2.92
3	011001002005	保温隔热地面	木龙骨，二层 50 厚软木	m^3	3.222

【例 4.30】 设某化工车间室内踢脚板设计图示净长度尺寸为 17.76 m（4.5 m×4−0.12×2），该车间共有编号为 M3 门 3 个，门洞宽度为 0.90 m，墙的厚度为 0.24 m，踢脚板高度为 0.20 m。试计算防腐踢脚板工程量并编制工程量清单。

解：（1）依据题意及上述计算公式其工程量计算如下：

$$F_{脚} = (17.76 - 0.90 \times 3 + 0.12 \times 2 \times 3) \times 0.20$$
$$= 15.78 \times 0.20$$
$$= 3.16 \text{（} m^2 \text{）}$$

（2）编制工程量清单，见表 4.45。

表 4.45 分部分项工程量清单

序号	项目编码	项目名称	项目特征	计量单位	工程数量
1	011002006001	块料防腐面层	（1）防腐部位：踢脚板 （2）踢脚板高 0.2 m	m^2	3.16

练习题

1. 简述平整场地工程量计算规则及工作内容？

2. 简述砖基础工程量计算规则及工作内容？

3. 工程量清单计算规则中，对钢筋工程量、混凝土工程量的计算是如何规定的。

4. 在工程量清单计算规则中，屋面卷材防水的工程量如何计算？

5. 某建筑物基础平面、剖面及建筑物平面图如图 4.65 所示。已知土壤类别为 II 类土，土方运距 3 km，混凝土条形基础下设 C15 素混凝土垫层。试计算挖基础土方，并编制基础土方工程量清单。

图 4.65　某建筑物基础平面图及剖面图

6. 图 4.66 所示为某房屋标准层的结构平面图。已知板的混凝土强度等级为 C25，板厚为 100 mm，正常环境下使用。试计算板内钢筋工程量（板中未注明分布钢筋按 $\phi 6@200$ 计算）。

图 4.66　某房屋标准层结构平面图

第 5 章 房屋装饰工程量清单编制

学前导读

本章介绍了楼地面装饰工程，墙、柱面装饰工程，天棚工程，油漆、涂料工程，其他装饰工程，拆除工程以及措施项目工程等七项房屋装饰工程工程量清单的相关内容。通过本章的学习，了解各项装饰工程的基础知识，掌握各项装饰工程工程量清单编制的内容和方法，根据实例学会编制房屋装饰工程工程量清单。

5.1 楼地面装饰工程清单计量

5.1.1 楼地面装饰工程基础知识

楼地面装饰分为楼面装饰和地面装饰，工程清单项目共分为 8 节，包括整体面层及找平层、块料面层、橡塑面层、其他材料面层、踢脚线、楼梯面层、台阶装饰、零星装饰等项目，适用于楼地面、楼梯、台阶等装饰工程。

楼地面主要有水泥砂浆楼地面（见图 5.1）、水磨石楼地面（见图 5.2），缸砖、地面砖及陶瓷砖地面等。

（a）底层地面　　　　　　　　　（b）楼板层地面

图 5.1 水泥砂浆楼地面

图 5.2 水磨石楼地面

（a）缸砖地面　　　　　　　　　　　（b）陶瓷锦砖地面

图 5.3　缸砖、地面砖及陶瓷砖地面

5.1.2　工程量清单项目

5.1.2.1　整体面层及找平层（编号：011101）

整体面层及找平层工程包括水泥砂浆楼地面（011101001）、现浇水磨石楼地面（011101002）、细石混凝土楼地面（011101003）、菱苦土楼地面（011101004）、自流坪楼地面（011101005）和平面砂浆找平层（011101006）6 个项目，适用于楼面、地面所做的整体面层工程。其工程量计算规则均按设计图示尺寸以面积计算。除平面砂浆找平层外，均扣除凸出地面构筑物、设备基础、室内管道、地沟等所占面积，不扣除间壁墙及 ≤0.3 m² 柱、垛、附墙烟囱及孔洞所占面积。门洞、空圈、暖气包槽、壁龛的开口部分不增加面积。其计算公式如下：

整体面层工程量 = 主墙间净空面积 − 地面凸出部分所占面积

1.　水泥砂浆楼地面（项目编码：011101001）

工程内容：包括基层清理，抹找平层，抹面层，材料运输。

项目特征：需要描述找平层厚度、砂浆配合比，素水泥浆遍数，面层厚度、砂浆配合比，面层做法要求。

2.　现浇水磨石楼地面（项目编码：011101002）

工程内容：包括基层清理，抹找平层，面层铺设，嵌缝条安装，磨光、酸洗打蜡，材料运输。

项目特征：需要描述找平层厚度、砂浆配合比，面层厚度、水泥石子浆配合比，嵌条材料种类、规格，石子种类、规格、颜色，颜料种类、颜色，图案要求，磨光、酸洗、打蜡要求。

3.　细石混凝土楼地面（项目编码：011101003）

工程内容：包括基层清理，抹找平层，面层铺设，材料运输。

项目特征：需要描述找平层厚度、砂浆配合比，面层厚度、混凝土强度等级。

4. **菱苦土楼地面（项目编码：011101004）**

工程内容：包括基层清理，抹找平层，面层铺设，打蜡，材料运输。

项目特征：需要描述找平层厚度、砂浆配合比，面层厚度，打蜡要求。

5. **自流坪楼地面（项目编码：011101005）**

工程内容：包括基层处理，抹找平层，涂界面剂，涂刷中层漆，打磨、吸尘，镘涂自流平面漆（浆），拌和自流平浆料，铺面层。

项目特征：需要描述找平层砂浆配合比、厚度；界面剂材料种类；中层漆材料种类、厚度，面漆材料种类、厚度，面层材料种类。

6. **平面砂浆找平层（项目编码：011101006）**

工程内容：包括基层处理，抹找平层，材料运输。

项目特征：需要描述找平层厚度，砂浆配合比。

5.1.2.2　块料面层（编号：011102）

块料楼地面包括石材楼地面（011102001）、碎石材楼地面（011102002）和块料楼地面（011102003）3 个项目，适用于楼面、地面所做的块料面层工程。

工程内容：包括基层清理，抹找平层，面层铺设、磨边，嵌缝，刷防护材料，酸洗、打蜡，材料运输。

项目特征：需要描述找平层厚度、砂浆配合比，结合层厚度、砂浆配合比，面层材料品种、规格、颜色，嵌缝材料种类，防护层材料种类，酸洗、打蜡要求。

工程量计算规则：按设计图示尺寸以面积计算。门洞、空圈、暖气包槽、壁龛的开口部分并入相应的工程量内。

5.1.2.3　橡塑面层（编号：011103）

橡胶面层包括橡胶楼板地面（011103001）、橡胶板卷材楼地面（011103002）、塑料板楼地面（011103003）和塑料卷材楼地面（011103004）4 个项目，适用于用黏结剂（如 CX401 胶等）粘贴橡塑楼面、地面面层工程。

工程内容：包括基层清理，面层铺贴，压缝条装钉，材料运输。

项目特征：需要描述粘结层厚度、材料种类，面层材料品种、规格、颜色，压线条种类。

工程量计算规则：按设计图示尺寸以面积计算。门洞、空圈、暖气包槽、壁龛的开口部分并入相应的工程量内。

5.1.2.4　踢脚线（编号：011105）

踢脚线工程包括水泥砂浆踢脚线，石材踢脚线，块料踢脚线，塑料板踢脚线，木质踢脚线，金属踢脚线和防静电踢脚线 7 项，项目编码依次为 011105001 ~ 011105007。

工程量计算规则：均以 m^2 计算，按设计图示长度乘高度，以面积计算；或以 m 计量，按延长米计算。

工程内容：水泥砂浆踢脚线需完成基层清理，底层和面层抹灰，材料运输。石材踢脚线和块料踢脚线需完成基层清理，底层抹灰，面层铺贴、磨边，擦缝，磨光，酸洗、打蜡，刷防护材料，材料运输。塑料板踢脚线、木质踢脚线、金属踢脚线和防静电踢脚线需完成基层清理，基层铺贴，面层铺贴，材料运输。

项目特征：水泥砂浆踢脚线需要描述踢脚线高度，底层厚度、砂浆配合比，面层厚度、砂浆配合比。石材踢脚线和块料踢脚线需要描述踢脚线高度，粘贴层厚度、材料种类，面层材料品种、规格、颜色，防护材料种类。塑料板踢脚线需要描述踢脚线高度，粘结层厚度、材料种类，面层材料种类、规格、颜色。木质踢脚线、金属踢脚线和防静电踢脚线需要描述踢脚线高度，基层材料种类、规格，面层材料品种、规格、颜色。

5.1.2.5　楼梯面层（编号：011106）

楼梯面层工程包括石材楼梯面层（011106001），块料楼梯面层（011106002），拼碎块料面层（011106003），水泥砂浆楼梯面层（011106004），现浇水磨石楼梯面层（011106005），地毯楼梯面层（011106006），木板楼梯面层（011106007），橡胶板楼梯面层（011106008）和塑料板楼梯面层（011106009）9 个项目。

工程内容如下：

石材楼梯面层、块料楼梯面层和拼碎块料面层需要完成基层清理，抹找平层，面层铺贴、磨边，贴嵌防滑条，勾缝，刷防护材料，酸洗、打蜡，材料运输。

水泥砂浆楼梯面层需要完成基层清理，抹找平层，抹面层，抹防滑条，材料运输。

现浇水磨石楼梯面层需要完成基层清理，抹找平层，抹面层，贴嵌防滑条，磨光、酸洗、打蜡，材料运输。

地毯楼梯面层需要完成基层清理，铺贴面层，固定配件安装，刷防护材料，材料运输。

木板楼梯面层需要完成基层清理，基层铺贴，面层铺贴，刷防护材料，材料运输。

橡胶板楼梯面层和塑料板楼梯面层需要完成基层清理，面层铺贴，压缝条装钉，材料运输。

项目特征如下：

石材楼梯面层、块料楼梯面层和拼碎块料面层需要描述找平层厚度、砂浆配合比，贴结层厚度、材料种类，面层材料品种、规格、颜色，防滑条材料种类、规格，勾缝材料种类，防护层材料种类；酸洗、打蜡要求。

水泥砂浆楼梯面层需要描述找平层厚度、砂浆配合比，面层厚度、砂浆配合比，防滑条材料种类、规格。

现浇水磨石楼梯面层需要描述找平层厚度、砂浆配合比，面层厚度、水泥石子浆配合比，防滑条材料种类、规格，石子种类、规格、颜色，颜料种类、颜色，磨光、酸洗打蜡要求。

地毯楼梯面层需要描述基层种类，面层材料品种、规格、颜色，防护材料种类，粘结材料种类，固定配件材料种类、规格。

木板楼梯面层需要描述基层材料种类、规格，面层材料品种、规格、颜色，粘结材料种类，防护材料种类。

橡胶板楼梯面层和塑料板楼梯面层需要描述粘结层厚度、材料种类，面层材料品种、规格、颜色，压线条种类。

工程量计算规则：均按设计图示尺寸以楼梯（包括踏步、休息平台及≤500 mm 的楼梯井）水平投影面积计算。楼梯与楼地面相连时，算至梯口梁内侧边沿。无梯口梁者，算至最上一层踏步边沿加 300 mm。

5.1.2.6　台阶装饰（编号：011107）

1. 石材台阶面（项目编码：011107001）

工程内容：包括基层清理，抹找平层，面层铺贴，贴嵌防滑条，勾缝，刷防护材料，材料运输。

项目特征：需要描述找平层厚度、砂浆配合比，粘结层材料种类，面层材料品种、规格、颜色，勾缝材料种类，防滑条材料种类、规格，防护材料种类。

工程量计算规则：按设计图示尺寸以台阶（包括最上层踏步边沿加 300 mm）水平投影面积计算。

2. 块料台阶面（项目编码：011107002）

工程内容：包括基层清理，抹找平层，面层铺贴，贴嵌防滑条，勾缝，刷防护材料，材料运输。

项目特征：需要描述找平层厚度、砂浆配合比，粘结层材料种类，面层材料品种、规格、颜色，勾缝材料种类，防滑条材料种类、规格，防护材料种类。

工程量计算规则：按设计图示尺寸以台阶（包括最上层踏步边沿加 300 mm）水平投影面积计算。

3. 水泥砂浆台阶面（项目编码：011107004）

工程内容：包括基层清理，抹找平层，抹面层，抹防滑条，材料运输。

项目特征：需要描述找平层厚度、砂浆配合比，面层厚度、砂浆配合比，防滑条材料种类。

工程量计算规则：按设计图示尺寸以台阶（包括最上层踏步边沿加 300 mm）水平投影面积计算。

4. 现浇水磨石台阶面（项目编码：011107005）

工程内容：包括清理基层，抹找平层，抹面层，贴嵌防滑条，打磨、酸洗、打蜡，材料运输。

项目特征：需要描述找平层厚度、砂浆配合比，面层厚度、水泥石子浆配合比，防滑条材料种类、规格，石子种类、规格、颜色，颜料种类、颜色，磨光、酸洗、打蜡。要求 m^2 按设计图示尺寸以台阶（包括最上层踏步边沿加 300 mm）水平投影积计算。

工程量计算规则：按设计图示尺寸以台阶（包括最上层踏步边沿加 300 mm）水平投影面积计算。

5. 剁假石台阶面（项目编码：011107006）

工程内容：包括清理基层，抹找平层，抹面层，剁假石，材料运输。

项目特征：需要描述找平层厚度、砂浆配合比，面层厚度、砂浆配合比，剁假石要求。

工程量计算规则：按设计图示尺寸以台阶（包括最上层踏步边沿加 300 mm）水平投影面积计算。

5.1.2.7　零星装项目（编号：011108）

1. 石材零星项目（项目编码：011108001）

工程内容：包括清理基层，抹找平层，面层铺贴、磨边，勾缝，刷防护材料，酸洗、打蜡，材料运输。

项目特征：需要描述工程部位，找平层厚度、砂浆配合比，贴结合层厚度、材料种类，面层材料品种、规格、颜色，勾缝材料种类，防护材料种类，酸洗、打蜡要求。

工程量计算规则：按设计图示尺寸以面积计算。

2. 块料零星项目（项目编码：011108003）

工程内容：包括清理基层，抹找平层，面层铺贴、磨边，勾缝，刷防护材料，酸洗、打蜡，材料运输。

项目特征：需要描述工程部位，找平层厚度、砂浆配合比，贴结合层厚度、材料种类，面层材料品种、规格、颜色，勾缝材料种类，防护材料种类，酸洗、打蜡要求。

工程量计算规则：按设计图示尺寸以面积计算。

5.1.3　工程量计算规则

（1）整体面层及找平层项目中，水泥砂浆面层处理是拉毛还是提浆压光应在面层做法要求中描述。平面砂浆找平层只适用于仅做找平层的平面抹灰。间壁墙指墙厚≤120 mm 的墙。

（2）块料面层项目中，在描述碎石材项目的面层材料特征时可不用描述规格、品牌、颜色。石材、块料与粘接材料的结合面刷防渗材料的种类在防护层材料种类中描述。上表工作内容中的磨边指施工现场磨边。

（3）踢脚线项目中，石材、块料与粘接材料的结合面刷防渗材料的种类在防护层材料种类中描述。

（4）楼梯面层项目中，在描述碎石材项目的面层材料特征时可不用描述规格、颜色。石材、块料与粘接材料的结合面刷防渗材料的种类在防护层材料种类中描述。

（5）台阶装饰项目中，在描述碎石材项目的面层材料特征时可不用描述规格、颜色。石材、块料与粘接材料的结合面刷防渗材料的种类在防护层材料种类中描述。

（6）零星装饰项目中，楼梯、台阶牵边和侧面镶贴块料面层，不大于 0.5 m² 的少量分散的楼地面镶贴块料面层，应按零星装饰项目执行。石材、块料与粘接材料的结合面刷防渗材料的种类在防护材料种类中描述。

5.1.4　工程量清单编制示例

【例 5.1】　计算图 5.4 所示，地面为 1∶2 水泥砂浆铺花岗岩（600 mm × 600 mm），地面找平层 1∶3 水泥砂浆 25 厚。试编制花岗岩地面工程量清单。

解：（1）花岗石地面工程量的计算。

花岗岩地面面层工程量＝实铺面积＝主墙间净空面积＋门洞等开口部分面积

$$= [(3 - 0.24) \times (4.8 - 0.24) \times 2 + (3.6 - 0.24) \times (4.8 - 0.24)] + 1 \times 0.24 \times 3$$

$$= 40.49 + 0.72 = 41.21 \ (m^2)$$

（2）花岗岩地面工程量清单的编制，见表 5.1。

（a）平面图　　　　　　　（b）基础剖面图

图 5.4　某房屋平面及基础剖面图

表 5.1　花岗岩地面工程量清单

工程名称：某建筑物

序号	项目编码	项目名称	工程特征	计量单位	工程数量
1	011102001001	花岗岩地面	① 找平层厚度、砂浆配合比：1 : 3 水泥砂浆找平层 25 mm 厚； ② 结合层材料种类：1 : 2 水泥砂浆； ③ 面层材料种类：600 mm×600 mm 花岗岩	m²	41.21

【例 5.2】　某房屋平面如图 5.5 所示，室内水泥砂浆粘贴 200 mm 高预制水磨石踢脚板，计算工程量，并编制清单。

图 5.5　某房屋平面图

解：（1）踢脚板工程量 $= [(8.00 - 0.24 + 6.00 - 0.24) \times 2 + (4.00 - 0.24 + 3.00 - 0.24) \times$
$2 - 1.50 - 0.80 \times 2 + 0.12 \times 6] \times 0.20 = 7.54$（m²）

（2）踢脚板工程量清单编制，见表 5.2。

表 5.2　踢脚板工程量清单

工程名称：某建筑物

序号	项目编码	项目名称	工程特征	计量单位	工程数量
1	011105001001	踢脚板	室内水泥砂浆粘贴 200 mm 高预制水磨石踢脚板	m²	7.54

5.2　墙、柱面装饰与隔断、幕墙工程清单计量

5.2.1　墙、柱面装饰与隔断、幕墙工程基础知识

墙、柱面装饰与隔断、幕墙工程分为 10 节 35 个项目，包括墙面抹灰、柱面抹灰、零星抹灰，墙面块料面层、柱（梁）面镶贴块料、镶贴零星块料、墙饰面、柱（梁）饰面、幕墙、隔断工程。

隔断是指专门作为分隔室内空间的立面，应用更加灵活，如隔墙、隔断、活动展板、活动屏风、移动隔断、移动屏风、移动隔音墙等，如图 5.6 所示。活动隔断具有易安装、可重复利用、可工业化生产、防火、环保等特点。隔断主要包括木隔断，金属隔断，带骨架幕墙，塑料隔断，成品隔断等。

图 5.6　隔断

幕墙是建筑物的外墙护围，不承重，像幕布一样挂上去，故又称为悬挂墙，是现代大型和高层建筑常用的带有装饰效果的轻质墙体，如图 5.7 所示。由结构框架与镶嵌板材组成，不承担主体结构载荷与作用的建筑围护结构。幕墙的作用主要有抗风压变形，保温，隔声，防雷，吸声，美观、装饰等，主要有玻璃幕墙、金属板幕墙、非金属板（玻璃除外）幕墙等。

图 5.7　幕墙

5.2.2　工程量清单项目

5.2.2.1　墙面抹灰（编号：011201）

抹灰是指采用一定种类和一定比例的砂浆在建筑物的墙面、柱面及相关部位等表面进行涂装的过程。墙、柱面抹灰的作用主要是：保护墙（柱）体、改善墙（柱）体的物理性能和使房屋美观及耐用。

墙、柱面抹灰可分为一般抹灰和装饰抹灰两类。

（1）一般抹灰是指墙、柱面采用石灰砂浆、水泥砂浆、水泥混合砂浆、聚合物水泥砂浆和麻刀石灰、纸筋石灰、石膏灰进行涂装的过程。一般抹灰工程又可分为普通抹灰和高级抹灰两种。普通抹灰是指两遍成活的抹灰，即一遍底层、一遍面层；高级抹灰是指四遍成活的抹灰，即一遍底层、一遍中层、二遍面层。

（2）装饰抹灰是指墙、柱面采用水刷石、干粘石、斩假石、拉条灰、甩毛灰等抹灰。

墙面抹灰包括墙面一般抹灰（011201001），墙面装饰抹灰（011201002），墙面勾缝（011201003），立面砂浆找平层（011201004）。

前3项的工作内容为基层清理，砂浆制作、运输，底层抹灰，抹面层，抹装饰面，勾分格缝；立面砂浆找平层的工作内容为基层清理，砂浆制作、运输，抹灰找平。

墙面一般抹灰和墙面装饰抹灰的项目特征需要描述墙体类型、底层厚度、砂浆配合比，面层厚度、砂浆配合比，装饰面材料种类，分格缝宽度、材料种类；墙面勾缝需要描述勾缝类型和勾缝材料种类；立面砂浆找平层需要描述基层类型，找平层砂浆以及厚度、配合比。

这4项的工程量计算规则是：按设计图示尺寸以面积计算。扣除墙裙、门窗洞口及单个 $> 0.3\ m^2$ 的孔洞面积，不扣除踢脚线、挂镜线和墙与构件交接处的面积，门窗洞口和孔洞的侧壁及顶面不增加面积。附墙柱、梁、垛、烟囱侧壁并入相应的墙面面积内。

外墙抹灰面积按外墙垂直投影面积计算。

外墙裙抹灰面积按其长度乘以高度计算。

内墙抹灰面积按主墙间的净长乘以高度计算。

① 无墙裙的，高度按室内楼地面至天棚底面计算。

② 有墙裙的，高度按墙裙顶至天棚底面计算。

③ 有吊顶天棚抹灰，高度算至天棚底。

内墙裙抹灰面按内墙净长乘以高度计算。

5.2.2.2　柱（梁）面抹灰（编号：011202）

柱（梁）面抹灰包括4项，分别是柱、梁面一般抹灰（011202001），柱、梁面装饰抹灰（011202002），柱、梁面砂浆找平（011202003），柱面勾缝（011202004）。

柱、梁面一般抹灰和柱、梁面装饰抹灰工程内容为基层清理，砂浆制作、运输，底层抹灰，抹面层，勾分格缝，项目特征需要描述柱体类型，底层厚度、砂浆配合比，面层厚度、砂浆配合比，装饰面材料种类，分格缝宽度、材料种类。

柱、梁面砂浆找平的工程内容为基层清理，砂浆制作、运输，抹灰找平；项目特征需要描述柱（梁）体类型以及找平的砂浆厚度、配合比。

柱面勾缝工程内容为基层清理，砂浆制作、运输，勾缝；项目特征需要描述勾缝类型，勾缝材料种类。

前3项柱、梁面一般抹灰，柱、梁面装饰抹灰，柱、梁面砂浆找平的工程量计算规则是：柱面抹灰按设计图示柱断面周长乘高度，以面积计算；梁面抹灰按设计图示梁断面周长乘长度以面积计。

柱面勾缝的工程量计算规则是：按设计图示柱断面周长乘高度以面积计算。

5.2.2.3　零星抹灰（编号：011203）

1. 零星项目一般抹灰（项目编码：011203001）

工程内容：包括基层清理，砂浆制作、运输，底层抹灰，抹面层，抹装饰面，勾分格缝。

项目特征：应描述墙体类型，底层厚度，砂浆配合比，面层厚度、砂浆配合比，装饰面材料种类，分格缝宽度、材料种类。

工程量计算规则：按设计图示尺寸以面积计算。

2. 零星项目装饰抹灰（项目编码：011203002）

工程内容：包括基层清理，砂浆制作、运输，底层抹灰，抹面层，抹装饰面，勾分格缝。

项目特征：应描述墙体类型，底层厚度、砂浆配合比，面层厚度、砂浆配合比，装饰面材料种类，分格缝宽度、材料种类。

工程量计算规则：按设计图示尺寸以面积计算。

3. 零星项目砂浆找平（项目编码：011203003）

工程内容：包括基层清理，砂浆制作、运输，抹灰找平。

项目特征：应描述基层类型，找平的砂浆厚度、配合比。

工程量计算规则：按设计图示尺寸以面积计算。

5.2.2.4　墙面块料面层（编号：011204）

墙面块料面层工程包括石材墙面（011204001），拼碎石材墙面（011204002），块料墙面（011204003），干挂石材钢骨架（011204004）。

石材墙面，拼碎石材墙面，块料墙面的工程内容包括：基层清理，砂浆制作、运输，粘结层铺贴，面层安装，嵌缝，刷防护材料，磨光、酸洗、打蜡，需要描述墙体类型，安装方式，面层材料品种、规格、颜色，缝宽、嵌缝材料种类，防护材料种类，磨光、酸洗、打蜡要求，按镶贴表面积计算。

干挂石材钢骨架的工程内容包括：骨架制作、运输、安装，刷漆，需要描述骨架种类、规格；防锈漆品种遍数；按设计图示以质量t计算。

在描述碎块项目的面层材料特征时可不用描述规格、颜色。石材、块料与粘接材料的结合面刷防渗材料的种类在防护层材料种类中描述。安装方式可描述为砂浆或粘接剂粘贴、挂贴、干挂等，不论哪种安装方式，都要详细描述与组价相关的内容。

5.2.2.5 柱（梁）面镶贴块料（编号：011205）

柱（梁）面镶贴块料工程包括石材柱面（011205001），块料柱面（011205002），拼碎块柱面（011205003），石材梁面（011205004），块料梁面（011205005）。

这 5 项的工程内容是基层清理；砂浆制作、运输，粘结层铺贴，面层安装，嵌缝，刷防护材料，磨光、酸洗、打蜡。工程量计算规则为按镶贴表面积计算。

石材柱面，块料柱面，拼碎块柱面的项目特征需要描述柱截面类型、尺寸，安装方式，面层材料品种、规格、颜色，缝宽、嵌缝材料种类，防护材料种类，磨光、酸洗、打蜡要求。石材梁面和块料面层需要描述安装方式，面层材料品种、规格、颜色，缝宽、嵌缝材料种类，防护材料种类，磨光、酸洗、打蜡要求。

在描述碎块项目的面层材料特征时可不用描述规格、颜色。石材、块料与粘接材料的结合面刷防渗材料的种类在防护层材料种类中描述。柱梁面干挂石材的钢骨架按墙面块料面层相应项目编码列项。

5.2.2.6 镶贴零星块料（编号：011206）

镶贴零星块料工程包括石材零星项目（011206001），块料零星项目（011206002），拼碎块零星项目（011206003）。工程内容包括：基层清理，砂浆制作、运输，面层安装，嵌缝，刷防护材料，磨光、酸洗、打蜡，项目特征需要描述基层类型、部位，安装方式，面层材料品种、规格、颜色，缝宽、嵌缝材料种类，防护材料种类，磨光、酸洗、打蜡要求，工程量计算规则是按镶贴表面积计算。

在描述碎块项目的面层材料特征时可不用描述规格、颜色。石材、块料与粘接材料的结合面刷防渗材料的种类在防护层材料种类中描述。零星项目干挂石材的钢骨架按墙面块料面层相应项目编码列项。墙柱面 ≤ 0.5 m^2 的少量分散的镶贴块料面层应按零星项目执行。

5.2.2.7 墙饰面（编号：011207）

1. 墙面装饰板（项目编码：011207001）

工程内容：包括基层清理龙骨制作、运输、安装，钉隔离层，基层铺钉，面层铺贴。

项目特征：应描述龙骨材料种类、规格、中距，隔离层材料种类、规格，基层材料种类、规格，面层材料品种、规格、颜色，压条材料种类、规格。

工程量计算规则：按设计图示墙净长乘净高以面积计算。扣除门窗洞口及单个 > 0.3 m^2 的孔洞所占面积。

2. 墙面装饰浮雕（项目编码：011207002）

工程内容：包括基层清理，材料制作、运输，安装成型。

项目特征：应描述基层类型，浮雕材料种类，浮雕样式。

工程量计算规则：按设计图示尺寸以面积计算。

5.2.2.8 柱（梁）饰面（编号：011208）

1. 柱（梁）面装饰（项目编码：011208001）

工程内容：包括清理基层，龙骨制作、运输、安装，钉隔离层，基层铺钉，面层铺贴。

项目特征：应描述龙骨材料种类、规格、中距，隔离层材料种类，基层材料种类、规格，面层材料品种、规格、颜色，压条材料种类、规格。

工程量计算规则：按设计图示饰面外围尺寸以面积计算。柱帽、柱墩并入相应柱饰面工程量内。

2. 成品装饰柱（项目编码：011208002）

工程内容：包括柱运输、固定、安装。

项目特征：应描述柱截面、高度尺寸，柱材质。

工程量计算规则：以"根"计量，按设计数量计算；以 m 计量，按设计长度计算。

5.2.2.9　幕墙工程（编号：011209）

1. 带骨架幕墙（项目编码：011209001）

工程内容：包括骨架制作、运输、安装，面层安装，隔离带、框边封闭，嵌缝、塞口，清洗。

项目特征：应描述骨架材料种类、规格、中距，面层材料品种、规格、颜色，面层固定方式，隔离带、框边封闭材料品。

工程量计算规则：按设计图示框外围尺寸以面积计算。与幕墙同种材质的窗所占面积不扣除。

2. 全玻（无框玻璃）幕墙（项目编码：011209002）

工程内容：包括幕墙安装，嵌缝、塞口，清洗。

项目特征：应描述玻璃品种、规格、颜色，粘结塞口材料种类，固定方式。

工程量计算规则：按设计图示尺寸以面积计算。带肋全玻幕墙按展开面积计算。

5.2.2.10　隔断（编号：011210）

1. 木隔断（项目编码：011210001）

工程内容：包括骨架及边框制作、运输、安装，隔板制作、运输、安装，嵌缝、塞口；装钉压条。

项目特征：应描述骨架、边框材料种类、规格，隔板材料品种、规格、颜色，嵌缝、塞口材料品种，压条材料种类。

工程量计算规则：按设计图示框外围尺寸以面积计算。不扣除单个 ≤ 0.3 m^2 的孔洞所占面积。浴厕门的材质与隔断相同时，门的面积并入隔断面积。

2. 金属隔断（项目编码：011210002）

工程内容：包括骨架及边框制作、运输、安装，隔板制作、运输、安装，嵌缝、塞口。

项目特征：应描述骨架、边框材料种类、规格，隔板材料品种、规格、颜色，嵌缝、塞口材料品种。

工程量计算规则：按设计图示框外围尺寸以面积计算。不扣除单个 ≤ 0.3 m^2 的孔洞所占面积。浴厕门的材质与隔断相同时，门的面积并入隔断面积内。

5.2.3　工程量计算规则

（1）立面砂浆找平项目适用于仅做找平层的立面抹灰。

（2）抹石灰砂浆、水泥砂浆、混合砂浆、聚合物水泥砂浆、麻刀石灰浆、石膏灰浆等按墙面一般抹灰列项，水刷石、斩假石、干粘石、假面砖等按墙面装饰抹灰列项。

（3）飘窗凸出外墙面增加的抹灰并入外墙工程量内。

（4）有吊顶天棚的内墙面抹灰，抹至吊顶以上部分在综合单价中考虑。

（5）墙面抹灰不扣除与构件交接处的面积，是指墙与梁的交接处所占面积，不包括墙与楼板的交接。

（6）外墙裙抹灰面积，按其长度乘以高度计算，是指按外墙裙的长度。

（7）柱的一般抹灰和装饰抹灰及勾缝，以柱断面周长乘以高度计算，柱断面周长是指结构断面周长。如矩形柱结构断面尺寸为 600 mm × 500 mm，其断面周长（L）= (0.60 + 0.50) × 2 = 2.20 m²，若此柱高度为 3.0 m，其一般抹灰、装饰抹灰、勾缝的工程量（F）= 2.2 × 3 = 6.60 m²。

（8）装饰板柱（梁）面按设计图示外围饰面尺寸乘以高度（长度）以面积计算。外围饰面尺寸是指饰面的表面尺寸。

（9）带肋全玻璃幕墙是指玻璃幕墙带玻璃肋，玻璃肋的工程量应合并在玻璃幕墙工程量内计算。

（10）砂浆找平项目适用于仅做找平层的柱（梁）面抹灰。

（11）抹石灰砂浆、水泥砂浆、混合砂浆、聚合物水泥砂浆、麻刀石灰浆、石膏灰浆等按柱（梁）面一般抹灰编码列项，水刷石、斩假石、干粘石、假面砖等按柱（梁）面装饰抹灰编码列项。

（12）零星项目抹石灰砂浆、水泥砂浆、混合砂浆、聚合物水泥砂浆、麻刀石灰浆、石膏灰浆等按本表中零星项目一般抹灰编码列项，水刷石、斩假石、干粘石、假面砖等按零星项目装饰抹灰编码列项。

（13）墙、柱（梁）面 ≤ 0.5 m² 的少量分散的抹灰按零星抹灰项目编码列项。

5.2.4　工程量清单编制示例

【例 5.3】　如图 5.8 所示，计算墙饰面分项工程的工程量并编制工程量清单。

图 5.8　墙饰面示意图

解：（1）计算工程量。

大理石墙面按设计图示尺寸以镶贴表面积计算。

$$F_{石} = (5.8 - 0.9) \times 1.1 = 5.39 \ (\mathrm{m}^2)$$

榉木板面层按图示尺寸长度乘以高度按实铺面积以 m^2 计算。

$$F_{榉} = 5.8 \times 1.85 - (2.0 - 1.1 - 0.15) \times 0.9 = 10.06 \ (\mathrm{m}^2)$$

（2）工程量清单编制，见表5.3。

表5.3　分部分项工程量清单

序号	项目编码	项目名称	项目特征	计量单位	工程数量
1	011204001001	石材墙面	（1）墙体类型：砖墙； （2）底层厚度、砂浆配合比：13 mm 厚 1∶3 水泥砂浆； （3）粘结层厚度、材料种类：1∶2.5 水泥砂浆； （4）挂贴方式：挂贴； （5）面层材料品种、规格、品牌、颜色：大理石板； （6）缝宽、吸缝材料种类：密缝、白水泥； （7）磨光、酸洗、打蜡要求：无	m^2	5.39
2	011207001001	装饰板墙面	（1）墙体类型：砖墙； （2）龙骨材料种类、规格、中距：木龙骨，断面 13 cm^2 内，中距 45 cm； （3）基层材料种类、规格：细木工板； （4）面层材料品种、规格、品牌、颜色：榉木板； （5）油漆品种、刷漆遍数：润油粉、刮腻子、聚氨酯漆两遍	m^2	10.06

【例 5.4】　如图 5.9 所示，计算柱花岗岩面层工程量并编制工程量清单（花岗岩板厚 20 mm）。

图 5.9　柱示意图

解：（1）计算工程量。

清单规则：柱花岗岩面层按设计图示尺寸以镶贴表面积计算。

圆柱部分面积：$S_{柱} = (0.4 + 2 \times 0.02) \times 3.141\,6 \times (6.0 - 0.02) = 8.27 \ (\text{m}^2)$

第一层 ~ 第二层底座平面：

$$S_{平} = (0.775 + 2 \times 0.02) \times (0.775 + 2 \times 0.02) - (0.4/2 + 0.02)^2 \times 3.141\,6 = 0.51 \ (\text{m}^2)$$

第一层底座侧面：

$$S_1 = (0.525 + 2 \times 0.02) \times 4 \times 0.126 = 0.28 \ (\text{m}^2)$$

第二层底座侧面：

$$S_2 = (0.65 + 2 \times 0.02) \times 4 \times 0.126 = 0.35 \ (\text{m}^2)$$

第三层底座侧面：

$$S_3 = (0.775 + 2 \times 0.02) \times 4 \times (0.126 + 0.02) = 0.48 \ (\text{m}^2)$$

合计：$8.27 + 0.51 + 0.28 + 0.35 + 0.48 = 9.89$（$\text{m}^2$）

（2）编制工程量清单，见表 5.4。

表 5.4　分部分项工程量清单

序号	项目编码	项目名称	项目特征	计量单位	工程数量
1	011205001001	石材柱面	（1）柱体材料：混凝土； （2）柱截面类型、尺寸：圆形 $\phi 400$； （3）粘结层厚度、材料种类：5 mm 厚 1：2.5 水泥砂浆； （4）挂贴方式：挂贴； （5）面层材料品种、规格、品牌、颜色：花岗岩（厚 20 mm）； （6）缝宽、嵌缝材料种类：密缝、白水泥； （7）磨光、酸洗、打蜡要求：有	m^2	9.89

5.3　天棚工程清单计量

5.3.1　天棚工程基础知识

天棚装饰装修工程清单项目有天棚抹灰、天棚吊顶、采光天棚工程和天棚其他装饰 4 项，如图 5.10 所示。

（a）天棚抹灰

（b）天棚吊顶

（c）采光天棚

图 5.10　天棚

　　天棚也称顶棚或吊顶，天棚的构造依据房间使用要求的不同分为直接抹灰天棚和吊顶天棚两类。

　　天棚抹灰主要包括弹水平线，洒水湿润，刷结合层（仅适用于混凝土基层），抹底灰、中灰，抹面灰等施工顺序。天棚抹灰适用于各种基层（混凝土现浇板、预制板、木板条等）上的抹灰工程。

5.3.2　工程量清单项目

5.3.2.1　天棚抹灰（编号：011301）

　　天棚抹灰（项目编码：011301001）。

　　工程内容：包括基层清理，底层抹灰，抹面层。

　　项目特征：需要描述基层类型，抹灰厚度、材料种类，砂浆配合比。

　　工程量计算规则：按设计图示尺寸以水平投影面积计算。不扣除间壁墙、垛、柱、附墙烟囱、检查口和管道所占的面积，带梁天棚、梁两侧抹灰面积并入天棚面积内，板式楼梯底面抹灰按斜面积计算，锯齿形楼梯底板抹灰按展开面积计算。

5.3.2.2　天棚吊顶（编号：011302）

1. 吊顶天棚（项目编号：011302001）

　　适用于形式上非漏空式的天棚吊顶。

工程内容：包括基层清理、吊杆安装，龙骨安装，基层板铺贴，面层铺贴，嵌缝，刷防护材料。

项目特征：需要描述吊顶形式、吊杆规格、高度，龙骨材料种类、规格、中距，基层材料种类、规格，面层材料品种、规格、压条材料种类、规格，嵌缝材料种类，防护材料种类。

吊顶形式是指平面、跌级、锯齿形、阶梯形、吊挂式、藻井式，以及矩形、弧形、拱形等形式。

基层材料是指底板或面层背后的加强材料。

面层材料的品种是指纸面石膏板、石棉装饰吸声板、铝合金罩面板、镜面玻璃等。

同一工程中其龙骨材料种类、规格、中距有不同，或龙骨材料种类、规格、中距相同但面层或基层不同。都应分别编码列项，以第五级编码不同来区分。

工程量计算规则：按设计图示尺寸以水平投影面积计算。天棚面中的灯槽及跌级、锯齿形、吊挂式、藻井式天棚面积不展开计算。不扣除间壁墙、检查口、附墙烟囱、柱垛和管道所占面积，扣除单个 > 0.3 m^2 的孔洞、独立柱及与天棚相连的窗帘盒所占的面积。

2. 格栅吊顶（项目编码：011302002）

工程内容：包括基层清理，安装龙骨，基层板铺贴，面层铺贴，刷防护材料。

项目特征：需要描述龙骨材料种类、规格、中距，基层材料种类、规格，面层材料品种、规格，防护材料种类。

工程量计算规则：按设计图示尺寸以水平投影面积计算。

3. 吊筒吊顶（项目编码：011302003）

工程内容：包括基层清理，吊筒制作安装，刷防护材料。

项目特征：需要描述吊筒形状、规格，吊筒材料种类，防护材料种类。

工程量计算规则：按设计图示尺寸以水平投影面积计算。

4. 藤条造型悬挂吊顶（项目编码：011302004）

工程内容：包括基层清理，龙骨安装，铺贴面层。

项目特征：需要描述骨架材料种类、规格，面层材料品种、规格。

工程量计算规则：按设计图示尺寸以水平投影面积计算。

5. 织物软雕吊顶（项目编码：011302005）

工程内容：包括基层清理，龙骨安装，铺贴面层。

项目特征：需要描述骨架材料种类、规格，面层材料品种、规格。

工程量计算规则：按设计图示尺寸以水平投影面积计算。

6. 装饰网架吊顶（项目编码：011302006）

工程内容：包括基层清理，网架制作安装。

项目特征：需要描述网架材料品种、规格。

工程量计算规则：按设计图示尺寸以水平投影面积计算。

5.3.2.3 采光天棚工程（编号：011303）

采光天棚（项目编码：011303001）。

工程内容：包括清理基层，面层作安装，嵌缝、塞口，清洗。

项目特征：需要描述骨架类型，固定类型、固定材料品种、规格，面层材料品种、规格，嵌缝、塞口材料种类。

工程量计算规则：按框外围展开面积计算。

5.3.2.4　天棚其他装饰（编号：011304）

1. 灯带（槽）（项目编码：011304001）

工程内容：包括安装、固定。

项目特征：需要描述灯带形式、尺寸，格栅片材料品种、规格，安装固定方式。

工程量计算规则：按设计图示尺寸以框外围面积计算。

2. 送风口、回风口（项目编码：011304002）

工程内容：包括安装、固定，刷防护材料。

项目特征：需要描述风口材料品种、规格，安装固定方式，防护材料种类。

工程量计算规则：按设计图示数量计算。

5.3.3　工程量清单编制示例

【例 5.5】　图 5.11 所示为某房屋平面图、立面图及墙身大样。该房屋内墙面、外墙面及天棚面的工程做法见表 5.5，门窗洞口尺寸见表 5.6。已知内外墙厚均为 240 mm，窗台线长按洞口宽度两端共加 200 mm 计算。试编制天棚装饰装修各分部分项工程量清单。

表 5.5　工程做法表

部　位	工程做法
内墙面	（1）5 mm 厚 1：2.5 水泥砂浆抹面，压实赶光； （2）13 mm 厚 1：3 水泥砂浆打底
内墙裙（900 mm）	（1）白水泥擦缝； （2）粘贴 5 mm 厚釉面砖； （3）8 mm 厚 1：0.1：2.5 水泥石灰膏砂浆找平； （4）12 mm 厚 1：3 水泥砂浆打底扫毛
外墙面	（1）1：1 水泥砂浆勾缝； （2）贴 6～12 mm 厚面砖； （3）6 mm 厚 1：0.1：2.5 水泥石灰膏砂浆找平； （4）12 mm 厚 1：3 水泥砂浆打底扫毛
天　棚	（1）6 mm 水泥砂浆抹面； （2）8 mm 厚 1：3 水泥砂浆打底； （3）刷素水泥浆一道（内掺 107 胶）
挑　檐	（1）1：1 水泥砂浆勾缝； （2）贴 6～12 mm 厚面砖； （3）基层用 EC 聚合物砂浆修补整平

表 5.6　门窗洞口尺寸表

门窗名称	洞口尺寸	门窗名称	洞口尺寸
M1	1 000 mm×2 400 mm	C1	1 800 mm×2 100 mm
M2	900 mm×2 100 mm		

（a）平面图　　　　　　　（b）立面图　　　　　　（c）墙身大样

图 5.11　某房屋平面图、立面图及墙身大样

解：（1）计算工程量。

① 内墙面：

$$内墙面抹灰工程量 = 内墙面净长度 × 内墙面抹灰高度 - 门窗洞口所占面积$$
$$= [(3.6 - 0.24 + 5.1 - 0.24) × 2 × 2 + (3 - 0.24 + 5.1 - 0.24) × 2] ×$$
$$(3.9 - 0.9) - 1 × 1.5 + 0.9 × 1.2 × 2 × 2 + 1.8 × 2.1 × 5$$
$$= 48.12 × 3 - 24.72 = 119.64（m^2）$$

② 内墙裙：

门框、窗框的宽度均为 100 mm，且安装于墙中线，则：

$$内墙裙贴釉面砖工程量 = 内墙裙净长度 × 内墙裙高度 - 门洞口所占面积 + 门洞口侧壁面积$$
$$= 48.12 × 0.9 - (1 × 0.9 + 0.9 × 0.9 × 2 × 2) +$$
$$\left[1 × \frac{0.24 - 0.1}{2} × 2 + 0.9 × (0.24 - 0.1) × 4 \right]$$
$$= 43.31 - 4.14 + 0.64 = 39.81（m^2）$$

③ 外墙面：

$$外墙面贴花岗岩工程量 = L_外 × 外墙面高度 - 门窗洞口、台阶所占面积 + 洞口侧壁面积$$
$$= (3.6 × 2 + 3 + 0.24 + 5.1 + 0.24) × 2 × (3.9 + 0.3) - (1 × 2.4 + 1.8 × 2.1 × 5) -$$
$$(2.4 × 0.15 + 3 × 0.15) + \frac{0.24 - 0.1}{2} × [(1 + 2.4 × 2) + (1.8 + 2.1) × 2 × 5]$$

$$= 31.56 \times 4.2 - 21.3 - 0.81 + 3.14$$
$$= 132.55 - 21.3 - 0.81 + 3.14 = 113.58（\text{m}^2）$$

④ 天棚：

$$天棚抹灰工程量 = 主墙间净面积$$
$$= (3.6 - 0.24) \times (5.1 - 0.24) \times 2 + (3 - 0.24) \times (5.1 - 0.24)$$
$$= 16.33 \times 2 + 13.41 = 46.07（\text{m}^2）$$

⑤ 挑檐：

$$挑檐贴面砖工程量 = 挑檐立板外侧面积 + 挑檐底板面积$$
$$= (L_{外} + 0.5 \times 8) \times 立板高度 + (L_{外} + 0.5 \times 4) \times 挑檐宽度$$
$$= (31.56 + 0.5 \times 8) \times 0.4 + (31.56 + 0.5 \times 4) \times 0.5$$
$$= 14.22 + 16.78 = 31（\text{m}^2）$$

（2）天棚装饰装修工程量清单的编制，见表 5.7。

表 5.7　天棚装饰装修工程量清单

序号	项目编码	项目名称	项目特征	计量单位	工程数量
1	011201001001	墙面一般抹灰（内墙）	（1）5 mm 厚 1：2.5 水泥砂浆抹面，压实赶光； （2）13 mm 厚 1：3 水泥砂浆打底	m²	119.64
2	011204003001	墙面贴面砖（外墙）	（1）白水泥擦缝； （2）贴 6～12 mm 厚面砖； （3）6 mm 厚 1：0.1：2.5 水泥石灰膏砂浆找平； （4）12 mm 厚 1：3 水泥砂浆打底扫毛	m²	113.58
3	011204003002	内墙裙粘贴釉面砖	（1）白水泥擦缝； （2）粘贴 5 mm 厚釉面砖； （3）8 mm 厚 1：0.1：2.5 水泥石灰膏砂浆找平； （4）12 mm 厚 1：3 水泥砂浆打底扫毛	m²	39.81
4	011204003003	挑檐贴面砖	（1）1：1 水泥砂浆勾缝； （2）贴 6～12 mm 厚面砖； （3）基层用 EC 聚合物砂浆修补整平	m²	31
5	011301001001	天棚抹灰	（1）6 mm 水泥砂浆抹面； （2）8 mm 厚 1：3 水泥砂浆打底； （3）刷素水泥浆一道（内掺 107 胶）	m²	46.07

【例 5.6】　如图 5.12 所示，计算吊顶工程量并编制工程量清单。

解：（1）计算工程量（图中窗帘盒长 4 000 mm，宽 180 mm）。

图 5.12　吊顶示意图

计算规则：① 各种吊顶天棚龙骨按主墙间净空面积计算，不扣除间壁墙、检查口、附墙烟囱、柱、垛和管道所占面积。但天棚中的折线、迭落等因弧形、高低吊灯槽等面积不展开计算。② 天棚装饰面积，按主墙间实铺面积以 m^2 计算，不扣除间隔墙、检查口、附墙烟囱、附墙垛和管道所占面积，应扣除独立柱及与天棚相连的窗帘盒的面积。

轻钢龙骨工程量：$S_{龙骨} = 6.0 \times 6.0 = 36 \ (m^2)$

石膏板面层工程量：$S_{面} = 6.0 \times 6.0 + 1.8 \times 4 \times 0.4 \times 4 - 4.0 \times 0.18 = 46.84 \ (m^2)$

（2）编制工程量清单，见表 5.8。

表 5.8　分部分项工程量清单

序号	项目编码	项目名称	项目特征	计量单位	工程数量
1	011302001001	天棚吊顶	吊顶形式：悬吊； 龙骨类型、材料种类、规格、中距：轻钢龙骨，上人型，600×600； 面层材科品种、规格、品牌、颜色：石膏板； 油漆品种、刷漆遍数：双飞粉两遍，乳胶漆两遍	m^2	36
2	011304002001	送风口、回风口	风口材科品种、规格、品牌、颜色：铝合金； 安装固定方式：螺钉固定	个	5

5.4　油漆、涂料、裱糊工程清单计量

5.4.1　油漆、涂料、裱糊工程基础知识

油漆、涂料、裱糊工程也可称为涂装工程。涂装工程的功能主要是：保护作用，装饰作用，特殊作用等。

油漆是一种能牢固覆盖在物体表面，起保护、装饰、标志和其他特殊用途的化学混合物。图 5.13 所示为门油漆实物示意图。

涂料工程是在底材表面涂敷一层装饰性或保护性涂料的整个过程，为获得坚固性的涂膜，涂料施工常包括底材的表面处理、涂漆、固化和涂膜检验 4 个步骤。图 5.14 所示为内墙涂料实物示意图。

图 5.13　内墙涂料实物图

图 5.14　门油漆实物图

裱糊是在建筑物内墙和顶棚表面粘贴纸张、塑料壁纸、玻璃纤维墙布、锦缎等制品的施工，是美化居住环境，满足使用的要求，并对墙体、顶棚起一定的保护作用。

5.4.2　工程量清单项目

5.4.2.1　门油漆（编号：011401）

1. 木门油漆（项目编码：011401001）

工程内容：包括基层清理，刮腻子，刷防护材料、油漆。

项目特征：应描述门类型，门代号及洞口尺寸，腻子种类，刮腻子遍数，防护材料种类，油漆品种、刷漆遍数。

工程量计算规则：以"樘"计量，按设计图示数量计算；以 m^2 计量，按设计图示洞口尺寸以面积计算。

2. 金属门油漆（项目编码：011401002）

工程内容：包括除锈、基层清理，刮腻子，刷防护材料、油漆。

项目特征：应描述门类型，门代号及洞口尺寸，腻子种类，刮腻子遍数，防护材料种类，油漆品种、刷漆遍数。

工程量计算规则：以"樘"计量，按设计图示数量计量；以 m² 计量，按设计图示洞口尺寸以面积计算。

5.4.2.2　窗油漆（编号：011402）

1. 木窗油漆（项目编码：011402001）

工程内容：包括基层清理，刮腻子，刷防护材料、油漆。

项目特征：应描述窗类型，窗代号及洞口尺寸，腻子种类，刮腻子遍数，防护材料种类，油漆品种、刷漆遍数。

工程量计算规则：以"樘"计量，按设计图示数量计量；以 m² 计量，按设计图示洞口尺寸以面积计算。

2. 金属窗油漆（项目编码：011402002）

工程内容：包括除锈、基层清理，刮腻子，刷防护材料、油漆。

项目特征：应描述窗类型，窗代号及洞口尺寸，腻子种类，刮腻子遍数，防护材料种类，油漆品种、刷漆遍数。

工程量计算规则：以"樘"计量，按设计图示数量计量；以 m² 计量，按设计图示洞口尺寸以面积计算。

5.4.2.3　木扶手及其他板条、线条油漆（编号：011403）

木扶手及其他板条、线条油漆工程包括木扶手油漆（011403001），窗帘盒油漆（011403002），封檐板（011403003）、顺水板油漆（011403004），挂衣板、黑板框油漆（011403005），挂镜线、窗帘棍、单独木线油漆（011403006）。

工程内容：包括基层清理，刮腻子，刷防护材料、油漆。应描述断面尺寸，腻子种类，刮腻子遍数，防护材料种类，油漆品种、刷漆遍数。工程量计算规则是按设计图示尺寸以长度计算。

5.4.2.4　木材面油漆（编号：011404）

木护墙、木墙裙油漆（011404001），窗台板、筒子板、盖板、门窗套、踢脚线油漆（011404002），清水板条天棚、檐口油漆（011404003），木方格吊顶天棚油漆（011404004），吸音板墙面、天棚面油漆（011404005），暖气罩油漆（011404006），其他木材面（011404007），木间壁、木隔断油漆（011404008），玻璃间壁露明墙筋油漆（011404009），木栅栏、木栏杆（带扶手）油漆（011404010），衣柜、壁柜油漆（011404011），梁柱饰面油漆（011404012），零星木装修油漆（011404013），木地板油漆（011404014），木地板烫硬蜡面（011404015）。

前 14 项的工程内容为基层清理，刮腻子，刷防护材料、油漆。应描述腻子种类，刮腻子遍数，防护材料种类，油漆品种、刷漆遍数。

木地板烫硬蜡面（011404015）的工程内容为基层清理和烫蜡。应描述腻子种类，刮腻子遍数，防护材料种类，油漆品种、刷漆遍数。应描述硬蜡品种和面层处理要求。

1~7 项按设计图示尺寸以面积计算；8~10 项按设计图示尺寸以单面外围面积计算；11~13 项按设计图示尺寸以油漆部分展开面积计算；14、15 项按设计图示尺寸以面积计算，空洞、空圈、暖气包槽、壁龛的开口部分并入相应的工程量内。

5.4.2.5　金属面油漆（编号：011405）

金属面油漆（011405001）

工程内容：包括基层清理，刮腻子，刷防护材料、油漆。

项目特征：应描述构件名称，腻子种类，刮腻子要求，防护材料种类，油漆品种、刷漆遍数。

工程量计算规则：以 t 计量，按设计图示尺寸以质量计算；以 m² 计量，按设计展开面积计算。

5.4.2.6　抹灰面油漆（编号：011406）

1.　抹灰面油漆（项目编码：011406001）

工程内容：包括基层清理，刮腻子，刷防护材料、油漆。

项目特征：应描述基层类型，腻子种类，刮腻子遍数，防护材料种类，油漆品种、刷漆遍数，部位。

工程量计算规则：按设计图示尺寸以面积计算。

2.　抹灰线条油漆（项目编码：011406002）

工程内容：包括基层清理，刮腻子，刷防护材料、油漆。

项目特征：应描述线条宽度、道数，腻子种类，刮腻子遍数，防护材料种类，油漆品种、刷漆遍数。

工程量计算规则：按设计图示尺寸以长度计算。

3.　满刮腻子（项目编码：011406003）

工程内容：包括基层清理，刮腻子。

项目特征：应描述基层类型，腻子种类，刮腻子遍数。

工程量计算规则：按设计图示尺寸以面积计算。

5.4.2.7　喷刷涂料（编号：011407）

1.　墙面喷刷涂料（项目编码：011407001）

工程内容：包括基层清理，刮腻子，刷、喷涂料。

项目特征：应描述基层类型，喷刷涂料部位，腻子种类，刮腻子要求，涂料品种、喷刷遍数。

工程量计算规则：按设计图示尺寸以面积计算。

2.　天棚喷刷涂料（项目编码：011407002）

工程内容：包括基层清理，刮腻子，刷、喷涂料。

项目特征：应描述基层类型，喷刷涂料部位，腻子种类，刮腻子要求，涂料品种、喷刷遍数。

工程量计算规则：按设计图示尺寸以面积计算。

3. 金属构件刷防火涂料（项目编码：011407005）

工程内容：包括基层清理，刷防护材料、油漆。

项目特征：应描述喷刷防火涂料构件名称，防火等级要求，涂料品种、喷刷遍数。

工程量计算规则：以 t 计量，按设计图示尺寸以质量计算；以 m^2 计量，按设计展开面积计算。

4. 木材构件喷刷防火涂料（项目编码：011407006）

工程内容：包括基层清理，刷防火材料。

项目特征：应描述喷刷防火涂料构件名称，防火等级要求，涂料品种、喷刷遍数。

工程量计算规则：以 m^2 计量，按设计图示尺寸以面积计算；以 m^2 计量，按设计结构尺寸以体积计算。

5.4.2.8　裱糊（编号：011408）

1. 墙纸裱糊（项目编码：011408001）

工程内容：包括基层清理，刮腻子，面层铺粘，刷防护材料。

项目特征：应描述基层类型，裱糊部位，腻子种类，刮腻子遍数，粘结材料种类，防护材料种类，面层材料品种、规格、颜色。

工程量计算规则：按设计图示尺寸以面积计算。

2. 木门油漆（项目编码：011408002）

工程内容：包括基层清理，刮腻子，面层铺粘，刷防护材料。

项目特征：应描述基层类型，裱糊部位，腻子种类，刮腻子遍数，粘结材料种类，防护材料种类，面层材料品种、规格、颜色。

工程量计算规则：按设计图示尺寸以面积计算。

5.4.3　工程量计算规则

（1）木门油漆应区分木大门、单层木门、双层（一玻一纱）木门、双层（单裁口）木门、全玻自由门、半玻自由门、装饰门及有框门或无框门等项目，分别编码列项。

（2）金属门油漆应区分平开门、推拉门、钢制防火门等项目，分别编码列项。

（3）以 m^2 计量，项目特征可不必描述洞口尺寸。

（4）木窗油漆应区分单层木门、双层（一玻一纱）木窗、双层框扇（单裁口）木窗、双层框三层（二玻一纱）木窗、单层组合窗、双层组合窗、木百叶窗、木推拉窗等项目，分别编码列项。

（5）金属窗油漆应区分平开窗、推拉窗、固定窗、组合窗、金属隔栅窗等项目、分别编码列项。

（6）以 m^2 计量，项目特征可不必描述洞口尺寸。

（7）木扶手应区分带托板与不带托板，分别编码列项，若是木栏杆代扶手，木扶手不应单独列项，应包含在木栏杆油漆中。

（8）喷刷墙面涂料部位要注明内墙或外墙。

（9）楼梯木扶手工程量按中心线斜长计算，弯头长度应计算在扶手长度内。

（10）博风板工程量按中心线斜长计算，有大刀头的每个大刀头增加长度 50 cm。

（11）木板、纤维板、胶合板油漆，单面油漆按单面面积计算，双面油漆按双面面积计算。

（12）木护墙、木墙裙油漆按垂直投影面积计算。

（13）台板、筒子板、盖板、门窗套、踢脚线油漆按水平或垂直投影面积（门窗套的贴脸板和筒子板垂直投影面积合并）计算。

（14）清水板条天棚、檐口油漆、木方格吊顶天棚油漆以水平投影面积计算，不扣除孔洞面积。

（15）暖气罩油漆，垂直面按垂直投影面积计算，突出墙面的水平面按水平投影面积计算，不扣除孔洞面积。

（16）工程量以面积计算的油漆、涂料项目，线角、线条、压条等不展开。

5.4.4　工程清单编制示例

【例 5.7】　　如图 5.15 所示，墙面、天棚粘贴对花壁纸，门窗洞口侧面粘贴壁纸 100 mm，房间净高 3.0 m，踢脚板高 150 mm，墙面与天棚交接出粘定 41 mm×85 mm 木装饰压角线，计算墙面天棚粘贴壁纸工程量并编制工程量清单。

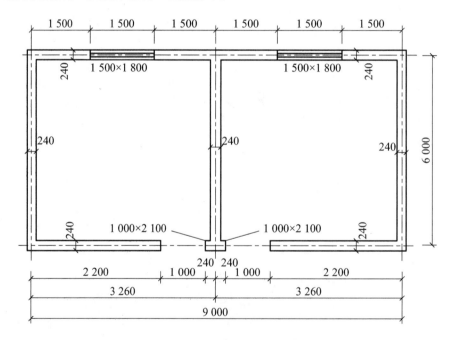

图 5.15　某平房平面图

解：（1）墙面粘贴壁纸工程量：

$$[(6-0.24)+(4.5-0.24)]\times 2\times (3.0-0.15)\times 2-1.0\times (2.1-0.15)\times 2-$$
$$1.5\times 1.8\times 2+[(2.1-0.15)\times 2+1.0]\times 0.1\times 2+(1.5+1.8)\times 2\times 0.1\times 2$$
$$=107.23\ (\text{m}^2)$$

（2）天棚粘贴壁纸工程量：$(6-0.24)\times (4.5-0.24)\times 2=49.08\ (\text{m}^2)$

（3）工程量清单，见表 5.9。

表 5.9　工程量清单

序号	项目编码	项目名称	项目特征	计量单位	工程数量
1	011408001001	墙纸裱糊	部位：墙面、天棚； 面层：粘贴对花壁纸	156.31	m²

【例 5.8】　全玻璃门，尺寸如图 5.16 所示，油漆为底油一遍，调合漆三遍，计算工程量，编写清单。

解：（1）计算油漆工程量：

$$油漆工程量 = 1.50 \times 2.40 = 3.6（m^2）$$

（2）工程量清单，见表 5.10。

图 5.16

表 5.10　工程量清单

序号	项目编码	项目名称	项目特征	计量单位	工程数量
1	011401001001	墙纸裱糊	全玻璃门，油漆为底油一遍，调合漆三遍	3.6	m²

5.5　其他装饰工程清单计量

5.5.1　其他装饰工程基础知识

其他装饰装修工程清单项目共分为 7 节 59 个项目，包括柜类、货架，暖气罩（见图 5.17），浴厕配件，压条、装饰线，雨篷、旗杆，招牌、灯箱，美术字等，适用于装饰物件的制作、安装工程。

压条是指在安装某物时，为了安装牢固，而用一些条状的物压在边上进行固定，如图 5.18 所示。例如木窗安装玻璃时，玻璃安在框内后钉一些木条在玻璃边上进行固定。

图 5.17　暖气罩

图 5.18 压条

5.5.2　工程量清单项目

5.5.2.1　扶手、栏杆、栏板装饰（编号：011503）

扶手、栏杆、栏板装饰工程分为金属扶手、栏杆、栏板（011503001），硬木扶手、栏杆、栏板（011503002），塑料扶手、栏杆、栏板（011503003），GRC 栏杆、扶手（011503004），金属靠墙扶手（011503005），硬木靠墙扶手（011503006），塑料靠墙扶手（011503007），玻璃栏板（011503008）8 个项目。

工程内容：包括制作，运输，安装，刷防护材料。

项目特征：金属扶手、栏杆、栏板，硬木扶手、栏杆、栏板，塑料扶手、栏杆、栏板需要描述扶手材料种类、规格、品牌，栏杆材料种类、规格、品牌，栏板材料种类、规格、品牌、颜色，固定配件种类，防护材料种类。GRC 栏杆、扶手需要描述栏杆的规格，安装间距，扶手类型规格；填充材料种类。金属靠墙扶手需要描述扶手材料种类、规格、品牌，固定配件种类，防护材料种类。玻璃栏板需要描述栏杆玻璃的种类、规格、颜色，固定方式，固定配件种类。

工程量计算规则：按设计图示以扶手中心线长度（包括弯头长度）计算。

5.5.2.2　暖气罩（编号：011504）

暖气罩工程包括饰面板暖气罩（011504001），塑料板暖气罩（011504002），金属暖气罩（011504003）。

工程内容：包括暖气罩制作、运输、安装，刷防护材料、油漆。

项目特征：需要描述暖气罩材质，防护材料种类。

工程量计算规则：按设计图示尺寸以垂直投影面积（不展开）计算。

5.5.2.3　浴厕配件（编号：011505）

1. 洗漱台（项目编码：011505001）

工程内容：包括台面及支架、运输、安装，杆、环、盒、配件安装，刷油漆。

项目特征：需要描述材料品种、规格、品牌、颜色，支架、配件品种、规格、品牌。

工程量计算规则：按设计图示尺寸以台面外接矩形面积计算。不扣除孔洞、挖弯、削角所占面积，挡板、吊沿板面积并入台面面积内，按设计图示数量计算。

2.　晒衣架（项目编码：011505002）

工程内容：包括台面及支架、运输、安装，杆、环、盒、配件安装，刷油漆。

项目特征：需要描述材料品种、规格、品牌、颜色，支架、配件品种、规格、品牌。

工程量计算规则：按设计图示数量计算。

3.　帘子杆（项目编码：011505003）

工程内容：包括台面及支架、运输、安装，杆、环、盒、配件安装，刷油漆。

项目特征：需要描述材料品种、规格、品牌、颜色，支架、配件品种、规格、品牌。

工程量计算规则：按设计图示数量计算。

4.　浴缸拉手（项目编码：011505004）

工程内容：包括台面及支架、运输、安装，杆、环、盒、配件安装，刷油漆。

项目特征：需要描述材料品种、规格、品牌、颜色，支架、配件品种、规格、品牌。

工程量计算规则：按设计图示数量计算。

5.　卫生间扶手（项目编码：011505005）

工程内容：包括台面及支架、运输、安装，杆、环、盒、配件安装，刷油漆。

项目特征：需要描述材料品种、规格、品牌、颜色；支架、配件品种、规格、品牌。

工程量计算规则：按设计图示数量计算。

6.　毛巾杆（架）（项目编码：011505006）

工程内容：包括台面及支架制作、运输、安装，杆、环、盒、配件安装；刷油漆。

项目特征：需要描述材料品种、规格、品牌、颜色，支架、配件品种、规格、品牌。

工程量计算规则：按设计图示数量计算。

7.　毛巾环（项目编码：011505007）

工程内容：包括台面及支架制作、运输、安装，杆、环、盒、配件安装，刷油漆。

项目特征：需要描述材料品种、规格、品牌、颜色，支架、配件品种、规格、品牌。

工程量计算规则：按设计图示数量计算。

8.　卫生纸盒（项目编码：011505008）

工程内容：包括台面及支架制作、运输、安装，杆、环、盒、配件安装，刷油漆。

项目特征：需要描述材料品种、规格、品牌、颜色；支架、配件品种、规格、品牌。

工程量计算规则：按设计图示数量计算。

9.　肥皂盒（项目编码：011505009）

工程内容：包括台面及支架制作、运输、安装，杆、环、盒、配件安装，刷油漆。

项目特征：需要描述材料品种、规格、品牌、颜色，支架、配件品种、规格、品牌。

工程量计算规则：按设计图示数量计算。

10.　镜面玻璃（项目编码：011505010）

工程内容：包括基层安装；玻璃及框制作、运输、安装。

项目特征：需要描述镜面玻璃品种、规格，框材质、断面尺寸，基层材料种类，防护材料种类。

工程量计算规则：按设计图示尺寸以边框外围面积计算。

11. 镜箱（项目编码：011505011）

工程内容：包括基层安装，箱体制作、运输、安装，玻璃安装，刷防护材料、油漆。

项目特征：需要描述箱材质、规格，玻璃品种、规格，基层材料种类，防护材料种类，油漆品种、刷漆遍数。

工程量计算规则：按设计图示数量计算。

5.5.2.4 雨篷、旗杆（编号：011506）

1. 雨篷吊挂饰面（项目编码：011506001）

工程内容：包括底层抹灰，龙骨基层安装，面层安装，刷防护材料、油漆。

项目特征：需要描述基层类型，龙骨材料种类、规格、中距，面层材料品种、规格、品牌，吊顶（天棚）材料品种、规格、品牌，嵌缝材料种类，防护材料种类。

工程量计算规则：按设计图示尺寸以水平投影面积计算。

2. 金属旗杆（项目编码：011506002）

工程内容：包括土石挖、填、运，基础混凝土浇筑，旗杆制作、安装，旗杆台座制作、饰面。

项目特征：需要描述旗杆材料、种类、规格，旗杆高度，基础材料种类，基座材料种类，基座面层材料、种类、规格。

工程量计算规则：按设计图示数量计算。

3. 玻璃雨篷（项目编码：011506003）

工程内容：包括龙骨基层安装，面层安装，刷防护材料、油漆。

项目特征：需要描述玻璃雨篷固定方式，龙骨材料种类、规格、中距，玻璃材料品种、规格、品牌，嵌缝材料种类，防护材料种类。

工程量计算规则：按设计图示尺寸以水平投影面积计算。

5.5.2.5 招牌、灯箱（编号：011507）

1. 平面、箱式招牌（项目编码：011507001）

工程内容：包括基层安装，箱体及支架制作、运输、安装，面层制作、安装，刷防护材料、油漆。

项目特征：需要描述箱体规格，基层材料种类，面层材料种类，防护材料种类。

工程量计算规则：按设计图示尺寸以正立面边框外围面积计算。复杂形的凸凹造型部分。

2. 竖式标箱（项目编码：011507002）

工程内容：包括基层安装，箱体及支架制作、运输、安装，面层制作、安装，刷防护材料、油漆。

项目特征：需要描述箱体规格，基层材料种类，面层材料种类，防护材料种类。

工程量计算规则：按设计图示数量计算。

3. 灯箱（项目编码：011507003）

工程内容：包括基层安装；箱体及支架制作、运输、安装，面层制作、安装，刷防护材料、油漆。

项目特征：需要描述箱体规格，基层材料种类，面层材料种类，防护材料种类。

工程量计算规则：按设计图示数量计算。

4. 信报箱（项目编码：011507004）

工程内容：包括基层安装，箱体及支架制作、运输、安装，面层制作、安装，刷防护材料、油漆。

项目特征：需要描述箱体规格，基层材料种类，面层材料种类，保护材料种类。

工程量计算规则：按设计图示数量计算。

5.5.2.6　美术字（编号：011508）

美术字包括泡沫塑料字（011508001），有机玻璃字（011508002），木质字（011508003），金属字（011508004），吸塑字（011508005）。

工程内容：包括字制作、运输、安装，刷油漆。

项目特征：需要描述基层类型，镂字材料品种、颜色，字体规格，固定方式，油漆品种、刷漆遍数。

工程量计算规则：按设计图示数量计算。

5.6　拆除工程清单计量

5.6.1　拆除工程基础知识

随着我国城市现代化建设的加快，旧建筑拆除工程也日益增多。拆除物的结构也从砖木结构发展到了混合结构、框架结构、板式结构等，从房屋拆除发展到烟囱、水塔、桥梁、码头等建筑物或构筑物的拆除。因而建（构）筑物的拆除施工近年来已形成一种行业的趋势。拆除工程是指对已经建成或部分建成的建筑物进行拆除的工程。

拆除工程按拆除的标的物分为：民用建筑的拆除、工业厂房的拆除、地基基础的拆除。机械设备的拆除、工业管道的拆除、电气线路的拆除、施工设施的拆除等；按拆除的程度，可分为全部拆除和部分拆除（或叫局部拆除）；按拆下的建筑构件和材料的利用程度不同，分为毁坏性拆除和拆卸；按拆除建筑物和拆除物的空间位置不同，有地上拆除和地下拆除之分。

5.6.2　措施项目清单

5.6.2.1　砖砌体拆除（编号：011601）

砖砌体拆除（项目编码：011601001）。

工程内容：包括拆除，控制扬尘，清理，建渣场内、外运输。

项目特征：应描述砌体名称，砌体材质，拆除高度，拆除砌体的截面尺寸，砌体表面的附着物种类。

工程量计算规则：以 m^3 计量，按拆除的体积计算；以 m 计量，按拆除的延长米计算。

5.6.2.2　混凝土及钢筋混凝土构件拆除（编号：011602）

1. 混凝土构件拆除（项目编码：011602001）

工程内容：包括拆除，控制扬尘，清理，建渣场内、外运输。

项目特征：应描述构件名称，拆除构件的厚度或规格尺寸，构件表面的附着物种类。

工程量计算规则：以 m^3 计算，按拆除构件的混凝土体积计算；以 m^2 计算，按拆除部位的面积计算；以 m 计算，按拆除部位的延长米计算。

2. 钢筋混凝土构件拆除（项目编码：011602002）

工程内容：包括拆除，控制扬尘，清理，建渣场内、外运输。

项目特征：应描述构件名称，拆除构件的厚度或规格尺寸，构件表面的附着物种类。

工程量计算规则：以 m^3 计算，按拆除构件的混凝土体积计算；以 m^2 计算，按拆除部位的面积计算；以 m 计算，按拆除部位的延长米计算。

5.6.2.3　木构件拆除（编号：011603）

木构件拆除（项目编码：011603001）。

工程内容：包括拆除，控制扬尘，清理，建渣场内、外运输。

项目特征：应描述构件名称，拆除构件的厚度或规格尺寸，构件表面的附着物种类。

工程量计算规则：以 m^3 计算，按拆除构件的混凝土体积计算；以 m^2 计算，按拆除面积计算；以 m 计算，按拆除延长米计算。

5.6.2.4　抹灰面拆除（编号：011604）

抹灰面拆除工程包括平面抹灰层拆除（011604001）、立面抹灰层拆除（011604002）、天棚抹灰面拆除（011604003）3 个部分。

这 3 项的工程内容均包括拆除，控制扬尘，清理，建渣场内、外运输。项目特征需要描述拆除部位及抹灰层种类；抹灰种类可描述为一般抹灰或装饰抹灰。工程量的计算规则为按拆除部位的面积计算。

5.6.2.5　块料面层拆除（编号：011605）

块料面层拆除工程包括平面块料拆除（011605001）和立面块料拆除（011605002）。工程内容包括拆除，控制扬尘，清理，建渣场内、外运输。项目特征需要描述拆除的基层类型，饰面材料种类。工程量的计算规则为按拆除面积计算。

拆除的基层类型的描述指砂浆层、防水层、干挂或挂贴所采用的钢骨架层等。如仅拆除块料层，拆除的基层类型不用描述。

5.6.2.6　龙骨及饰面拆除（编号：011606）

龙骨及饰面拆除工程包括楼地面龙骨及饰面拆除（011606001）、墙柱面龙骨及饰面拆除（011606002）、天棚面龙骨及饰面拆除（011606003）。

工程内容：包括拆除，控制扬尘，清理，建渣场内、外运输。

项目特征：应描述拆除的基层类型，龙骨及饰面种类。

工程量计算规则：按拆除面积计算。

基层类型的描述指砂浆层、防水层等。如仅拆除龙骨及饰面，拆除的基层类型不用描述。如只拆除饰面，不用描述龙骨材料种类。

5.6.2.7　屋面拆除（编号：011607）

屋面拆除工程包括刚性层拆除（011607001）和防水层拆除（011607002）。

刚性层拆除和防水层拆除的工程内容包括铲除，控制扬尘，清理，建渣场内、外运输。刚性层拆除需要描述刚性层厚度，防水层拆除需要描述防水层厚度。

刚性层拆除和防水层拆除的工程量计算规则是按铲除部位的面积计算。

5.6.2.8　铲除油漆涂料裱糊面（编号：011608）

铲除油漆涂料裱糊面工程包括铲除油漆面（011608001），铲除涂料面（011608002），铲除裱糊面（011608003）。工程内容包括铲除，控制扬尘，清理，建渣场内、外运输。需要描述铲除部位名称和铲除部位的截面尺寸。以 m^2 计算，按铲除部位的面积计算；以 m 计算，按铲除部位的延长米计算。

单独铲除油漆涂料裱糊面的工程按本表中的编码列项。铲除部位名称的描述指墙面、柱面、天棚、门窗等。按 m 计量，必须描述铲除部位的截面尺寸；以 m^2 计量时，则不用描述铲除部位的截面尺寸。

5.6.2.9　栏杆、轻质隔断隔墙拆除（编号：011609）

栏杆、轻质隔断隔墙拆除工程包括栏杆、栏板拆除（011609001）和隔断隔墙拆除（011609002）。工程内容包括拆除，控制扬尘，清理，建渣场内、外运输。

栏杆、栏板拆除项目特征需要描述栏杆（板）的高度，栏杆、栏板种类。工程量计算规则是以 m^2 计量，按拆除部位的面积计算；以 m 计量，按拆除的延长米计算。

隔断隔墙拆除项目特征应描述拆除隔墙的骨架种类，拆除隔墙的饰面种类。工程量计算规则按拆除部位的面积计算。

以 m^2 计量，不用描述栏杆（板）的高度。

5.6.2.10　门窗拆除（编号：011610）

门窗拆除工程包括木门窗拆除（011610001）和金属门窗拆除（011610002）。工程内容包括铲除；控制扬尘；清理；建渣场内、外运输。需要描述的项目特征包括室内高度；门窗洞口尺寸。以 m^2 计量，按拆除面积计算；以 "樘" 计量，按拆除樘数计。门窗拆除以 m^2 计量，不用描述门窗的洞口尺寸。

注：室内高度指室内楼地面至门窗的上边框。

5.6.2.11　金属构件拆除（编号：011611）

金属构件拆除工程包括钢梁拆除（011611001），钢柱拆除（011611002），钢网架拆除（011611003），钢支撑、钢墙架拆除（011611004），其他金属构件拆除（011611005）。

工程内容包括铲除，控制扬尘，清理，建渣场内、外运输。项目特征需要描述构件名称；拆除构件的规格尺寸。

钢梁拆除，钢柱拆除，钢支撑、钢墙架拆除及其他金属构件拆除以 t 计算，按拆除构件的质量计算；以 m 计算，按拆除延长米计算。钢网架拆除按拆除构件的质量 t 计算。

5.6.2.12　管道及卫生洁具拆除（编号：011612）

1. 管道拆除（项目编码：011612001）

工程内容：包括拆除，控制扬尘，清理，建渣场内、外运输。

项目特征：应描述管道种类、材质，管道上的附着物种类。

工程量计算规则：按拆除管道的延长米计算。

2. 卫生洁具拆除（项目编码：011612002）

工程内容：包括拆除，控制扬尘，清理，建渣场内、外运输。

项目特征：应描述卫生洁具种类。

工程量计算规则：按拆除的数量（套/个）。

5.6.2.13　灯具、玻璃拆除（编号：011613）

1. 灯具拆除（项目编码：011613001）

工程内容：包括拆除，控制扬尘，清理，建渣场内、外运输。

项目特征：需要描述拆除灯具高度，灯具种类。

工程量计算规则：按拆除的数量（套）计算。

2. 玻璃拆除（项目编码：011613002）

工程内容：包括拆除，控制扬尘，清理，建渣场内、外运输。

项目特征：应描述玻璃厚度，拆除部位。

工程量计算规则：按拆除的面积计算。

5.6.2.14　其他构件拆除（编号：011614）

1. 暖气罩拆除（项目编码：011614001）

工程内容：包括拆除，控制扬尘，清理，建渣场内、外运输。

项目特征：需要描述暖气罩材质。

工程量计算规则：以"个"为单位计量，按拆除个数计算；以 m 为单位计量，按拆除延长米计算。

2. 柜体拆除（项目编码：011614002）

工程内容：包括拆除，控制扬尘，清理，建渣场内、外运输。

项目特征：需要描述柜体材质；柜体尺寸（长、宽、高）。

工程量计算规则：以"个"为单位计量，按拆除个数计算；以 m 为单位计量，按拆除延长米计算。

3. 窗台板拆除（项目编码：011614003）

工程内容：包括拆除，控制扬尘，清理，建渣场内、外运输。

项目特征：需要描述窗台板平面尺寸。

工程量计算规则：以"块"计量，按拆除数量计算；以 m 计量，按拆除的延长米计算。

4. 筒子板拆除（项目编码：011614004）

工程内容：包括拆除，控制扬尘，清理，建渣场内、外运输。

项目特征：需要描述筒子板的平面尺寸。

工程量计算规则：以"块"计量，按拆除数量计算；以 m 计量，按拆除的延长米计算。

5. 窗帘盒拆除（项目编码：011614005）

工程内容：包括拆除，控制扬尘，清理，建渣场内、外运输。

项目特征：需要描述窗帘盒的平面尺寸。

工程量计算规则：按拆除的延长米计算。

6. 窗帘轨拆除（项目编码：011614006）

工程内容：包括拆除，控制扬尘，清理，建渣场内、外运输。

项目特征：需要描述窗帘轨的材质。

工程量计算规则：按拆除的延长米计算。双轨窗帘轨拆除按双轨长度分别计算工程量。

5.6.2.15　开孔（打洞）（编号：011615）

开孔（打洞）工程（011615001）的工作内容为拆除，控制扬尘，清理，建渣场内、外运输。需要描述部位，打洞部位材质，洞尺寸。按数量（个）计算。

5.6.3　工程量计算规则

（1）砌体名称指墙、柱、水池等。

（2）砌体表面的附着物种类指抹灰层、块料层、龙骨及装饰面层等。

（3）以 m 计量，如砖地沟、砖明沟等必须描述拆除部位的截面尺寸；以 m^3 计量，截面尺寸则不必描述。

（4）以 m^3 作为计量单位时，可不描述构件的规格尺寸；以 m^2 作为计量单位时，则应描述构件的厚度；以 m 作为计量单位时，则必须描述构件的规格尺寸。

（5）构件表面的附着物种类指抹灰层、块料层、龙骨及装饰面层等。

（6）拆除木构件应按木梁、木柱、木楼梯、木屋架、承重木楼板等分别在构件名称中描述。

（7）以 m^3 作为计量单位时，可不描述构件的规格尺寸；以 m^2 作为计量单位时，则应描述构件的厚度；以 m 作为计量单位时，则必须描述构件的规格尺寸。

（8）构件表面的附着物种类指抹灰层、块料层、龙骨及装饰面层等。

5.7　措施项目清单计量

5.7.1　措施项目基础知识

措施项目指为了完成工程施工，发生于该工程施工前和施工过程，主要指技术、生活、安全等方面的非工程实体项目。

综合脚手架综合了建筑物中砌筑内外墙所需用的砌墙脚手架、运料斜坡、上料平台、金属卷扬机架、外墙粉刷脚手架等内容。它是工业和民用建筑物砌筑墙体（包括其外粉刷），所使用的一种脚手架。

外脚手架是为建筑施工而搭设在外墙外边线外的上料、堆料与施工作业用的临时结构架，如图5.19所示。

里脚手架里脚手架搭设于建筑物内部，每砌完一层墙后，即将其转移到上一层楼面，进行新一层的砌体砌筑，它可用于内外墙的砌筑和室内装饰施工。

垂直运输是指物料的上下运输。机械包括塔式起重机、施工升降机、物料提升机等。

措施项目包括脚手架工程，混凝土模板及支架（撑），垂直运输（见图5.20），超高施工增加，大型机械设备及进出场及安拆，施工排水，降水，安全文明施工及其他措施项目。

图5.19　外脚手架

图5.20　垂直运输

5.7.2　措施项目清单

5.7.2.1　脚手架工程（编号：011701）

1. 综合脚手架（项目编码：011701001）

工程内容：包括场内、场外材料搬运，搭、拆脚手架、斜道、上料平台斜道、上料平台，安全网的铺设，选择附墙点与主体连接，测试电动装置、安全锁等，拆除脚手架后材料的堆放。

项目特征：需要描述建筑结构形式，檐口高度。

工程量计算规则：按建筑面积计算。

2. 外脚手架（项目编码：011701002）

工程内容：场内、场外材料搬运，搭、拆脚手架、斜道、上料平台，安全网的铺设，拆除脚手架后材。

项目特征：搭设方式，搭设高度，脚手架材质。

工程量计算规则：按所服务对象的垂直投影面积计算。

3. 里脚手架（项目编码：011701003）

工程内容：包括场内、场外材料搬运，搭、拆脚手架、斜道、上料平台，安全网的铺设，拆除脚手架后材。

项目特征：需要描述搭设方式，搭设高度，脚手架材质。

工程量计算规则：按所服务对象的垂直投影面积计算。

4. 悬空脚手架（项目编码：011701004）

工程内容：包括场内、场外材料搬运，搭、拆脚手架、斜道、上料平台斜道、上料平台，安全网的铺设，选择附墙点与主体连接，测试电动装置、安全锁等，拆除脚手架后材料的堆放。

项目特征：需要描述搭设方式，悬挑宽度，脚手架材质。

工程量计算规则：按搭设的水平投影面积计算。

5. 挑脚手架（项目编码：011701005）

工程内容：包括场内、场外材料搬运，搭、拆脚手架、斜道、上料平台斜道、上料平台，安全网的铺设，选择附墙点与主体连接，测试电动装置、安全锁等，拆除脚手架后材料的堆放。

项目特征：需要描述搭设方式，悬挑宽度，脚手架材质。

工程量计算规则：按搭设长度乘以搭设层数以延长米计算。

6. 满堂脚手架（项目编码：011701006）

工程内容：包括场内、场外材料搬运，搭、拆脚手架、斜道、上料平台斜道、上料平台，安全网的铺设，选择附墙点与主体连接，测试电动装置、安全锁等，拆除脚手架后材料的堆放。

项目特征：需要描述搭设方式，搭设高度，脚手架材质。

工程量计算规则：按搭设的水平投影面积计算。

7. 整体提升架（项目编码：011701007）

工程内容：包括场内、场外材料搬运，选择附墙点与主体连接，搭、拆脚手架、斜道、上料平台，安全网的铺设，测试电动装置、安全锁等，拆除脚手架后材料的堆放。

项目特征：需要描述搭设方式及启动装置，搭设高度。

工程量计算规则：按所服务对象的垂直投影面积计算。

8. 外装饰吊篮（项目编码：011701008）

工程内容：包括场内、场外材料搬运，吊篮的安装，测试电动装置、安全锁、平衡控制器等，吊篮的拆卸。

项目特征：需要描述升降方式及启动装置，搭设高度及吊篮型号。

工程量计算规则：按所服务对象的垂直投影面积计算。

5.7.2.2　混凝土模板及支架（撑）（编号：011702）

混凝土模板及支架（撑）工程共包括基础，矩形柱，构造柱，异形柱，基础梁，矩形梁，异形梁，圈梁，过梁，弧形、拱形梁，直形墙，弧形墙，短肢剪力墙、电梯井壁，有梁板，无梁板，平板，拱板，薄壳板，空心板，其他板，栏板，天沟、檐沟，雨棚、悬挑板、阳台板，楼梯，其他现浇构件，电缆沟、地沟，台阶，扶手，散水，后浇带，化粪池和检查井共32个项目，项目编码依次为011702001～0117020032。

关于工程内容，以上32项都需要完成模板制作；模板安装、拆除、整理堆放及场内外运输；清理模板粘结物及模内杂物、刷隔离剂等。

关于项目特征，基础模板及支架（撑）需要描述基础类性；异形柱模板及支架（撑）需要描述柱截面形状；基础梁模板及支架（撑）需要描述梁截面形状；矩形梁有梁板，无梁板，平板，拱板，薄壳板，空心板，其他板模板及支架（撑）需要描述支撑高度；异型梁和弧形、拱形梁模板及支架（撑）需要描述梁截面形状和支撑高度；天沟、檐沟和其他现浇构件模板及支架（撑）需要描述构件类型；雨棚、悬挑板、阳台板模板及支架（撑）需要描述构件类型和板厚度；楼梯模板及支架（撑）需要描述类型；电缆沟、地沟模板及支架（撑）需要描述沟类型和沟截面；台阶模板及支架（撑）需要描述台阶踏步宽；扶手模板及支架（撑）需要描述扶手断面尺寸；后浇带模板及支架（撑）需要描述后浇带部位；化粪池模板及支架（撑）需要描述化粪池部位和化粪池规格；检查井模板及支架（撑）需要描述检查井部位和检查井规格。

关于工程量计算规则，前21项按模板与现浇混凝土构件的接触面积计算。

现浇钢筋混凝土墙、板单孔面积≤0.3 m^2 的空洞不予扣除，洞侧壁模板亦不增加；单孔面积>0.3 m^2 时应予扣除，洞侧壁模板面积并入墙、板工程量内计算；现浇框架分别按梁、板、柱有关规定计算；附墙柱、暗梁、暗柱并入墙内工程量内计算；柱、梁、墙、板相互连接的重叠部分，均不计算模板面积；构造柱按图示外露部分计算模板面积。

天沟、檐沟，雨棚、悬挑板、阳台板，其他现浇构件，电缆沟、地沟，台阶，扶手，散水，后浇带，化粪池和检查井项目按模板与现浇混凝土构件的接触面积计算。

楼梯项目按楼梯（包括休息平台、平台梁、斜梁和楼层板的连接梁）的水平投影面积计算，不扣除宽度≤500 mm的楼梯井所占面积，楼梯踏步、踏步板、平台梁等侧面模板不另计算，伸入墙内部分亦不增加。

5.7.2.3　垂直运输（编号：011703）

垂直运输（项目编码：011703001）。

工程内容：包括垂直运输机械的固定装置、基础制作、安装，行走式垂直运输机械轨道的铺设、拆除、摊销。

项目特征：需要描述建筑物建筑类型及结构形式，地下室建筑面积，建筑物檐口高度、层数。

工程量计算规则：按建筑面积计算，按施工工期日历天数计算。

5.7.2.4　超高施工增加（编号：011704）

超高施工增加（项目编码：011704001）。

工程内容：包括建筑物超高引起的人工工效降低以及由于人工工效降低引起的机械降效，高层施工用水加压水泵的安装、拆除及工作台班，通信联络设备的使用及摊销。

项目特征：需要描述建筑物建筑类型及结构形式，建筑物檐口高度、层数，单层建筑物檐口高度超过20 m，多层建筑物超过6层部分的建筑面积。

工程量计算规则：按建筑物超高部分的建筑面积计算。

5.7.2.5 大型机械设备及进出场及安拆（编号：011705）

大型机械设备进出场及安拆（项目编码：011705001）。

工程内容：包括安拆费包括施工机械、设备在现场进行安装拆卸所需人工、材料、机械和试运转费用以及机械辅助设施的折旧、搭设、拆除等费用；进出场费包括施工机械、设备整体或分体自停放地点运至施工现场或由一施工地点运至另一施工地点所发生的运输、装拆、辅助材料等费用。

项目特征：需要描述机械设备名称，机械设备规格型号。

工程量计算规则：按使用机械设备的数量计算。

5.7.2.6 施工排水、降水（编号：011706）

1. 成井（项目编码：011706001）

工程内容：包括准备钻孔机械、埋设护筒、钻机就位；泥浆制作、固壁；成孔、出渣、清孔等；对接上、下井管（滤管），焊接，安放，下滤料，洗井，连接试抽等。

项目特征：需要描述成井方式；地层情况；成井直径；井（滤）管类型、直径。

工程量计算规则：按设计图示尺寸以钻孔深度计算。

2. 排水、降水（项目编码：011706002）

工程内容：包括管道安装、拆除，场内搬运等；抽水、值班、降水设备维修等。

项目特征：需要描述需要描述机械规格型号；降排水管规格。

工程量计算规则：安排、降水日历天数计算。

5.7.2.7 安全文明施工及其他措施项目（编号：011707）

1. 安全文明施工（项目编码：011707001）

工程内容：

环境保护：现场施工机械设备降低噪声、防扰民措施，水泥和其他易飞扬细颗粒建筑材料密闭存放或采取覆盖措施等，工程防扬尘洒水、土石方、建渣外运车辆冲洗、防洒漏等，现场污染源的控制、生活垃圾清理外运、场地排水排污措施的，其他环境保护措施。

文明施工："五牌一图"的；现场围挡的墙面美化（包括内外粉刷、刷白、标语等）、压顶装饰；现场厕所便槽刷白、贴面砖，水泥砂浆地面或地砖，建筑物内临时便溺设施；其他施工现场临时设施的装饰装修、美化措施；现场生活卫生设施；符合卫生要求的饮水设备、淋浴、消毒等设施；生活用洁净燃料；防煤气中毒、防蚊虫叮咬等措施；施工现场操作场地的硬化；现场绿化、治安综合治理；现场配备医药保健器材、物品和急救人员培训；用于现场工人的防暑降温费、电风扇、空调等设备及用电；其他文明施工措施。

安全施工：安全资料、特殊作业专项方案的编制，安全施工标志的购置及安全宣传的；"三宝"（安全帽、安全带、安全网）、"四口"（楼梯口、电梯井口、通道口、预留洞口），"五临边"（阳台围边、楼板围边、屋面围边、槽坑围边、卸料平台两侧），水平防护架、垂直防护架、外架封闭等防护的；施工安全用电的，包括配电箱三级配电、两级保护装置要求、外电防护措施；起重机、塔吊等起重设备（含井架、门架）及外用电梯的安全防护措施（含警示标志）及卸料平台的临边防护、层间安全门、防护棚等设施；建筑工地起重机械的检验检测；施工机具防护棚及其围栏的安全保护设施；施工安全防护通道的；工人的安全防护用品、用具购置；消防设施与消防器材的配置；电气保护、安全照明设施；其他安全防护措施。

临时设施：施工现场采用彩色、定型钢板，砖、混凝土砌块等围挡的安砌、维修、拆除或摊销；施工现场临时建筑物、构筑物的搭设、维修、拆除或摊销的；如临时宿舍、办公室、食堂、厨房、厕所、诊疗所、临时文化福利用房、临时仓库、加工场、搅拌台、临时简易水塔、水池等。施工现场临时设施的搭设、维修、拆除或摊销的。如临时供水管道、临时供电管线、小型临时设施等；施工现场规定范围内临时简易道路铺设，临时排水沟、排水设施安砌、维修、拆除的；其他临时设施搭设、维修、拆除。

2. 夜间施工（项目编码：011707002）

工程内容：

（1）夜间固定照明灯具和临时可移动照明灯具的设置、拆除。

（2）夜间施工时，施工现场交通标志、安全标牌、警示灯等的设置、移动、拆除。

（3）包括夜间照明设备摊销及照明用电、施工人员夜班补助、夜间施工劳动效率降低等。

3. 非夜间施工照明（项目编码：011707003）

工程内容：包括为保证工程施工正常进行，在如地下室等特殊施工部位施工时所采用的照明设备的安拆、维护、摊销及照明用电等。

4. 二次搬运（项目编码：011707004）

工程内容：包括由于施工场地条件限制而发生的材料、成品、半成品等一次运输不能到达堆放地点，必须进行二次或多次搬运的。

5. 冬雨季施工（项目编码：011707005）

工程内容：

（1）冬雨（风）季施工时增加的临时设施（防寒保温、防雨、防风设施）的搭设、拆除。

（2）冬雨（风）季施工时，对砌体、混凝土等采用的特殊加温、保温和养护措施。

（3）冬雨（风）季施工时，施工现场的防滑处理、对影响施工的雨雪的清除。

（4）包括冬雨（风）季施工时增加的临时设施、施工人员的劳动保护用品、冬雨（风）季施工劳动效率降低等。

6. 地上、地下设施、建筑物的临时保护设施（项目编码：011707006）

工程内容：包括在工程施工过程中，对已建成的地上、地下设施和建筑物进行的遮盖、封闭、隔离等必要保护措施所发生的。

7. 已完工程及设备保护（项目编码：011707007）

工程内容：包括对已完工程及设备采取的覆盖、包裹、封闭、隔离等必要保护措施所发生的。

5.7.3　工程量计算规则

（1）脚手架工程中，使用综合脚手架时，不再使用外脚手架、里脚手架等单项脚手架；综合脚手架适用于能够按"建筑面积计算规则"计算建筑面积的建筑工程脚手架，不适用于房屋加层、构筑物及附属工程脚手架。同一建筑物有不同檐高时，按建筑物竖向切面分别按不同檐高编列清单项目。整体提升架已包括 2 m 高的防护架体设施。脚手架材质可以不描述，但应注明由投标人根据工程实际情况按照《建筑施工扣件式钢管脚手架安全技术规范》、《建筑施工附着升降脚手架管理规定》等规范自行确定。

（2）混凝土模板及支架（撑）项目中，原槽浇灌的混凝土基础、垫层，不计算模板。此混凝土模板及支撑（架）项目，只适用于以 m² 计量，按模板与混凝土构件的接触面积计算，以 m³ 计量，模板及支撑（支架）不再单列，按混凝土及钢筋混凝土实体项目执行，综合单价中应包含模板及支撑。采用清水模板时，应在特征中注明。若现浇混凝土梁、板支撑高度超过 3.6 m 时，项目特征应描述支撑高度。

（3）垂直运输项目中，建筑物的檐口高度是指设计室外地坪至檐口滴水的高度（平屋顶系指屋面板底高度），突出主体建筑物屋顶的电梯机房、楼梯出口间、水箱间、瞭望塔、排烟机房等不计入檐口高度。垂直运输机械指施工工程在合理工期内所需垂直运输机械。同一建筑物有不同檐高时，按建筑物的不同檐高做纵向分割，分别计算建筑面积，以不同檐高分别编码列项。

（4）超高施工增加项目中，单层建筑物檐口高度超过 20 m，多层建筑物超过 6 层时，可按超高部分的建筑面积计算超高施工增加。计算层数时，地下室不计入层数。同一建筑物有不同檐高时，可按不同高度的建筑面积分别计算建筑面积，以不同檐高分别编码列项。

（5）施工排水、降水项目中，相应专项设计不具备时，可按暂估量计算。

（6）安全文明施工及其他措施项目中，所列项目应根据工程实际情况计算措施项目费用，需分摊的应合理计算摊销费用。

5.7.4 措施项目清单编制示例

【例 5.9】 某十二层框架结构住宅楼，层高 3 m，带一层地下室，每层建筑面积 980 m²。现场采用一台塔式起重机（80 kN·m）进行垂直运输，做轨道式基础，场外运输在 25 km 以内，夜间进入施工现场。该建筑物正面水平长度为 100 m。试计算垂直运输工程量并编制工程量清单。

解：（1）依据题意及上述计算公式其工程量计算如下：

$$S_{建筑} = 980 \times 13 = 12\ 740\ (m^2)$$

（2）编制工程量清单，见表 5.11。

表 5.11 工程量清单

序号	项目编码	项目名称	项目特征	计量单位	工程数量
1	011703001001	垂直运输	（1）框架结构住宅楼； （2）地下室建筑面积 980 m²； （3）12 层	m²	12 740

练习题

1. 水磨石地面清单工程量如何计算？

2. 门、窗油漆的清单工程量如何计算？

3. 图 5.21 所示为某建筑平面图，地面工程做法为：

（1）20 mm 厚 1∶2 水泥砂浆抹面压实抹光（面层）。

（2）刷素水泥浆结合层一道（结合层）。

（3）60 mm 厚 C20 细石混凝土找坡层，最薄处 30 mm 厚。

（4）聚氨酯涂膜防水层厚 1.5 ~ 1.8 mm，防水层周边卷起 150 mm。

（5）40 mm 厚 C20 细石混凝土随打随抹平。

（6）150 mm 厚 3∶7 灰土垫层。

（7）素土夯实。

试编制水泥砂浆地面工程量清单。

图 5.21　建筑物平面示意图

第6章　房屋建筑工程量清单计价

　　本章主要以《陕西省建筑装饰工程消耗量定额2004》及补充消耗量定额为例，介绍了土石方工程、桩基工程、砌筑工程、混凝土及钢筋工程、金属结构工程、门窗工程、屋面工程清单计价的说明及主要项目计价工程量的计算，并结合实例讲解工程量清单计价的具体过程。掌握主要工程量的消耗量定额消耗量计算；掌握工程量清单综合单价的计算。

　　消耗量定额一般是按照工程种类，以分部工程分章编制，每一章又按产品技术规格、施工方法等分列很多消耗量定额项目。整个预算消耗量定额一般是由总说明、分章消耗量定额和附录等组成。《陕西省建筑装饰工程消耗量定额》（2004）（以下简称消耗量定额）就是按照上述形式编排的。

　　消耗量定额各章由章说明、工程量计算规则、附表和消耗量定额表等组成。说明介绍了本章消耗量定额包括的主要项目、有关规定、消耗量定额的换算方法等内容。工程量计算规则主要介绍了各个项目的工程量计算规则，是正确计算各分项工程量的统一尺度。附表包括工程量计算和消耗量定额换算的用表。消耗量定额表一般由工作内容、计量单位和项目表组成。工作内容扼要说明主要工序的施工操作过程，次要工序不一定全部列出，但消耗量定额中均已做了考虑。工作内容是正确划分项目的基本依据。计量单位在表格的右上角，一般采用扩大量单位。

6.1　土石方工程清单计价

6.1.1　计价说明

1. 消耗量定额项目设置及说明

　　（1）土石方工程共包括五部分142个项目，补充消耗量定额1个项目（水坠砂），消耗量定额项目组成见表6.1。

　　（2）消耗量定额中已综合考虑了土方工程施工中土壤类别权重，使用时不得调整换算。

　　（3）消耗量定额中人工挖土（1-1～1-12），挖桩孔（1-22～1-23）消耗量定额综合了现场内100 m土方倒运，若发生100 m以上时按所增加的运距套用1-33单（双）轮车运土每增50 m子目。其余要套1-32及1-33子目。

　　（4）人工回填子目包含了回填工作面以外5 m以内的取土，回填工作面内的土方倒运不得计算，增加的运距套用1-33单（双）轮车运土每增50 m子目。

　　（5）原土夯实子目（1-21）不能用于灰土回填夯实工序。

　　（6）1-26～1-28子目适用于室内外及各类垫层的回填土。

表 6.1　土石方工程项目组成表

章	节	子　目
土石方工程	人工土方	消耗量定额 1-1～1-43，包括挖土（人工挖土方、人工挖沟槽、挖地坑、挖枯井、挖淤泥流砂、山坡切土、人工挖桩孔），运土（单双轮车运土 50 m、每增 50 m），填土（回填夯实素土、回填夯实灰土、回填土松填），其他（平整场地、钻探及回填孔、原土夯实、挡土板）
	人工石方	消耗量定额 1-44～1-82，包括平基、沟槽、基坑、地面摊座、槽（坑）摊座、修整边坡、人工打眼爆破石方、单（双）轮车运石方
	机械土方	消耗量定额 1-83～1-108，包括推土机推土、挖掘机挖土（装车、不装车）、现场倒运土、填土（人填机压、机填机压）、平整碾压
	机械石方	消耗量定额 1-109～1-126
	强夯工程	消耗量定额 1-127～1-142，根据夯击的能量，共 16 个子目
	补充消耗量定额	消耗量定额 B1-1 水坠砂

（7）人工挖桩间土时，按实挖体积（扣桩占体积）计算，套用人工挖土方消耗量定额时，人工乘以 1.5 的系数。

（8）垃圾土外运执行装载机装车和自卸汽车运土每增加 1 km 子目。

（9）机械挖土方消耗量定额也适应机械开挖沟槽。

（10）余（脏）土外运，按本章的机械土方子目执行，弃土场费用按环卫有关规定计算。

（11）机械土方子目中没有计算大型机械场外运输费用，按消耗量定额中第十六章附录二大型机械场外运输、安装、拆卸有关子目另行计算。

2. 计价项目主要工程量计算

土方工程《工程量清单计价规则》和《消耗量定额》计算规则差异较大，按施工方法不同分人工土方工程和机械土方工程，计价工程量需按图重新计算工程量。

主要区别在于预算消耗量定额考虑了施工时的预留量如工作面、放坡等。（工作面和放坡的取定考虑了：① 施工组织设计；② 消耗量定额相关规定）。

消耗量定额规定如下：

① 挖土深度≥1.5 m 时应计算放坡，且不分土壤类别，按表 6.2 计算工程量。

表 6.2　放坡起点及放坡系数

放坡起点（m）	放坡系数
1.5	1∶0.33

注：a. 计算放坡时，交接处重复工程量不予扣除。

　　b. 槽、坑作基础垫层时，不论是否支模，均以垫层下表面计算放坡系数，并不再考虑垫层的工作面。

② 挖沟槽、基坑需支挡土板时，其宽度按图示沟槽、基坑底宽，单面加 10 cm，双面加 20 cm 计算。挡土板面积，按槽、坑垂直支撑面积计算。支挡土板后，不得再计算放坡。

③ 基础施工所需工作面，按表 6.3 规定计算：

表 6.3　基础施工所需工作面宽度计算表

基础材料	每边各增加工作面宽度（mm）
砖基础	200
砌筑毛石、条石基础	150
混凝土基础支模	300
基础垂直面作防水层	800

消耗量定额应用前应确定计算资料：① 土壤类别与地下水位标高。② 挖、填、运土与排水施工方法。③土方放坡与支挡板情况。

图 6.1　不放坡　　　　　　　　　　　图 6.2　双面放坡

图 6.3　一面放坡，一面支挡土板

1）人工土方工程

（1）平整场地：其工程量按建筑物外墙外边线每边各加 2 m，以"m²"计算。

$$S = (长 + 4\ \text{m}) \times (宽 + 4\ \text{m}) \quad 或 \quad S = S_底 + L_外 \times 2 + 16$$

（2）挖土："挖土"工程量计算应根据施工组织设计（编制报价）确定的挖土深度、工作面宽度、放坡系数或支挡土板等因素进行。若无施工组织设计（编制预算和标底），可按消耗量定额规定确定工作面和放坡系数。（和清单的最大区别在于挖土时留工作面和放坡）。

挖土分为人工挖土方、沟槽、地坑，工程量按设计要求尺寸以"m³"计算。

① 挖沟槽：指沟槽底宽小于 3 m 且沟槽长度大于槽宽 3 倍以上的槽（沟）土方开挖（即细长条的），沟槽土方量计算公式为：

不放坡：$V = (B + 2 \times C) \times H \times L$

放　坡：$V = (B + 2 \times C + KH) \times H \times L$

式中，C—工作面宽度，K—放坡系数，B—垫层宽度，H—挖土深度，L—沟槽长度。

② 挖地坑指坑底面积在 20 m² 以内的土方开挖（即小面积的），地坑土方量计算公式为

不放坡：$V = (A + 2 \times C) \times (B + 2 \times C) \times H$

放　坡：$V = (A + 2 \times C + KH) \times (B + 2 \times C + KH) \times H + 1/3 \times K^2 \times H^3$

式中，C—工作面宽度，K—放坡系数，B—垫层宽度，H—挖土深度，L—沟槽长度

③ 挖土方指坑底面积大于 20 m^2 的地坑或沟槽底宽大于 3 m 的坑、槽（沟）土方开挖，（即大面积、且挖土较厚的）。

挖土方工程量计算公式同挖地坑。

（3）回填土。

① 基础回填土工程量以挖方体积减去设计室外地坪以下埋设砌筑物（垫层、基础等）体积计算，其计算公式如下：

$$V = 挖土体积 - 设计室外地坪以下埋设的砌筑量$$

② 管道沟槽回填，管径超过 500 mm 以上时按表 6.4 规定扣除管道所占体积计算，其计算公式如下：

$$V = 挖土体积 - 管道基础垫层体积 - 管道所占体积$$

表 6.4　管道扣除土方体积表　　　　　　　　　　　　单位：m^3/m

管道名称	管道直径（mm）					
	501～600	601～800	801～1 000	1 001～1 200	1 201～1 400	1 401～1 600
钢　　管	0.21	0.44	0.71			
铸铁管	0.24	0.49	0.77			
混凝土管	0.33	0.60	0.92	1.15	1.35	1.55

③ 室内回填土工程量按主墙（承重墙或厚度在 15 cm 以上的墙）之间的面积乘以填土平均厚度计算，不扣除垛、附墙烟囱、垃圾道及地沟所占的体积，其计算公式如下：

$$V = 室内净面积 \times 填土平均厚度$$
$$= (S_底 - L_中 \times 墙厚 - L_内 \times 墙厚) \times (室内外高差 - 垫层找平层面层等厚度)$$

即室内回填土的消耗量定额工程量同清单项目工程量。

④ 基础垫层回填土工程量按垫层底面积乘以垫层厚度以体积计算，其计算公式如下：

$$V = 垫层底面积 \times 垫层厚度 \quad 或 \quad V = 垫层断面积 \times 垫层长度$$

即基础垫层回填土的消耗量定额工程量同清单项目工程量。

（4）原土夯实是以所夯实的面积计算，即：$S = 室内净面积$　或　$S = 坑槽底面积$。

（5）钻探及回填孔工程量按建筑物外墙外边线每边各加 3 m 以"m^2"计算，其计算公式如下：

$$S = (长 + 6 \text{ m}) \times (宽 + 6 \text{ m}) \quad 或 \quad S = S_底 + L_外 \times 3 + 36$$

（6）运土（余土或取土）。

按自然方计算，若无法按自然方计算时，则以压实方量乘 1.22 系数。

2）机械土方工程

（1）机械挖土方按自然方计算（公式同人工土方）。

（2）机械回填碾压工程量按压实方计算。

（3）运土工程量按自然方计算，若无法按自然方计算时，素土按压实体积乘1.22系数，灰土按压实体积乘1.31系数。

（4）外购黄土按自然方计算或压实方乘1.22系数。

（5）无施工组织设计时，可参考以下数据选用施工机械：

① 推土机推土：推土距离在80 m以内，开挖深度在3 m以内的土方施工。

② 铲运机运土：运土800～1 000 m开挖深度在地下水位1 m以上的挖运土方，并考虑机械转向所需要的场地要求。

③ 挖掘机挖土（推土机辅助）配自卸汽车运土适用于运土距离在500 m以上、挖掘深度8 m以内、推土距离50 m范围以内的土方施工。

④ 装载机倒运土方适用于现场150 m以内的土方运输。

⑤ 翻斗车运土适用于运距为150～500 m的土方运输。

6.1.2　工程量清单计价编制示例

【例6.1】 平整场地综合单价组价。

某建筑物平面为16.44×7.14 m，底层建筑面积95.96 m²，平整场地清单如表6.5所示，试计算综合单价。

表6.5　平整场地工程量清单

序号	项目编码	项目名称	计量单位	工程数量
1	010101001001	平整场地 挖填土方 场地找平	m²	95.96

解：＜方法一＞采用消耗量定额计算。

计算计价工程量：

$$L_{外} = (16.44 + 7.14) \times 2 = 41.16 \ (m)$$

$$S = S_{底} + L_{外} \times 2 + 16 = 95.96 + 41.16 \times 2 + 16 = 194.28 \ (m^2)$$

查消耗量定额：1-19子目平整场地，人工：6.37工日/100 m²，人工单价：42元/工日

人工费 = 6.37 × 42 × 1.9428 = 519.78（元），材料费 = 0，机械费 = 0，分项风险 = 0

分项直接工程费 = 519.78（元）

分项管理费 = 519.78 × 3.58% = 18.61（元）

分项利润 = 519.78 × 2.88% = 14.97（元）

分项综合费用 = 519.78 + 18.61 + 14.97 = 556.36（元）

分项综合单价 = 556.36/95.96 = 5.77（元/m²）

＜方法二＞采用《陕西省建筑装饰工程价目表2009》计算：

计算计价工程量：$S = 194.28$（m^2）

查《陕西省建筑装饰工程价目表 2009》：1-19 子目平整场地，基价：267.54 元/100 m^2，其中人工费：267.54 元/100 m^2。

消耗量定额基价 = 267.54（元/100 m^2）

管理费 = 267.54 × 3.58% = 9.58（元/100m^2）

利润 = 267.54 × 2.88% = 7.71（元/100m^2）

分项合计 = (267.54 + 9.58 + 7.71) = 284.83（元/100m^2）

分项综合单价 = 284.83 × 1.942 8/95.96 = 5.77（元/m^2）

【例 6.2】　机械土方回填综合单价组价。

某工程大开挖（按设计开挖线）后，进行地基换土处理，地基回填土清单如表 6.6 所示，试计算综合单价。

表 6.6　土方回填工程量清单

序号	项目编码	项目名称	计量单位	工程数量
1	010103001001	土方回填 【项目特征】 回填部位：地基处理 土质要求：3∶7 灰土 密实度要求：＞ 0.97 夯填（碾压）：碾压 运输距离：黄土外购	m^3	1 800.00

解：＜方法一＞

根据清单项目特征，该分项工程综合单价由两项内容组成：人工铺填机械碾压、外购黄土。

（1）人工铺填机械碾压

查消耗量定额：1-102 子目人工铺填 3∶7 灰土，人工：366.5 工日/1 000m^3，生石灰：246.74 t/1 000 m^3，水：15 m^3/1 000 m^3，6 t 压路机：6.82 台班/1 000 m^3，4 000 L 洒水车：0.75 台班/1 000 m^3。

确定要素单价（均采用《陕西省建筑装饰工程价目表 2009》中的单价）：

人工：42.00 元/工日，生石灰：181.78 元/t（主要材料单价表　序号 486）水：6.85 元/m^3（主要材料单价表　序号 702），6 t 压路机：240.83 元/台班（序号 J01055），4 000 L 洒水车：402.80 元/台班（序号 J04037）。

计算计价工程量：$V = 1\ 800\ m^3$

消耗量定额人工费 = 366.5 × 42 = 15 267.00 元/1 000 m^3

材料费 = 246.74 × 181.78 + 15 × 6.85 = 44 910.15 元/1 000 m^3

机械费 = 6.82 × 240.83 + 0.75 × 402.80 = 1944.56 元/1 000 m^3

消耗量定额基价 = 消耗量定额人工费 + 材料费 + 机械费

$\qquad$ = 15 267 + 44 910.15 + 1 944.56 = 62 121.71 元/1 000 m^3

管理费 = 62 121.71 × 1.70% = 1 056.70（元/1 000 m^3）

利润 = (62 121.71 + 1 056.70) × 1.48% = 935.04（元/1 000 m^3）

分项综合单价 = (62 121.71 + 1 056.70 + 935.04) × 1.8/1 800 = 64.11（元/m^3）

（2）外购黄土

市场单价 = 18.24（元/m^3）

外购黄土数量 = 1 800 × 0.7 × 1.22 = 1 537.2（m^3）

分项综合单价 = 18.24 × 1 537.2/1 800 = 15.58（元/m^3）

清单综合单价 = 64.11 + 15.58 = 79.69（元/m^3）

<方法二>

根据清单项目特征，查《陕西省建筑装饰工程价目表 2009》，该分项工程综合单价由两项内容组成：人工铺填机械碾压、外购黄土。

（1）人工铺填机械碾压

查《陕西省建筑装饰工程价目表 2009》：1-102 子目人工铺填机械碾压 3 : 7 灰土，基价：62 121.71 元/1 000 m^3，其中人工费：15 267.00 元/1 000 m^3，材料费：44 910.15 元/1 000 m^3，机械费：1 944.56 元/1 000 m^3。

计算计价工程量：V = 1 800（m^3）

消耗量定额基价 = 62 121.71（元/1 000 m^3）

管理费 = 62 121.71 × 1.7% = 1 056.10（元/1 000 m^3）

利润 = (62 121.71 + 1 056.10) × 1.48% = 935.03（元/1 000 m^3）

综合单价 = (62 121.71 + 1 056.10 + 935.03) × 1.8/1 800 = 64.11（元/m^3）

（2）外购黄土

市场单价 = 18.24（元/m^3）

外购黄土数量 = 1 800 × 0.7 × 1.22 = 1 537.2（m^3）

综合单价 = 18.24 × 1 537.2/1 800 = 15.58（元/m^3）

清单综合单价 = 64.11 + 15.58 = 79.69（元/m^3）

6.2　桩基工程清单计价

6.2.1　计价说明

1. 消耗量定额项目设置及说明

（1）本章消耗量定额共包括七部分 112 个子目，修改子目 13 个项目，补充消耗量定额 30 个项目，消耗量定额项目组成见表 6.7。

（2）各类桩综合考虑了不同的土壤类别、不同的机械型号与规格、桩断面等因素，除另有规定者外，均不得换算。

（3）消耗量定额中综合考虑了预制桩的喂桩及送桩的因素，使用中亦不再作调整。

（4）混凝土灌注桩将桩的成孔和灌注混凝土分为两个消耗量定额项目，使用时要注意分别套用相关消耗量定额子目。

（5）灰土井桩（2-64，2-65）为综合消耗量定额，使用时要注意消耗量定额表上边的工作内容。

（6）修改子目：走管式打桩机打孔（2-20 ~ 2-22）螺旋钻机成孔和重锤夯扩（2-23 ~ 2-25），CFG 桩成孔（2-61 ~ 2-63），泥浆制作、运输（2-97 ~ 2-100）见补充消耗量定额。

表 6.7　桩基础工程项目组成表

章	节	子目
桩基础工程	打压入预制桩	打入预制混凝土方桩、管桩、板桩，静力压桩，接桩，安装导向夹具等共 19 个子目（2-1～2-19）
	灌注桩成孔	走管式打桩机打孔、螺旋钻机成孔、重锤夯扩、回旋钻机钻孔、冲击钻机成孔、锅钻、CFG 桩等（2-20～2-63）
	其他桩	灰土井桩、砂石桩、水冲桩、灰土挤密桩（2-64～2-69）
	基坑降水	2-70～2-80
	地基深层加固	深层搅拌粉喷桩、喷浆，高压旋喷桩（2-81～2-85）
	基坑支护	土钉锚杆成孔、注浆、喷射混凝土、加预应力（2-86～2-92）
	其他	埋设钢护筒、泥浆制作运输、灌注混凝土、凿桩头、钢筋笼安放、泥渣外运（2-93～2-112）
	补充消耗量定额	B2-1～B2-30

（7）重锤夯扩消耗量定额中填充材料，应按补充消耗量定额下面的脚注进行换算。

（8）CFG 桩修改为单项消耗量定额，成孔和混凝土灌注应分开执行。

（9）桩基础工程子目中没有计算大型机械场外运输费用，按消耗量定额中大型机械场外运输、安装、拆卸有关子目另行计算。

（10）基坑支护脚手架执行十三章消耗量定额脚手架工程 15 m 以内外脚手架子目（16-1）。

2. 主要项目工程量计算

1）预制钢筋混凝土桩

预制钢筋混凝土桩应分别列项计算制桩（分混凝土、钢筋、模板）、运桩、打桩或压桩、接桩、截桩与凿桩头、石渣外运等内容，应分别套用相应各分部消耗量定额。

（1）预制钢筋混凝土桩制作工程量按图纸计算的工程量并考虑制作损耗量计算，其计算公式如下：

混凝土、模板工程量：V＝图纸计算的桩体积×1.02

钢筋工程量：G＝按图纸计算的钢筋重量×1.02

（2）预制钢筋混凝土桩运输工程量按图纸计算的工程量并考虑损耗量计算，其计算公式如下：

$$V＝图纸计算的桩体积×1.019$$

（3）打（压）入预制钢筋混凝土桩工程量按图纸计算的工程量并考虑损耗量计算，其计算公式如下：

$$V＝图纸计算的桩体积×1.015$$

打（压）入预制钢筋混凝土桩按设计桩长加桩尖长度乘以桩截面积以"m³"计算，消耗量定额的消耗量已考虑了桩尖虚空部分的因素。

图纸计算的桩体积＝桩断面积×桩长(包括桩尖)×根数＝桩断面积×总桩长(包括桩尖)

（4）接桩（一般 15 m 以上）。型钢焊接接桩按接头个数计算。

（5）凿桩头：余桩长度在 500 mm 以内的为凿桩，500 mm 以外的为截桩，同时还应计算凿桩。凿桩头按体积计算。

（6）泥浆制作，泥浆、泥渣外运按钻孔理论体积计算。凿桩头混凝土渣外运以凿除体积乘以系数 1.25，套用第一章自卸汽车运渣子目。桩头处理中补浇混凝土、补焊锚固钢筋的材料量按实计算。

2）灌注桩

分别按成孔、泥渣外运、钢筋笼（制作、运输与安放、焊接费用补贴）、灌注混凝土（现场搅拌和商品混凝土）、凿桩头和桩头处理、石渣外运等内容套用消耗量定额或计算。

（1）成孔（2-20 ~ 2-60）、泥渣外运（2-112）工程量按桩的断面积乘以入土深度以体积 V 计算，其计算公式为：

$$V = 桩的断面积 \times 深度（长度）$$

① 走管式打桩机、螺旋钻机、回旋钻机、冲击钻机、锅锥钻机、旋挖钻机成孔以设计入土深度 L 计算，其计算式为：

$$L = 桩底标高 - 自然地坪标高（或坑底标高）\quad 或 \quad L = 设计桩长 + 超灌长度$$

② 回旋钻机、冲击钻机成孔深度是指护筒顶至桩底的深度，同一井深内分不同土质套用不同子目，不论其所在的深度如何，均执行总孔深子目。

（2）灌注混凝土（2-101 ~ 2-108）。

① 人工挖孔桩灌注混凝土体积 V 以设计图示桩长乘以断面，以"m³"计算，其计算公式为：

$$V = 桩的断面积 \times 设计桩长$$

桩的断面积、设计桩长可直接在清单项目特征和内容中得到。

② 走管式打桩机成孔后，先埋入预制混凝土桩尖，再灌注混凝土者，桩尖按有关章节另行计算。

a. 预制桩尖按实体积计算套消耗量定额第四章混凝土及钢筋混凝土工程、第六章构件运输及安装子目。

b. 灌注混凝土按体积计算，即 V = 断面积 × 桩长（从桩尖顶面算起）。

③ 钻孔桩灌注混凝土以设计桩长（含桩尖）加 0.5 m 乘以断面面积计算，即

$$V = 桩的断面积 \times (设计桩长 + 0.5 \text{ m})$$

（3）灌注桩的钢筋笼制作与安放，以设计图纸量净用量（焊接的搭接长度按 $10d$ 考虑）计算套第四章钢筋子目（4-6 ~ 4-8），钢筋笼安放按钢筋笼的重量计算执行钢筋笼安放子目（2-111），钢筋笼的焊接费用补贴见消耗量定额第四章混凝土及钢筋混凝土工程说明。

（4）泥浆制作、泥浆运输、泥渣外运、凿桩头和石渣外运按钻孔理论体积计算。

3）夯扩桩（DDC 桩）

分螺旋钻机成孔和重锤夯扩两个子目套用。夯扩按夯扩后的桩径以"m³"，成孔按夯扩前的桩径计算。填充材料，应按补充消耗量定额下面的脚注进行换算。

4）CFG

桩（2-61 ~ 2-63 已修改，成孔和灌注混凝土分开）按设计桩长乘以桩截面积，以"m³"计算。

5）灰土挤密桩

按设计桩长加 0.25 m 乘以桩截面积，以"m³"计算，即

$$V = 桩的断面积 \times (设计桩长 + 0.25\ m)$$

6.2.2　工程量清单计价编制示例

【例 6.3】　预制钢筋混凝土桩综合单价组价。

某预制钢筋混凝土桩清单如表 6.8 所示，试计算综合单价。

表 6.8　某预制钢筋混凝土桩清单

序号	编码编号	项目名称	计量单位	工程量	综合单价
1	010201001001	预制钢筋混凝土桩 【项目特征】 （1）土的级别：二级土； （2）单桩设计长度：9.6 m； （3）桩截面尺寸：400×400； （4）混凝土强度等级：C40 碎石混凝土； （5）桩的运距：10 km。 【工程内容】 桩制作、运输、打桩、送桩	m	960.00	

解：根据清单项目特征，该分项工程综合单价由三项内容组成：打桩、C40 碎石混凝土、桩运输。

（1）打　桩

查《陕西省建筑装饰工程价目表 2009》：2-1 打入预制钢筋混凝土方桩，桩长（12m）以内，消耗量定额基价：1970.19 元/10 m³。

计算计价工程量：$V = 0.4 \times 0.4 \times 960 \times 1.015 = 155.90$（m³）

分项直接工程费 = $1\,970.19 \times 15.59/960 = 32.00$（元/m³）

管理费 = $32.00 \times 1.72\% = 0.55$（元/m³）

利润 = $(32.00 + 0.55) \times 1.07\% = 0.35$（元/m³）

分项综合单价 = $32.00 + 0.55 + 0.35 = 32.9$（元/m³）

（2）C40 碎石混凝土

查《陕西省建筑装饰工程价目表 2009》：4-1 C20 砾石混凝土（普通）换。

消耗量定额基价 = $268.43 + 1.015 \times (223.64 - 160.88) = 332.13$（元/m³）

计算计价工程量：$V = 0.4 \times 0.4 \times 960 \times 1.02 = 156.67$（m³）

分项直接工程费 = $332.13 \times 156.67/960 = 54.20$（元/m³）

管理费 = $54.20 \times 5.11\% = 2.77$（元/m³）

利润 = $(54.20 + 2.77) \times 3.11\% = 1.77$（元/m³）

分项综合单价 = $54.20 + 2.77 + 1.77 = 58.74$（元/m³）

（3）桩运输

查《陕西省建筑装饰工程价目表 2009》：6-15 预制钢筋混凝土，三类构件运输 10 km 以内，

消耗量定额基价：2 283.47 元/10 m^3。

  计算计价工程量：$V = 0.4 \times 0.4 \times 960 \times 1.019 = 156.52$（m^3）

  分项直接工程费 $= 2\ 283.47 \times 15.65/960 = 37.23$（元/m^3）

  管理费 $= 37.23 \times 5.11\% = 1.90$（元/m^3）

  利润 $= (37.23 + 1.90) \times 3.11\% = 1.22$（元/m^3）

  分项综合单价 $= 37.23 + 1.90 + 1.22 = 40.35$（元/m^3）

  清单综合单价 $= 32.9 + 58.74 + 40.35 = 131.99$（元/m^3）

6.3 砌筑工程清单计价

6.3.1 计价说明

1. 消耗量定额项目设置及说明

本章消耗量定额共包括三部分 103 个子目，补充消耗量定额 33 个子目，消耗量定额项目组成见表 6.9。

表 6.9 砖石工程项目组成表

章	节	子 目
砖石工程	砌砖	砖基础、混水砖墙、清水砖墙、砖柱、零星砌体、砖地沟、台阶、空斗墙、砌体加固筋
		承重多孔砖墙、非承重多孔砖墙、砌块
		衬墙、化粪池、检查井、围墙挡土墙
	砌石	6-59～6-83
	砖烟囱、水塔	6-84～6-103

2. 主要项目工程量计算

（1）砖基础：基础与墙身的划分以设计室内地坪为界，其工程量计算规则和清单项目计算规则相同。

（2）墙身：砖墙按墙厚划分消耗量定额子目，实心砖墙还分清水墙和混水墙，应用时还应区分砌筑砂浆的强度等级。因此按不同部位（外墙、内墙）、不同砖型（标准砖、多孔砖、砌块）、不同墙厚及不同的砌筑砂浆以体积计算。除墙高和清单项目计算规则有区别外，其余均相同。即：

$$V = 清单项目工程量$$

（3）砖柱：砖柱不分柱身和柱基，其工程量合并，柱基、柱身工程量计算与清单项目工程量相同。

6.3.2 工程量清单计价编制示例

【例 6.4】 砖基础综合单价组价。

某砖基础工程清单如表 6.10 所示，试计算综合单价。

表 6.10　某砖基础工程清单

序号	编码编号	项目名称	计量单位	工程量
1	010301001001	砖基础 【项目特征】 （1）砖品种规格：标准红机砖； （2）基础类型：条形基础； （3）基础深度：1.20 m； （4）砂浆强度等级：M10 水泥砂浆； （5）20 厚 1:2.5 水泥砂浆掺防水剂抹平。 【工作内容】 （1）砂浆制作、运输； （2）砌砖、铺设防潮层； （3）材料运输	m³	22.32

解： 根据清单项目特征，该分项工程综合单价由两项内容组成：砖基础、防潮层。

（1）砖基础：

查《陕西省建筑装饰工程价目表 2009》：3-1 砖基础基价：2 036.50 元/10 m³。其中人工费：495.18 元/10 m³，材料费：1 516.46 元/10 m³，机械费：27.86 元/10 m³。

计算计价工程量：$V = 22.32$ m³

分项直接工程费 = 2 036.50 × 2.230/22.30 = 203.65（元/m³）

管理费 = 206.65 × 5.11% = 10.41（元/m³）

利润 = (206.65 + 10.41) × 3.11% = 6.66（元/m³）

分项综合单价 = 206.65 + 10.41 + 6.66 = 220.72（元/m³）

（2）防潮层：

查《陕西省建筑装饰工程价目表 2009》：8-19 防潮层，墙基防水砂浆，基价：751.80 元/100 m²。其中人工费：366.24 元/100 m²，材料费：362.88 元/100 m²，机械费：22.68 元/100 m²。

计算计价工程量：$V = (37.8 + 20.94) × 0.24 + 0.365 × 0.13 × 2 = 14.19$（m³）

分项直接工程费 = 751.80 × 0.140 9/22.32 = 4.78（元/m³）

管理费 = 4.78 × 5.11% = 0.24（元/m³）

利润 = (4.78 + 0.24) × 3.11% = 0.16（元/m³）

分项综合单价 = 4.78 + 0.24 + 0.16 = 5.18（元/m³）

清单综合单价 = 220.72 + 5.18 = 225.9（元/m³）

6.4　混凝土及钢筋工程清单计价

6.4.1　计价说明

1. 消耗量定额项目设置及说明

（1）本章消耗量定额共包括五部分 167 个子目，补充消耗量定额 33 个子目，消耗量定额项目组成见表 6.11。

表 6.11　钢筋混凝土工程项目组成表

章	节	子　目
钢筋混凝土工程	混凝土、钢筋及预埋	C20 砾石混凝土、C20 毛石混凝土、C30 预应力混凝土
		冷拔丝、圆钢筋、螺纹钢筋、预埋铁件、预应力钢筋（4-5～4-15）
	模板	现浇构件模板（4-16～4-70）
		预制构件模板（4-71～4-115）预制桩、过梁、沟盖板、空心板
		构筑物模板（4-116～4-150）
	预制构件座浆灌缝	4-151～4-167 过梁、沟盖板、空心板
	补充消耗量定额	B4-1～B4-33 商品混凝土、植筋、钢筋机械连接、模板等

（2）钢筋混凝土工程的工作内容包括混凝土、钢筋、模板（措施项目），预制构件还应包括运输和安装（消耗量定额第六章）、座浆灌缝等内容。

混凝土、钢筋是构成混凝土构件自身的必不可少的因素，是计算钢筋混凝土构件分部分项工程费用的基础。消耗量定额子目不分构件名称、也不分现浇和预制，综合考虑。即每一个混凝土清单均套一个混凝土子目（4-1 或 B4-1 或相应子母换算）、每一个钢筋清单均套一个钢筋子目（4-6~4-8）。

模板及支撑是混凝土构件在施工中必不可少的措施，是计算措施项目清单费用的基础。消耗量定额子目按不同的构件名称及施工方法分别编制了不同的子目。即每一个混凝土分部分项工程量清单均对应一个模板子目（现浇构件模板、预制构件模板、或模板支撑增加）。

预制构件座浆灌缝是预制构件安装过程中及安装后必不可少的工序，是计算预制构件分部分项工程费用的基础之一。消耗量定额按预制构件名称的不同编制的消耗量定额子目。

预制构件运输和安装特别是安装是预制构件施工中不可缺少的工序，是计算预制构件分部分项工程费用的基础之一。运输子目按运距分四类编制（见消耗量额第六章构件运输及安装）。

（3）预制混凝土构件的运输和安装。

① 消耗量定额第六章构件运输及安装由构件的运输与安装两部分组成，运输部分包括混凝土构件、金属构件和木门窗运输；安装部分包括预制构件和金属构件安装，见表 6.12。

表 6.12　运输与安装工程项目组成表

章	节	子　目
构件运输与安装	构件运输	混凝土预制构件运输：分四类构件 6-1～6-24
		金属构件运输：分三类构件 6-25～6-39
		木门窗运输：6-40～6-44
	构件安装	混凝土预制构件安装：6-45～6-88
		金属构件安装：6-89～6-121

加气混凝土、硅酸盐块、其他轻质构件运输以每 m^3 折合钢筋混凝土 0.4 m^3，按一类构件运输计算。

② 预制构件运输子目按预制构件类型和外形尺寸划分为四类。

③ 混凝土预制构件关联的运输和安装子目。

预制构件的运输：消耗量定额 6-1 ~ 6-24。预制构件的安装：消耗量定额 6-45 ~ 6-88。

2. 主要项目工程量计算

1）现浇构件

（1）模　板

以各类构、配件的混凝土体积或水平投影面积、垂直投影面积计算。

楼梯、阳台、雨篷、看台阶梯段、台阶按水平投影面积计算（阳台、雨篷的模板工程量需按图重新计算）。

栏板按外侧垂直投影面积计算（即清单工程量/栏板的厚度）。

其他混凝土构件均按实体积计算。（除压顶和扶手外同清单工程量，压顶模板为压顶的断面压顶的长度）

（2）混凝土

楼梯、雨篷、台阶等按消耗量定额附表（构、配件混凝土含量表）折算成混凝土体积。

其余均按构件实体积计算。（同清单工程量，注意压顶和扶手）

2）预制构件

预制构件工程量的计算应考虑预制构件的损耗，预制构件的制作损耗、运输及堆放损耗、安装（吊装、打桩）损耗不论构件大小，均按表 6.13 规定损耗率计算列入工程量内。

表 6.13　预制构件损耗率

构件名称	制作废品率（%）	运输及堆放损耗率（%）	安装、打桩损耗率（%）
各类预制构件	0.20	0.80	0.50
混凝土预制桩	0.10	0.40	1.50

具体计算公式如下：

（1）预制构件制作

$$混凝土、模板工程量 = 图纸用量(清单量) \times 1.015(1.02)$$

（2）预制构件还要计算座浆和灌缝

$$工程量 = 图纸混凝土用量（清单量）$$

座浆灌缝的工程量是指预制构件的体积。

（3）预制构件运输

$$工程量 = 图纸混凝土用量(清单量) \times 1.013(1.09)$$

（4）预制构件安装

$$工程量 = 图纸混凝土用量(清单量) \times 1.005(1.15)$$

预制构件图纸工程量与清单中该构件的体积计算方法相同。

3）钢　筋

现浇构件：按图纸净用量计算（同清单项目工程量）。

预制构件：同样考虑损耗，图纸净用量乘以 1.015（1.02）（即清单项目工程量 × 1.015 的系数）。

施工措施用钢筋的计算：

（1）固定双层钢筋的马櫈筋，如设计有规定，则按设计规定计算；设计没有规定则按间距 1 m 计算用量，其长度为 $2H + 20$ cm（H 为板厚），钢筋直径不得大于双层钢筋中较小的一种。

（2）混凝土梁高在 1.2 m 以上者，如需增加钢筋斜撑等固定时，按审定的施工组织设计规定计算。

（3）梁下部设计有双排钢筋且上排钢筋无法与箍筋连接固定时，需增设垫筋，其计算长度 $L = B - 5$ cm（B 梁宽），垫筋按 $\phi 25$ 计算，并入 $\phi 10$ 以上钢筋用量内。

设计要求（或清单描述）用机械连接接头的钢筋，接头工程量区分直径按"个"计算。

钢筋笼套用本章相应子目，并在此基础上每吨增加 30 kV·A 交流电焊机 0.9 台班，电焊条 6.5 kg，其他不再调整。（见消耗量定额第四章混凝土及钢筋混凝土工程说明）

钢筋采用机械连接（锥螺纹连接、直螺纹连接、冷挤压套筒连接）子目时，应扣除电渣压力焊或电焊的费用，框架筑钢筋扣除 4.5 元/个，其他构件钢筋扣除 2.6 元/个。（见《陕西省建筑装饰工程价目表 2009》第四章混凝土及钢筋混凝土工程说明）

3. 有关消耗量定额模板子目的应用（措施项目）

（1）有梁式带形基础、有梁式满堂基础模板子目：适用于梁高小于等于 1.2 m，超高 1.2 m 时，梁套用"墙"的消耗量定额，基础套用无梁式带形基础、无梁式满堂基础。

（2）混凝土基础垫层模板子目：适用于支模浇灌的基础下的混凝土垫层。满堂基础的混凝土垫层套用无梁式满堂基础。基础及基础下的混凝土垫层应分别列项计算。

（3）整体阳台和阳台底板模板子目：

整体阳台：包括了伸出墙外的挑梁、阳台底板、隔板、栏板、栏杆、压顶、扶手。

阳台底板：适用于使用型钢及其他围栏的阳台使用，子目中综合考虑了梁板式和板式等类型。

（4）屋面混凝土女儿墙模板的套用：屋面混凝土女儿墙厚 100 以内，执行栏板模板消耗量定额，墙厚 100 以上，执行相应厚度墙模板子目。

（5）栏板与挂板模板：水平板面以上弯起部分称为栏板，下垂部分称为挂板。挂板下垂高度小于等于 300 mm，并入所依附的构件内。高度大于 300 mm 的挂板，按展开面积计算工程量，套用栏板子目乘 1.35 的系数。

（6）悬挑构件（挑沿）模板：是指现浇梁、圈梁侧面向外挑出大于 300 mm 的捣制通廊、水平遮阳板、水平板带等，且悬挑构件底与下一层板面高度在 6 m 以上。（高度在 6 m 以内者，执行"有梁板"子目）

（7）墙模板计算规则：墙与柱连接时墙算至柱侧面，墙与梁连接是墙算至梁底；但墙内的暗柱、暗梁并入墙内计算。

（8）模板支撑增加费（4-68，4-69）：模板子目层高是按 6.6 m 考虑的，设计层高超过 6.6 m 时，应计算超高支模。板底处于与下一层高度 6.6 m 以上时，则梁和板应全部计算模板支撑增加费。

（9）其他板模板：飘窗板模板套用栏板模板子目计算；斜屋面板模板按相应板模板子目乘 1.15 系数。

（10）地沟模板：此消耗量定额为单项子目，不含地沟土方、地沟盖板及沟底、侧壁的抹灰等。反映了地沟中混凝土部分模板支撑时所需的各种消耗量。其工程量包括地沟底板混凝土体积和沟壁混凝土体积之和。

（11）漏空花格模板：漏空花格（4-105）模板和混凝土计算不同，模板不分复杂和简单按外形体积计算，混凝土按外形体积乘以附表混凝土含量计算。

6.4.2　工程量清单计价编制示例

【例 6.5】　混凝土综合单价组价。

某学生公寓楼工程混凝土基础清单如表 6.14 所示，试计算综合单价。

表 6.14　某混凝土基础清单

序号	项目编码	项目名称	计量单位	工程数量
1	010401003001	无梁式满堂基础 【项目特征】 （1）基础形式：无梁式； （2）混凝土强度等级：C30； （3）混凝土拌和料要求：现场搅拌 砾石混凝土。 【工程内容】 混凝土制作、运输、浇捣、养护	m^3	980.00

解：用《陕西省建筑装饰工程价目表 2009》计算：

查《陕西省建筑装饰工程价目表 2009》：4-1C20 砾石混凝土（普通）基价：268.43 元/m^3，查消耗量定额：4-1 C20 砾石混凝土（普通），混凝土消耗量：1.015 m^3/m^3。

4-1 的基价是按照普通混凝土 C20（16-21）单价编制的，即混凝土的单价：166.39 元/m^3，C30 混凝土的单价（16-53）：186.64 元/m^3。

计算消耗量定额项目工程量：C30 混凝土工程量 $V = 980.00$（m^3）

C30 混凝土的消耗量定额基价（4-1 换）：基价 $= 268.43 + (186.64 - 166.39) \times 1.015 = 292.03$（元/$m^3$）

$$管理费 = 292.03 \times 5.11\% = 14.92（元/m^3）$$

$$利润 = (292.03 + 14.92) \times 3.11\% = 9.55（元/m^3）$$

$$综合单价 = (292.03 + 14.92 + 9.55) \times 980/980 = 316.50（元/m^3）$$

【例 6.6】　混凝土综合单价组价。

某学生公寓楼工程混凝土基础清单如表 6.15 所示，材料的市场价为：水泥 32.5：350 元/t，砾石 1 ~ 3 : 60 元 /m³, 试计算综合单价。

表 6.15　某混凝土基础清单

序号	项目编码	项目名称	计量单位	工程数量
1	010401003001	无梁式满堂基础 【项目特征】 (1) 基础形式：无梁式； (2) 混凝土强度等级：C30； (3) 混凝土拌和料要求：现场搅拌砾石混凝土。 【工程内容】 混凝土制作、运输、浇捣、养护	m³	980.00

解：

基价 = C30 混凝土基价 + 水泥费用差额 + 砾石费用差额

费用差额 = (市场价 − 《陕西省建筑装饰工程价目表 2009》单价) × 消耗量

查材料单价表：水泥单价 0.32 元 /kg, 砾石 52.69 元 /m³。

消耗量定额 16-53 普通混凝土（坍落度 10 ~ 90 mm）：水泥：402 kg/m³, 砾石：0.788 m³/m³。

$$基价 = 292.03 + (0.35 - 0.32) \times 402 \times 1.015 + (60\text{-}52.69) \times 0.788 \times 1.015$$
$$= 310.18（元 /m^3）$$

$$管理费 = 310.18 \times 5.11\% = 15.85（元 /m^3）$$

$$利润 = (310.18 + 15.85) \times 3.11\% = 10.14（元 /m^3）$$

$$综合单价 = (310.18 + 15.85 + 10.14) \times 980/980 = 336.17（元 /m^3）$$

【例 6.7】　商品混凝土综合单价组价。

某学生公寓楼工程混凝土基础清单如表 6.16 所示，西安市商品混凝土按市场价为：C30：360 元 /m³ 计，试计算综合单价。

表 6.16　某满堂基础清单

序号	项目编码	项目名称	计量单位	工程数量
1	010401003001	无梁式满堂基础 【项目特征】 (1) 基础形式：无梁式； (2) 混凝土强度等级：C30； (3) 混凝土拌和料要求：现场搅拌砾石混凝土。 【工程内容】 混凝土制作、运输、浇捣、养护	m³	980.00

解： 查《陕西省建筑装饰工程价目表 2009》：B4-1 C20 混凝土，非现场搅拌；C20 混凝土基价：214.13 元 /m³。

B4-1 的基价是按照泵送普通混凝土 C20（16-133）单价编制的，即商品混凝土的单价：186.53 元/m³。

查消耗量定额：B4-1 C20 混凝土，非现场搅拌。

商品混凝土消耗量：1.005 m³/m³，人工消耗量：0.53 工日/m³。

计算消耗量定额项目工程量：$V = 980.00$（m³）

C30 商品混凝土的消耗量定额基价（查补充定额 B4-1 换）：

$$基价 = 214.13 + (360 - 186.53) \times 1.005 = 391.48（元/m³）$$

$$管理费 = 391.48 \times 5.11\% = 20.00（元/m³）$$

$$利润 = (391.48 + 20.00) \times 3.11\% = 12.80（元/m³）$$

$$综合单价 = (391.48 + 20 + 12.80) \times 980/980 = 424.28（元/m³）$$

6.5　金属结构工程清单计价

6.5.1　计价说明

1. 消耗量定额项目设置及说明

（1）本章消耗量定额共包括两部分 42 个项目，消耗量定额项目组成见表 6.17。

表 6.17　金属构件制作工程项目组成表

章	节	子　目
金属构件制作工程	金属构件制作	钢柱、钢屋架、钢托架，钢吊车梁、制动梁，钢支撑、檩条、墙架，钢平台、钢梯、钢栏杆，钢网架
	钢门窗安装	钢门安装、钢窗安装、钢天窗、钢防盗门、钢橱窗、开窗机安装、钢门窗安玻璃、钢栅栏
		厂库钢大门制作安装
	补充消耗量定额	B5-1 金属压型墙面

对应工程量清单计价规则，金属结构工程关联消耗量定额第五章金属构件制作及钢门窗、第六章构件运输及安装和第十章建筑装饰工程的部分内容。

本章钢门窗部分和第七章木门窗部分（7-1 ~ 7-51）并入消耗量定额第十章建筑装饰工程介绍。

（2）清单金属结构工程计价时应计算金属构件的制作、运输、安装和油漆等工作内容。

① 运输及安装消耗量定额在第六章：第六章由构件的运输与安装两部分组成，运输部分包括混凝土构件、金属构件和木门窗运输；安装部分包括预制构件和金属构件安装。

② 油漆消耗量定额在第十章：第十章由木材面油漆、金属面油漆和抹灰面油漆组成。金属面的油漆分为钢门窗、其他金属面、白铁皮和金属构件等四类油漆子目。

③ 本章主要介绍金属构件及其关联项目：

金属构件的制作：消耗量定额 5-1 ~ 5-23；

金属构件的运输：消耗量定额 6-25 ~ 6-39；

金属构件的安装：消耗量定额 6-89～6-121；

金属构件的油漆：消耗量定额 10-1266～10-1320。

（3）消耗量定额的有关规定：

① 金属构件制作。制作子目中均包括刷一遍防锈漆工料。钢栏杆（5-18）仅适用于工业建筑的一般栏杆，民用建筑的栏杆按第十章子目套用。

② 金属构件运输与安装。构件运输按类型和外形尺寸划分为三类。

③ 金属构件的油漆参见油漆、涂料、裱糊工程部分。

2. 工程量计算

（1）金属构件制作、运输、安装等项目的工程量同清单有关项目工程量的计算。

（2）金属构件油漆计算按面积乘以系数计算，即：金属构件的油漆＝清单工程量×附表中的系数。

6.6　门窗工程清单计价

6.6.1　计价说明

1. 消耗量定额项目设置和说明

（1）本部分消耗量定额包括三章内容：

① 钢门窗：第五章（5-24～5-35）。

② 普通木门窗：第七章（7-1～7-51）和补充消耗量定额（B7-1～B7-6）。

木门窗、钢门窗工程项目组成见表 6.18。

表 6.18　木门窗、钢门窗工程项目组成表

章	节	子　目
木门窗、钢门窗工程	木门窗	木窗：7-1～7-22
		木门：7-23～7-45（7-27）
		门窗附件：7-46～7-51
		补充：B7-1～B7-6 成品门安装、人防门安装
	钢门窗	单层钢门窗安装（5-24～5-32）防盗门
		开窗机安装（5-33～5-34）
		钢门窗安玻璃 5-35

③ 成品门窗：第十章第四节（10-949～10-1034）共十八部分 86 个项目，本节"门窗工程"仅包括装饰性门窗、铝合金门窗、塑钢门窗、彩板门窗、卷帘门窗等，不包括普通门窗和钢门窗。成品门窗工程项目组成见表 6.19。

（2）木门窗部分（木门窗清单）计价内容包括制作、运输、安装和油漆或特种五金等工作内容。

表6.19　成品门窗工程项目组成表

章	节	子　目
成品门窗工程成品门窗工程	铝合金门窗	地弹门、推拉平开门、推拉、平开、固定窗、窗纱
	卷帘门	普通卷帘门窗、电动装置、活动小门增加费
	彩板门窗	彩板门、彩板窗、彩板门窗附框安装
	塑钢门窗	塑钢门、塑钢窗、塑钢门连窗、窗纱
	防盗装饰门窗	三防门、不锈钢防盗窗、不锈钢格栅门
	防火门、防火卷帘门	钢质防火门、木质防火门、卷帘防火门窗、防火卷帘门手动装置
	装饰门扇制作安装	实木镶板门扇、实木全玻门扇、装饰板门扇制作装饰门扇安装玻璃、高级装饰木门安装、门扇包不锈钢、木门扇隔音层
	自动门及转门	电子感应自动门、全玻转门
	电动伸缩门	不锈钢电动伸缩门、传动装置
	不锈钢包门框	不锈钢板包门框、无框全玻门、固定无框玻璃窗
	门窗套、贴脸	红榉木夹板、不锈钢、石材门窗套，门窗贴脸
	门窗筒子板	硬木、榉木装饰板
	窗帘盒	细木工板、红榉木、硬木窗帘盒
	窗台板	硬木、石材、装饰板窗台板
	窗帘轨道	不锈钢、铝合金、硬木
	五金安装	滑动门轨、门锁、防盗门扣、猫眼、插销、拉手、门碰、高档门拉手、电子锁（磁卡锁）、门吸、底板拉手　弹簧
	闭门器安装	明装、暗装

①　木门窗消耗量定额（第七章）按框制作与安装、扇制作与安装分列消耗量定额子目，其中配套木门不再设扇制作子目，木门扇按成品采用市场采购方式列项（自己补充子目）计算。

②　木门窗的运输子目在消耗量定额第六章构件运输及安装（6-40～6-44）。

③　木门窗的油漆子目在消耗量定额第十章建筑装饰工程第五节油漆、涂料、裱糊工程（木材面油漆、金属面油漆和抹灰面油漆），其中木材面油漆分单层木门、单层木窗、木扶手、其他木材面等四类子目（10-1035～10-1265）。

④　特殊五金（如门锁、清单一般单列）子目在消耗量定额第十章第四节门窗工程十七五金安装、十八闭门器安装部分。

⑤　消耗量定额新补充了"成品木门安装"（补充消耗量定额B7-1），"成品木门安装"子目包括了成品木门的制作、运输、安装等内容，套用消耗量定额时请注意。"成品木门安装"《陕西省建筑装饰工程价目表2009》是按成品木门单价180元/m²考虑的。

（3）其他门窗消耗量定额（第十章建筑装饰工程第四门窗工程节）安装子目均按外购成品列入（通称成品门安装），成品门窗价（除钢门窗）包含玻璃和门窗附件，消耗量定额中已包括制作、运输、安装、五金等全部内容。

（4）消耗量定额还新补充了"人防门安装"子目（补充消耗量定额B7-2～B7-6），是人防工程专用子目，仅适用于地下室的人防工程。

（5）门窗套、筒子板、贴脸的区别。

2．主要项目工程量计算

（1）各类木门窗的制作、运输、安装工程量均按门窗洞口尺寸以面积计算。门亮子按所在门的洞口面积计算。

① 制作、运输、安装工程量按框外围面积计算，即 $S=$ 洞口宽×高×清单项目樘数，或者 $S=$ 洞口面积（清单工程量）。

洞口宽×高见清单项目特征描述

② 油漆工程量按洞口面积乘系数计算，即 $S=$ 洞口面积×系数。

③ 普通木门扇（成品门扇）也可按"樘"计算（同清单项目数量）。

（2）铝合金门窗、塑钢门窗、彩板门窗安装工程量按洞口面积以 m^2 计算，窗纱扇工程量同窗工程量，即 $S=$ 洞口宽×高×清单项目樘数。

（3）卷帘门窗安装按其安装高度乘以门的实际宽度以"m^2"计算，安装高度算至滚筒顶点，卷筒罩按展开面积计算。

（4）防盗门窗、不锈钢格栅门按外围面积以"m^2"计算。

（5）成品防火门以框外围面积计算，防火卷帘门从地（楼）面算至端板顶点乘以设计宽度。

（6）实木门扇制作安装、装饰门扇制作按外围面积计算。装饰门扇及成品门扇安装按"扇"计算。

（7）门窗套、门窗筒子板按展开面积计算（同清单项目工程量）。门窗贴脸按延长米计算（清单项目按展开面积计算）。

（8）窗帘盒、窗帘轨按延长米计算（同清单项目工程量计算）。窗台板按实铺面积以"m^2"计算（清单项目按长度计算）。

6.6.2　工程量清单计价编制示例

【例 6.8】　金属门综合单价组价。

某工程金属门清单如表 6.20 所示，试计算综合单价。

表 6.20　某工程金属门清单

序号	项目编码	项目名称	计量单位	工程数量
1	020402003001	金属地弹门 【项目特征】 （1）门类型：铝合金单玻门 M-1； （2）洞口尺寸：1 500×3 000； （3）工程做法：见陕 02J06-3； （4）玻璃品种：5 厚白色玻璃。 【工作内容】 （1）门制作、运输、安装； （2）五金、玻璃安装	樘	1

解：查《陕西省建筑装饰工程价目表 2009》：10-949 地弹门消耗量定额基价：37 220.68 元/100 m^2。

计算计价工程量：$V = 1.5 \times 3 = 4.5$（m^3）

$$分项直接工程费 = 37\ 220.68 \times 0.045 = 1\ 674.93（元/樘）$$
$$管理费 = 1\ 674.93 \times 3.83\% = 64.15（元/樘）$$
$$利润 = (1\ 674.93 + 64.15) \times 3.37\% = 58.61（元/樘）$$
$$分项综合单价 = 1\ 674.93 + 64.15 + 58.61 = 1\ 797.7（元/樘）$$

【例 6.9】　塑钢窗综合单价组价。

某住宅塑钢窗清单如表 6.21 所示，试计算综合单价。

表 6.21　某住宅塑钢窗清单

序号	项目编码	项目名称	计量单位	工程数量
1	020406007001	塑钢窗 【项目特征】 （1）窗类型：单玻推拉窗（带纱）C-1； （2）洞口尺寸：1 500×2 100； （3）工程做法：见陕 02J06-4； （4）玻璃品种规格：5 厚白色玻璃。 【工作内容】 （1）窗制作、运输、安装； （2）五金、玻璃安装	樘	5

解：查《陕西省建筑装饰工程价目表 2009》：10-965 塑钢窗消耗量定额基价：23 136.68 元/100 m^2。

计算计价工程量：$V = 1.5 \times 2.1 \times 5 = 15.75$（m^3）

$$分项直接工程费 = 23\ 136.68 \times 0.157\ 5/5 = 728.81（元/樘）$$
$$管理费 = 728.81 \times 3.83\% = 27.91（元/樘）$$
$$利润 = (728.81 + 27.91) \times 3.37\% = 25.50（元/樘）$$
$$分项综合单价 = 728.81 + 27.91 + 25.50 = 782.22（元/樘）$$

查《陕西省建筑装饰工程价目表 2009》：10-968 纱窗在彩板塑料塑钢，推拉窗上消耗量定额基价：235.03 元/100 m^2。

计算计价工程量：$V = 1.5 \times 2.1 \times 5 = 15.75$（m^3）

$$分项直接工程费 = 235.03 \times 0.1575/5 = 7.40（元/樘）$$
$$管理费 = 7.40 \times 3.83\% = 0.28（元/樘）$$
$$利润 = (7.40 + 0.28) \times 3.37\% = 0.26（元/樘）$$
$$分项综合单价 = 7.40 + 0.28 + 0.26 = 7.94（元/樘）$$
$$清单综合单价 = 782.22 + 7.94 = 790.16（元/樘）$$

6.7　屋面工程清单计价

6.7.1　计价说明

1．消耗量定额项目设置及说明

（1）本章消耗量定额共包括三部分 129 个项目，补充消耗量定额 19 个项目，消耗量定额项目组成见表 6.22。

表 6.22　屋面工程项目组成表

章	节	子　目
屋面工程	屋面	瓦屋面、金属压型板屋面（9-1 ～ 9-22）
		卷材屋面防水、涂膜屋面防水（9-23 ～ 9-46）
		屋面保温（9-47 ～ 9-56）
		其他（9-57 ～ 9-73）
	墙地面防水	卷材防水、涂膜防水（9-74 ～ 9-113）
	天棚墙面保温	天棚保温隔热、外墙内保温（9-114 ～ 9-129）
	补充消耗量定额	B9-1 ～ B9-19 筏板防水、外墙外保温等

（2）本章消耗量定额和第十二章消耗量定额对应于清单《计价规则》"A.7 屋面及防水工程"和"A.8 防腐、隔热、保温工程"。

（3）屋面子目均为单项子目，防水层和保温层未综合其他内容。隔气层（防水层）、找平层、隔离层、保护层等另外考虑。（找平层在消耗量定额第八章楼地面工程、保护层在消耗量定额第十章建筑装饰工程）

（4）掌握屋面构造，了解工程量清单的内容。

一般情况下，防水层清单计价时应包括防水层、找平层、隔离层和保护层等计价内容。

找坡层清单有可能包括找坡层、隔气层、找平层。

保温层清单一般包括一个子目（单项子目）。

屋面排水清单计价时应包括排水管、水斗和水落口等内容。

（5）墙地面防水：楼地面防水、墙面防水执行第九章屋面防水及保温隔热工程子目（平面、立面）；基础底板下层防水套用补充消耗量定额。

墙地面防水清单计价时应包括找平层、防水层和保护层。

2．主要项目工程量计算

1）屋面防水

（1）卷材和涂膜防水层：按整个屋面的水平投影面积计算（包括女儿墙及挑沿栏板），女儿墙和挑沿栏板内侧弯起部分的面积并入防水层内（即计价工程量同清单工程量），即

$$S = 清单工程量$$
$$弯起部分面积 = 长度 \times 高度$$

当高度无详图时，可按 0.3 m 计算。

（2）防水层下设找平层时，消耗量定额执行第八章楼地面工程子目，其工程量同防水层的面积。

（3）防水层上的保护层一般执行第十章建筑装饰工程或第八章楼地面工程子目，其工程量一般只计算水平面积。

2）屋面排水管

（1）排水管按长度计算（同清单）。

（2）水斗、出水口等需按设计图纸重新按个（塑料制品）或套（铸铁制品）或按"m²"（铁皮排水）计算。

3）地面、墙面防水

（1）楼地面防水清单（不管是单列还是合并在楼地面中）都是按室内的净面积计算。计价时其工程量应考虑周边上翻高度并按图示尺寸计算。上翻高度小于 500 mm 时，并入地面防水层，大于 500 mm 时按立面防水层子目计算套用。

设计无具体尺寸时按 300 mm 计算。

找平层工程量同防水层、保护层的工程量一般只算水平面积。

（2）基础底板、墙面卷材和涂膜防水层清单，计价时其内容应包括找平层、防水层和保护层，其工程量计算同清单项目工程量。

变形缝和止水带计算同清单项目工程量。

4）屋面保温、找坡层工程量

按设计图示铺设面积乘以平均厚度以 m³ 计算。

计算的具体范围同清单项目。

计价工程量：$V =$ 清单项目工程量 × 平均厚度（找坡层的平均厚度要按图示重新进行计算）。

隔气层的工程量按面积计算同屋面保温层清单工程量。

架空隔热板按实铺面积计算同屋面保温层清单工程量。

5）天棚保温隔热层工程量

按设计图示铺设（或抹灰）体积（面积）计算。

保温层是铺设的按体积计算，即 $V =$ 清单面积 × 厚度。

隔热层是粉刷抹灰的按面积计算，即 $S =$ 清单面积。

6）外墙内、外保温工程量

按设计图示粘铺或粉抹面积计算，区分不同厚度列项。工程量同清单项目工程量。

6.7.2 工程量清单计价编制示例

【例 6.10】 屋面保温层综合单价组价。

某建筑物屋面保温清单如表 6.23 所示，试计算综合单价。

① 憎水膨胀珍珠岩板市场价为 380 元/m³。

②《陕西省建筑装饰工程价目表 2009》中的单价：主要材料单价表 序号 674：356 元/m³。

表 6.23 某建筑物屋面保温清单

序号	项目编码	项目名称	计量单位	工程数量
1	010803001001	屋面憎水膨胀珍珠岩板保温层，厚 250 mm	m²	95.96

解：<方法一>

采用消耗量定额计算：

查消耗量定额：9-48 憎水膨胀珍珠岩板，人工：5.28 工日/10 m³，憎水膨胀珍珠岩板：10.4 m³/10 m³。

计算消耗量定额项目工程量：$V = 95.96 \times 0.25 = 26.99$（m³）

消耗量定额人工费 $= 5.28 \times 42 = 221.76$（元/10 m³）

消耗量定额材料费 $= 10.4 \times 380 = 3\ 952.00$（元/10 m³）

消耗量定额基价 = 消耗量定额人工费 + 材料费 + 机械费 $= 221.76 + 3\ 952.00$
$\qquad\qquad = 4\ 176.76$（元/10 m³）

管理费 $= 4\ 176.76 \times 5.11\% = 216.28$（元/10 m³）

利润 $= (4\ 176.76 + 216.28) \times 6.11\% = 136.44$（元/10 m³）

分项综合单价 $= (4\ 176.76 + 2\ 16.28 + 136.44) \times 2.399/95.96 = 116.09$（元/m²）

<方法二>

用《陕西省建筑装饰工程价目表 2009》计算：

查《陕西省建筑装饰工程价目表 2009》：9-48 憎水膨胀珍珠岩板，基价：3 924.16 元/10 m³。

其中：人工费：221.76 元/10 m³，材料费 3 702.40 元/10 m³，憎水膨胀珍珠岩板：10.4 m³/10 m³。

计算消耗量定额项目工程量：$V = 95.96 \times 0.25 = 26.99$（m³）

分项直接工程费 $= 221.76 + 3\ 702.40 + (380 - 356) \times 10.4 = 4\ 176.76$（元/10 m³）

或分项直接工程费 $= 3\ 924.16 + (380 - 356) \times 10.4 = 4\ 176.76$（元/10 m³）

管理费 $= 4\ 176.76 \times 5.11\% = 216.28$（元/10 m³）

利润 $= (4\ 176.76 + 216.28) \times 3.11\% = 136.44$（元/10 m³）

综合单价 $= (4\ 176.76 + 216.28 + 136.44) \times 2.399/95.96 = 116.09$（元/10 m²）

练习题

1. 土石方工程包括哪些内容？常用部分工程量如何计算？

2. 桩基工程包括哪些内容？各部分工程量如何计算？

3. 砌筑工程包括哪些内容？各部分工程量如何计算？

4. 混凝土及钢筋工程包括哪些内容？各部分工程量如何计算？

5. 金属结构工程包括哪些内容？各部分工程量如何计算？

6. 屋面工程包括哪些内容？各部分工程量如何计算？

实作训练

请根据下列分部分项工程量清单综合单价分析表，完成分部分项工程综合单价计算。

表 6.24　分部分项工程量清单综合单价分析表

工程名称：土方工程　　　　　　　　　　　　　　　　　　　　　　　　　　　专业：建筑装饰工程

序号	编码编号	项目名称	计量单位	工程量	综合单价组成					综合单价
					基价（A）	管理费（B）	利润（C）	风险（D）	合计（E）	
1	010101003001	挖基础土方 【项目特征】 （1）土壤类别：三类土； （2）基础类型：满堂基础； （3）坑底面积 23×47.2 m； （4）挖土深度：2.0 m； （5）弃土距离：5 km； 【工程内容】 挖土方、基底钎探、运输	m³	2 171.20						

表 6.25　分部分项工程量清单综合单价分析表

工程名称：土方工程　　　　　　　　　　　　　　　　　　　　　　　　　　　专业：建筑装饰工程

序号	编码编号	项目名称	计量单位	工程量	综合单价组成					综合单价
					基价（A）	管理费（B）	利润（C）	风险（D）	合计（E）	
2	010103001001	土方回填 【项目特征】 （1）回填部位：基础地基处理 $H=1.0$ m； （2）土质要求：2∶8 灰土； （3）密实度要求：≥0.97 碾压； （4）取土距离：外购黄土	m³	1 085.00						

表 6.26 分部分项工程量清单综合单价分析表

工程名称：土方工程　　　　　　　　　　　　　　　　　　　　　专业：建筑装饰工程

序号	编码编号	项目名称	计量单位	工程量	综合单价组成					综合单价
					基价（A）	管理费（B）	利润（C）	风险（D）	合计（E）	
3	010103 001002	土方填土 【项目特征】 （1）回填部位：基础回填土； （2）土质要求：一般素土； （3）密实度要求：≥0.97 夯填； （4）取土距离：外购黄土	m³	570.00						

表 6.27 分部分项工程量清单综合单价分析表

工程名称：土方工程　　　　　　　　　　　　　　　　　　　　　专业：建筑装饰工程

序号	编码编号	项目名称	计量单位	工程量	综合单价组成					综合单价
					基价（A）	管理费（B）	利润（C）	风险（D）	合计（E）	
4	010103 001003	土方填土 【项目特征】 （1）回填部位：室内回填土； （2）土质要求：素土； （3）密实度要求：按规范要求夯填； （4）取土距离：现场取土 50 m	m³	256.00						

表 6.28 分部分项工程量清单综合单价分析表

工程名称：桩基础工程　　　　专业：建筑装饰工程

序号	编码编号	项目名称	计量单位	工程量	综合单价组成					综合单价
					基价（A）	管理费（B）	利润（B）	风险（D）	合计（E）	
1	010201001001	预制钢筋混凝土桩 【项目特征】 （1）土的级别：二级土； （2）单桩设计长度：9.6 m； （3）桩截面尺寸：400×400； （4）混凝土强度等级：C40碎石混凝土； （5）桩的运距：10 km。 【工程内容】 桩制作、运输、打桩、送桩	m	960.00						

表 6.29 分部分项工程量清单综合单价分析表

工程名称：桩基础工程　　　　专业：建筑装饰工程

序号	编码编号	项目名称	计量单位	工程量	综合单价组成					综合单价
					基价（A）	管理费（B）	利润（B）	风险（D）	合计（E）	
2	010201003001	混凝土灌注桩 【项目特征】 土壤级别：一级土； 单桩长度：25 m，共100根； 桩截面：直径600 mm； 混凝土强度等级：C30碎石混凝土； 成孔方法：旋挖钻机成孔。 【工程内容】 成孔，混凝土制、运、浇、养、泥渣外运、凿桩头	m	2 500.00						

表6.30 分部分项工程量清单综合单价分析表

工程名称：砌筑工程　　　　　　　　　　　　　　　　　　专业：建筑装饰工程

序号	编码编号	项目名称	计量单位	工程量	综合单价组成					综合单价
					基价（A）	管理费（B）	利润（C）	风险（D）	合计（E）	
1	010301001001	砖基础 【项目特征】 (1) 垫层：300 厚 3：7 灰土 15 m³; (2) 砖规格强度等级：MU10 标准砖; (3) 基础类型：条形基础; (4) 砂浆强度等级：M10 水泥砂浆; (5) 防潮层：墙基防水砂浆 19 m²	m³	60.00						

表6.31 分部分项工程量清单综合单价分析表

工程名称：砌筑工程　　　　　　　　　　　　　　　　　　专业：建筑装饰工程

序号	编码编号	项目名称	计量单位	工程量	综合单价组成					综合单价
					基价（A）	管理费（B）	利润（C）	风险（D）	合计（E）	
2	010304001001	多孔砖墙 【项目特征】 (1) 墙体类型：内墙; (2) 墙体厚度：120; (3) 砖规格强度等级：承重多孔砖; (4) 砂浆强度等级：M7.5 混合砂浆	M³	15.00						
3	010304001002	多孔砖墙 【项目特征】 (1) 墙体类型：外墙; (2) 墙体厚度：240; (3) 砖规格强度等级：承重多孔砖; (4) 砂浆强度等级：M10 混合砂浆	m³	130.00						

表 6.32　分部分项工程量清单综合单价分析表

工程名称：砌筑工程　　　　　　　　　　　　　　　　　　　　　　　专业：建筑装饰工程

序号	编码编号	项目名称	计量单位	工程量	综合单价组成					综合单价
					基价（A）	管理费（B）	利润（C）	风险（D）	合计（E）	
4	010304001003	多孔砖墙 【项目特征】 （1）墙体类型：内墙； （2）墙体厚度：240； （3）砖规格强度等级：非承重多孔砖； （4）砂浆强度等级：M5混合砂浆	m³	180.00						

表 6.33　分部分项工程量清单综合单价分析表

工程名称：钢筋混凝土工程　　　　　　　　　　　　　　　　　　　　　专业：建筑装饰工程

序号	编码编号	项目名称	计量单位	工程量	综合单价组成					综合单价
					基价（A）	管理费（B）	利润（C）	风险（D）	合计（E）	
1	010401001001	有梁式带形基础 【项目特征】 （1）100厚 C10 混凝土垫层，18 m³； （2）混凝土强度等级：C35； （3）混凝土拌和料要求：现场搅拌碎石混凝土	m³	104.50						

表 6.34　分部分项工程量清单综合单价分析表

工程名称：钢筋混凝土工程　　　　　　　　　　　　　　　　　　　　　　　　　　　　　　　　　　　专业：建筑装饰工程

序号	编码编号	项目名称	计量单位	工程量	综合单价组成					综合单价
					基价（A）	管理费（B）	利润（C）	风险（D）	合计（E）	
2	010402001001	矩形柱 【项目特征】 （1）柱截面尺寸：构造柱； （2）混凝土强度等级：C20； （3）混凝土拌和料要求：现场搅拌砾石混凝土	m³	35.00						
3	010405008001	雨篷 【项目特征】 （1）混凝土强度等级：C25； （2）混凝土拌和料要求：现场搅拌砾石混凝土； （3）水平投影面积：30 m²	m³	4.50						

表 6.35　分部分项工程量清单综合单价分析表

工程名称：钢筋混凝土工程　　　　　　　　　　　　　　　　　　　　　　　　　　　　　　　　　　　专业：建筑装饰工程

序号	编码编号	项目名称	计量单位	工程量	综合单价组成					综合单价
					基价（A）	管理费（B）	利润（C）	风险（D）	合计（E）	
4	010405003001	混凝土平板 【项目特征】 （1）板底标高：3.8 m； （2）板厚度：120 mm （3）混凝土强度等级：C30； （4）混凝土拌和料要求：现场搅拌砾石混凝土	m³	98.88						
5	010406001001	直形楼梯 【项目特征】 （1）混凝土强度等级：C25； （2）混凝土拌和料要求：现场搅拌砾石混凝土	m²	18.00						

表 6.36　分部分项工程量清单综合单价分析表

工程名称：钢筋混凝土工程　　　　　　　　　　　　　　　　专业：建筑装饰工程

序号	编码编号	项目名称	计量单位	工程量	综合单价组成					综合单价
					基价（A）	管理费（B）	利润（C）	风险（D）	合计（E）	单价
6	010407002001	散水 【项目特征】（陕02J01散3）（1）60厚C15混凝土撒1∶1水泥砂子，压实赶光；（2）150厚3∶7灰土垫层，宽出面层300	m²	120.00						

表 6.37　分部分项工程量清单综合单价分析表

工程名称：钢筋混凝土工程　　　　　　　　　　　　　　　　专业：建筑装饰工程

序号	编码编号	项目名称	计量单位	工程量	综合单价组成					综合单价
					基价（A）	管理费（B）	利润（C）	风险（D）	合计（E）	单价
7	010410003001	过梁 【项目特征】（1）单件体积：≤0.4 m3；（2）安装高度：2.4 m；（3）混凝土强度等级：C20砾石混凝土；（4）座浆灌缝：水泥砂浆	m²	24.00						

表 6.38　分部分项工程量清单综合单价分析表

工程名称：钢筋混凝土工程　　　　　　　　　　　　　　　　　　　　　　　　　　　　　　　　　　　　专业：建筑装饰工程

序号	编码编号	项目名称	计量单位	工程量	综合单价组成					综合单价
					基价（A）	管理费（B）	利润（C）	风险（D）	合计（E）	
8	010416001001	现浇混凝土钢筋 【项目特征】 钢筋规格：φ10 以内圆钢筋。 【工程内容】 钢筋制作、运输、安装	t	25.00				钢筋市场价格：3 500 元/t		
9	010416001001	现浇混凝土钢筋 【项目特征】 钢筋规格：φ10 以上螺纹钢筋。 【工程内容】 钢筋制作、运输、安装	t	35.00						
10	010416001002	现浇混凝土钢筋 【项目特征】 钢筋规格：砌体内加固筋。 【工程内容】 钢筋制作、运输、安装	t	4.50						

表6.39　分部分项工程量清单综合单价分析表

工程名称：屋面工程　　　　　　　　　　　　　　　　　　　　　　　专业：建筑装饰工程

序号	编码编号	项目名称	计量单位	工程量	综合单价组成						综合单价
					基价（A）	管理费（B）	利润（C）	风险（D）	合计（E）		
1	010702001001	屋面卷材防水 【项目特征】 （1）卷材品种：SBS防水卷材； （2）防水层做法：陕02J01屋ⅡI6； ①20厚1：2.5水泥砂浆保护层，每米见方半缝分格； ②1.2厚SBS防水卷材一道	m²	114.75						

表6.40　分部分项工程量清单综合单价分析表

工程名称：屋面工程　　　　　　　　　　　　　　　　　　　　　　　专业：建筑装饰工程

序号	编码编号	项目名称	计量单位	工程量	综合单价组成						综合单价
					基价（A）	管理费（B）	利润（C）	风险（D）	合计（E）		
2	010803001001	保温隔热屋面 【项目特征】 （1）保温隔热部位：屋面找坡层； （2）保温隔热方式：夹心式； （3）保温隔热材料：1：6水泥焦渣； （4）保温层厚度：平均90厚	m²	87.30						
3	010803001002	【项目特征】 （1）保温隔热部位：屋面保温层； （2）保温隔热方式：夹心式； （3）保温材料：憎水膨胀珍珠岩板； （4）保温层厚度：100厚	m²	87.30						

第7章　房屋装饰工程量清单计价

■■ 学前导读

本章以《陕西省建筑装饰工程消耗量定额 2004》及补充定额（以下简称定额）为例，介绍了楼地面装饰工程，墙、柱面装饰与隔断、幕墙工程，天棚工程工程，油漆、涂料、裱糊工程、其他装饰工程清单计价的说明及主要项目计价工程量的计算，并结合实例介绍了清单计价的具体确定方法。通过本章的学习，掌握主要工程项目定额工程量的计算，掌握综合单价的计算过程。

7.1　楼地面装饰工程清单计价

7.1.1　计价说明

1. 定额项目设置和说明

（1）定额设置：楼地面定额分两章编制：一般土建工程和装饰工程（计算管理费和利润的费率不同）。

① 第八章楼地面工程：属于一般土建工程（管理费、利润），共包括四部分 129 个项目（垫层、防潮层及找平层、变形缝及止水带、地沟），定额项目组成见表 7.1。

表 7.1　楼地面工程项目组成表

章	节	子　目
楼地面工程	垫　层	8-1～8-14（灰土垫层见第一章土石方工程、混凝土垫层见第四章混凝土及钢筋混凝土工程）
	防潮及找平层	8-15～8-28
	变形缝及止水带	8-29～8-42
	地　沟	一般地区室内管沟：8-43～8-79
		湿陷性黄土地区室内管沟：8-80～8-129

② 第十章 第一节楼地面工程：属于装饰工程（管理费、利润），共包括四部分 228 个项目（整体面层、块料面层、单贴块料面层、栏杆扶手），定额项目组成见表 7.2。

（2）两章定额子目划分以找平层为界，找平层以上（不含找平层）列入装饰楼地面子目。

（3）楼地面工程定额中的垫层、防潮层和找平层为清单地面配套子目；防潮层和找平层、变形缝及止水带为清单屋面配套子目。

表 7.2　楼地面工程项目组成表

章	节	子　目
楼地面工程	整体面层	水泥砂浆、细石混凝土、水磨石（10-1～10-18）
	块料面层（10-19～10-157）	石材、地砖、花砖、塑料橡胶板、地毯、木地板、防静电活动地板
	单贴块料面层	适用于二次装饰时使用（10-158～10-178）
	栏杆扶手（10-179～10-228）	栏杆：铝合金、不锈钢、钢管、金属栏杆
		扶手：铝合金、不锈钢、硬木、钢管、塑料、大理石、螺旋扶手、弯头、靠墙扶手

（4）变形缝、地沟为综合子目。变形缝是按通常做法编制的，使用时不允许调整。地沟子目中未包括沟盖板和过梁（混凝土、钢筋、模板、安装、座浆和灌封）。

（5）散水和坡道未包括土方工程和灰土垫层。

（6）零星项目面层适用于楼梯侧面、小便池、蹲台、池槽以及单件铺贴面积在 1 m^2 以上。

（7）扶手、栏杆、拦板子目适用于楼梯、走廊、回廊及其他装饰性栏杆、栏板。

（8）楼梯栏杆、拦板子目中不含扶手，扶手应另执行相应扶手子目。

（9）木地板如有填充材料，按相应章节子目执行。

（10）块料面层子目，也适用于上人屋面上铺设的面层。

2. 主要项目工程量计算

（1）垫层、找平层定额既适用于楼地面工程，也适用于基础工程。地面下的各种垫层按主墙间净空面积乘以厚度以"m^3"计算，即：

$$V = 地面清单面积 \times 垫层厚度$$

（2）防潮层和找平层按主墙间净空面积以"m^2"计算，即：

$$S = 楼地面清单面积$$

（3）墙基防潮层，外墙长度按中心线，内墙长度按净长线乘以墙宽，以"m^2"计算，即：

$$S = L_{中} \times 墙宽 + L_{内} \times 墙宽$$

（4）散水和坡道应分别套用和计算面层、垫层，散水、坡道面层工程量同清单工程量。垫层按体积计算，散水下 3:7 灰土垫层宽出面层 300，要按图纸重新计算，即：

$$S = L_{外} \times (散水宽 + 0.3) + (散水宽 + 0.3) \times (散水宽 + 0.3) \times 4$$

$$V = S \times 设计厚度$$

$$坡道垫层 V = 面层面积 \times 设计厚度$$

（5）地沟按设计图示尺寸以延长米计算。

地沟长度同清单工程量（设计无要求时按出外墙皮 1.5 m 考虑）。

地沟盖板、过梁另行按钢筋混凝土工程有关规则计算，包括制作（混凝土、钢筋、模板）安装、灌缝，制作中的模板在措施项目中考虑。

设计地沟断面与定额子目不符时，可以换算。如不能换算，则分解计算。

（6）整体面层的楼地面、楼梯装饰、台阶装饰等工程量与清单项目工程量相同。面层下的各种垫层需另行计算。

（7）块料面层楼地面：按饰面的实铺面积以"m²"计算。与清单工程量计算规则不同的是，门洞、空圈等开口部分的面积并入相应的楼地面工程量内，即

$$S = 清单工程量 + 门洞、空圈等开口部分的面积$$

（8）扶手、栏杆：适用于楼梯、阳台、回廊等。

扶手、栏杆应分别套用各自定额，其工程量按扶手的长度计算。

木扶手还应套用木扶手的油漆，其工程量按扶手的长度乘以系数计算。

钢管扶手、型钢栏杆还应套用其他金属面的油漆子目，其工程量按扶手、栏杆的重量乘以计算。

（9）踢脚线。

整体面层踢脚线按房间主墙间周长以延长米计算。不扣除门洞及空圈所占长度，墙垛、洞口侧壁长度亦不增加。

非成品块料踢脚线按实贴长度乘以高度以"m²"计算。

成品块料踢脚线按实贴长度以"m"计算，可用其清单工程量除以高度计算。

楼梯踏步段踢脚线均按相应定额乘以 1.15 的系数。

7.1.2　工程量清单计价编制示例

【例 7.1】　楼地面工程综合单价组价。

某工程水泥砂浆地面清单如表 7.3 所示，试计算综合单价。

表 7.3　某工程水泥砂浆地面清单

序号	项目编码	项目名称	计量单位	工程数量
1	020101001002	水泥砂浆地面 【项目特征】 （1）工程位置：台阶上平台； （2）工程做法： ① 20 厚 1：2.5 水泥砂浆压实抹光； ② 素水泥浆一道（内参建筑胶）； ③ 60 厚 C20 混凝土垫层	m²	1.94

解：查《陕西省建筑装饰工程价目表 2009》：10-1 水泥砂浆楼地面，基价：1 088.11 元/100 m²。

计算计价工程量：$S = 1.94\ \text{m}^2$

分项直接工程费 = 1 088.11 × 0.019 4/1.94 = 10.88（元/m²）

管理费 = 10.88 × 3.83% = 0.42（元/m²）

利润 = （10.88 + 0.42）× 3.37% = 0.38（元/m²）

分项综合单价 = 10.88 + 0.42 + 0.38 = 11.68（元/m²）

查《陕西省建筑装饰工程价目表 2009》：子目 4-1　C20 砾石混凝土（普通）换。

换算后基价 $= 268.43 + (150.10 - 163.39) \times 1.015 = 254.94$（元/$m^3$）

计算计价工程量：$S = 1.94 \times 0.06 = 0.116\,4$（$m^3$）

分项直接工程费 $= 254.94 \times 0.1164/1.94 = 15.30$（元/$m^3$）

管理费 $= 15.30 \times 5.11\% = 0.78$（元/$m^3$）

利润 $= (15.30 + 0.78) \times 3.11\% = 0.50$（元/$m^3$）

分项综合单价 $= 15.30 + 0.78 + 0.50 = 16.58$（元/$m^3$）

清单综合单价 $= 11.68 + 16.58 = 28.26$（元/m^3）

【例 7.2】　踢脚线综合单价组价：

某工程踢脚线清单如表 7.4 所示，试计算综合单价。

表 7.4　某工程踢脚线清单

序号	项目编码	项目名称	计量单位	工程数量
1	020105001001	水泥砂浆踢脚线 【项目特征】 （1）踢脚线高度：120； （2）工程做法：陕 02J01 踢 2； ① 8 厚 1∶2.5 水泥砂浆罩面压实赶光； ② 10 厚 1∶3 水泥砂浆打底	m^2	5.92

解：查《陕西省建筑装饰工程价目表 2009》：子目 10-5 水泥砂浆踢脚线，基价：319.13 元/100 m。

计算计价工程量：$L = 53.16$（m）

分项直接工程费 $= 319.13 \times 0.531\,6/5.92 = 28.66$（元/$m^2$）

管理费 $= 28.66 \times 3.83\% = 1.1$（元/$m^2$）

利润 $= (28.66 + 1.1) \times 3.37\% = 1.0$（元/$m^2$）

分项综合单价 $= 28.66 + 1.1 + 1.0 = 30.76$（元/$m^2$）

7.2　墙、柱面装饰与隔断、幕墙工程清单计价

7.2.1　计价说明

1. 定额项目设置和说明

（1）本节定额共包括六部分 424 个项目，补充定额 36 个子目，定额项目组成见表 7.5。

（2）幕墙补充定额分玻璃幕墙（全隐框和半隐框、明框）、全玻幕墙、铝板幕墙形式，使用时按设计图中幕墙形式按补充定额执行。对于设计只有示意图的幕墙，按 04 消耗量定额中 10-652 子目。

（3）普通抹灰中的装饰线条适用于展开宽度在 300 mm 以内的腰线、窗台板、门窗套、压顶、扶手、横竖线条等项目，展开宽度超过 300 mm 者执行零星项目。

表 7.5　墙、柱面工程项目组成表

章	节	子　目
墙、柱面工程	普通抹灰	石灰砂浆、水泥砂浆、水泥石灰砂浆、其他砂浆、砂浆厚度调整（10-229～10-296）
	装饰抹灰	水刷石、干粘石、斩假石、拉条甩毛（10-297～10-317）
	镶贴块料-有基层	大理石、花岗岩、干挂石材、石材零星项目、磁片、面砖（10-318～10-478）
	镶贴块料-无基层	适用于二次装饰时使用（10-479～10-538）
	墙柱面装饰	木龙骨、金属龙骨、夹板卷材基层、面层、隔断、柱龙骨基层及饰面（10-539～10-651）
	幕　墙	子目 10-652
	补充定额	B10-1～11（文化石和幕墙），B10-12～13（其他腻子乳胶漆），B10-14～17（墙面找平、处理），B10-34～36（GCR 隔墙）

（4）零星项目是指各种壁柜、碗柜、书柜、过人洞、池槽花台、挑沿、天沟、雨篷的周边。展开宽度超过 300 mm 的腰线、窗台板、门窗套、压顶、扶手，立面高度小于 500 mm 的遮阳板、栏板以及单件面积在 1 m² 以内的零星项目。

（5）普通抹灰和装饰抹灰项目，凡立面高度大于 500 mm 的遮阳板、栏板，分别按相应墙面子目人工乘以 1.2 系数，材料乘以 1.15 系数计算。

（6）梁柱面（包括构造柱、圈过梁）与墙面在同一平面时，其表面抹灰或镶贴装饰执行墙面相应子目。如梁柱面与墙面不在同一平面时，梁柱面应单独执行梁柱面相应子目。

2. 主要项目工程量计算

（1）墙面抹灰、柱面抹灰（包括一般抹灰和装饰抹灰）。其工程量计算与清单项目工程量相同。套用定额注意墙体类型、砂浆厚度和配合比。

栏板抹灰按栏板的垂直投影面积乘以 2.2 计算，内外抹灰不同时硬分别计算。

压顶抹灰按展开面积计算（展开宽度×长度）。

抹灰分格、嵌缝按抹灰面积计算。

（2）墙、梁、柱面贴块料：按实贴面积计算即同清单项目工程量。（高度在 300 以内的墙裙贴块料，按踢脚板子目执行）

（3）墙饰面、隔断、幕墙等与其工程量清单项目工程量相同。

墙饰面清单（如木墙裙）计价时，一般套用龙骨、基层、面层和其他木材面油漆（10-1035～10-1265）等子目。

（4）抹灰面油漆（10-1325～10-1401）、涂料（10-1402～10-1458）按抹灰面积乘以系数计算。

7.2.2　工程量清单计价编制示例

【例 7.3】　墙、柱面工程综合单价组价。

某工程墙面一般抹灰工程量清单如表 7.6 所示，试确定其综合单价。

表 7.6　某工程墙面一般抹灰工程量清单

序号	项目编码	项目名称	计量单位	工程数量
1	020201001001	墙面一般抹灰 【项目特征】 （1）墙体类型：外砖墙面； （2）工程做法：陕 02J01 外 13。 ① 6 厚 1：2.5 水泥砂浆扫平； ② 12 厚 1：3 水泥砂浆打底扫毛	m^2	195.57

解： 查《陕西省建筑装饰工程价目表 2009》：子目 10-244 外砖墙面 20 mm 厚，基价：12 49.18 元/100 m^2。

计算计价工程量：$S = 195.57$（m^2）

分项直接工程费 $= 1249.18 \times 1.9557/195.57 = 12.49$（元/$m^2$）

管理费 $= 12.49 \times 3.83\% = 0.48$（元/$m^2$）

利润 $= (12.49 + 0.48) \times 3.37\% = 0.44$（元/$m^2$）

分项综合单价 $= 12.49 + 0.48 + 0.44 = 13.41$（元/$m^2$）

查《陕西省建筑装饰工程价目表 2009》：子目 10-285 *2 抹灰层每增减 1 mm，水泥砂浆，基价：$44.26 \times 2 = 88.52$ 元/100 m^2。

计算计价工程量：$S = 195.57$（m^2）

分项直接工程费 $= 88.52 \times 1.9557/195.57 = 0.89$（元/$m^2$）

管理费 $= 0.89 \times 3.83\% = 0.03$（元/$m^2$）

利润 $= (0.89 + 0.03) \times 3.37\% = 0.03$（元/$m^2$）

分项综合单价 $= 0.89 + 0.03 + 0.03 = 0.95$（元/$m^2$）

清单综合单价 $= 13.41 - 0.95 = 12.46$（元/m^3）

7.3　天棚工程清单计价

7.3.1　计价说明

1. 定额项目设置和说明

（1）本节定额共包括四部分 296 个项目，定额项目组成见表 7.7。

（2）本节除部分项目（包括龙骨、基层、面层）为合并列项外，其余均为龙骨、基层、面层分别列项编制。

其他天棚为综合子目即龙骨、基层、面层合并列项。

平面、跌级天棚、艺术造型天棚为单项子目即龙骨、基层、面层分别列项。

（3）平面天棚和跌级天棚：天棚面层在同一标高者为平面天棚，不在同一标高者为跌级天棚。

跌级天棚的面层人工乘以系数 1.1。

平面天棚和跌级天棚指一般直线型天棚，不包括灯光槽的制作安装。

表7.7　天棚工程项目组成表

章	节	子 目
天棚工程	抹 灰	石灰砂浆、水泥砂浆、水泥石灰砂浆、石膏砂浆（10-653～10-667）
	平面跌级天棚	天棚龙骨（木、轻钢、铝合金）、天棚基层、天棚面层、天棚灯槽（10-668～10-818）
	艺术造型天棚	轻钢龙骨、方木龙骨、基层、面层（10-819～10-886）
	其他天棚	烤漆天棚龙骨和面层、铝合金格栅天棚、玻璃采光天棚、网架天棚等 10-887～10-931
	其 他	天棚设置保温、风口、嵌缝 10-932～10-948

灯光槽的制作安装按相应子目执行定额子目 10-815～10-818。

艺术造型天棚中包括灯光槽的制作安装。

2. 主要项目工程量计算

（1）天棚抹灰：以主墙间的实际面积计算（室内净面积）。

工程量同清单天棚抹灰数量。乳胶漆的工程量按抹灰面积乘以系数计算。

天棚抹灰装饰线按延长米计算（天棚抹灰清单中含装饰线）。

预制板底勾缝按水平投影面积计算（抹灰不计算勾缝）。

（2）天棚吊顶：按设计图示尺寸以水平投影以 m^2 计算。

天棚龙骨及龙骨、基层、面层合并列项的子目（其他天棚）按主墙间净面积计算，不扣除间壁墙、柱、垛、附墙烟道、检查口和管道所占的面积。

龙骨、基层、面层分别套用定额时，龙骨定额的工程量同清单工程量。基层、面层定额的工程量按主墙间实钉面积计算，不扣除间壁墙、柱、垛、附墙烟道、检查口和管道所占的面积，扣除 $0.3 m^2$ 以上孔洞、独立柱、窗帘盒所占面积。

（3）板式楼梯底面的装饰工程量按水平投影面积乘 1.15 系数，梁式楼梯底面按展开面积计算。

（4）其他：

① 灯光槽按延长米计算，需要注意的是清单工程量按面积计算。

② 送风口、回风口按设计图示数量以个计算。

③ 网架（为非结构受力性装饰网架）按水平投影面积计算。

④ 嵌缝按延长米计算。

7.3.2　工程量清单计价编制示例

【例 7.4】　天棚工程综合单价组价。

某工程天棚抹灰工程量清单如表7.8所示，试确定其综合单价。

表 7.8　某工程天棚抹灰工程量清单

序号	项目编码	项目名称	计量单位	工程数量
1	020301001001	天棚抹灰 【项目特征】 （1）基层类型：预制混凝土板； （2）工程做法： ① 5 厚 1：0.3：2.5 水泥石灰膏砂浆抹面找平； ② 5 厚 1：0.3：3 水泥石灰膏砂浆打底扫毛； ③ 素水泥浆一道（内掺建筑胶）； ④ 预制板底用水加 10% 火碱清洗油腻	m²	82.59

解：查《陕西省建筑装饰工程价目表 2009》：子目 10-664 预制混凝土天棚面抹灰，基价：1 379.01 元/100 m²。

计算计价工程量：$S = 82.59$（m²）

分项直接工程费 $= 1379.01 \times 0.8259/82.59 = 13.49$（元/m²）

管理费 $= 13.79 \times 3.83\% = 0.53$（元/m²）

利润 $= (13.49 + 0.53) \times 3.37\% = 0.48$（元/m²）

清单综合单价 $= 13.49 + 0.53 + 0.48 = 14.8$（元/m²）

7.4　油漆、涂料、裱糊工程清单计价

7.4.1　计价说明

1. 定额项目设置和说明

本节定额共包括两部分 433 个项目，定额项目组成见表 7.9。

表 7.9　油漆、涂料工程项目组成表

章	节	子目
油漆、涂料工程	油漆 10-1035 ~ 1401	木材面油漆（10-1035 ~ 10-1265）分单层木门、单层木窗、木扶手、其他木材面
		金属面油漆（10-1266 ~ 10-1324）分单层钢门窗、其他金属面、白铁皮、金属构件
		抹灰面油漆（10-1325 ~ 10-1401）
	涂料、裱糊 10-1402 ~ 1467	涂料（10-1402 ~ 10-1458）
		裱糊（10-1459 ~ 10-1467）

2. 主要项目工程量计算

（1）木材面、金属面和抹灰面上的油漆、涂料工程量按附表相应的系数和计算规则计算。

（2）防火涂料工程量计算。

隔墙、护壁木龙骨按其面层正立面投影面积计算。

包柱木龙骨按其面层投影面积计算。

天棚木龙骨按天棚水平投影面积计算。

木地板中木龙骨及木龙骨带地板按地板面积计算。

以上刷防火涂料项目，执行其他木材面刷防火涂料相应子目。

天棚金属龙骨按天棚水平投影面积计算。

7.4.2　工程量清单计价编制示例

【例 7.5】　油漆、涂料工程综合单价组价。

某工程油漆工程量清单如表 7.10 所示，试确定其综合单价。

表 7.10　某工程油漆工程量清单

序号	项目编码	项目名称	计量单位	工程数量
1	020506001001	抹灰面油漆 【项目特征】 （1）基层类型：一般抹灰面； （2）油漆品种、遍数：白色乳胶漆漆三遍。 【工作内容】 基层清理、刮腻子、油漆	m^2	374.44

解：查《陕西省建筑装饰工程价目表 2009》：子目 10-1331 乳胶漆抹灰面二遍，基价：1 002.08 元/100 m^2。

计算计价工程量：$S = 374.44$（m^2）

分项直接工程费 $= 1\,002.08 \times 3.744\,4/374.44 = 10.02$（元/$m^2$）

管理费 $= 10.02 \times 3.83\% = 0.38$（元/$m^2$）

利润 $= (10.02 + 0.38) \times 3.37\% = 0.35$（元/$m^2$）

分项综合单价 $= 10.02 + 0.38 + 0.35 = 10.75$（元/$m^2$）

查《陕西省建筑装饰工程价目表 2009》：子目 10-1332 乳胶漆抹灰面每增加一遍，基价：224.91 元/100 m^2。

计算计价工程量：$S = 374.44$（m^2）

分项直接工程费 $= 224.91 \times 3.744\,4/374.44 = 2.25$（元/$m^2$）

管理费 $= 2.25 \times 3.83\% = 0.09$（元/$m^2$）

利润 $= (2.25 + 0.09) \times 3.37\% = 0.08$（元/$m^2$）

分项综合单价 $= 2.25 + 0.09 + 0.08 = 2.42$（元/$m^2$）

清单综合单价 $= 10.75 + 2.42 = 13.17$（元/m^2）

7.5　其他装饰工程清单计价

7.5.1　计价说明

1. 定额项目设置和说明

本节定额共包括八部分 156 个项目，定额项目组成见表 7.11。

表 7.11　其他工程项目组成表

章	节	子　目
其他工程	招牌灯箱	基层（10-1468～1480）、面层（10-1481～1486）
	美术字	泡沫塑料有机玻璃字、木质字、金属字
	压条装饰线条	金属条、木质装饰条、石材装饰条、其他
	暖气罩	柚木板、塑面板、胶合板、铝合金、钢板
	镜面玻璃	镜面玻璃（带框不带框）、盥洗室镜箱（木质 塑料）
	货架、柜类	柜台（不锈钢宝笼）货架、收银台、吧台柜、书衣柜、橱柜、吊橱、壁橱
	其　他	浴厕配件（盒、杆、帘）洗漱台、旗杆、排水水舌

2. 主要项目工程量计算

（1）柜橱类均以正立面的高（包括脚的高度在内）乘宽，以"m²"计算。

（2）暖气罩（包括脚的高度在内）按框外围尺寸以垂直面积以"m²"计算。（同清单项目工程量）。

（3）浴厕配件。

大理石洗漱台以台面投影面积以"m²"计算（不扣除空洞面积），挡板、吊沿板面积已包含在定额内。（和清单项目计算有区别）

镜面玻璃盥洗室镜箱以正立面面积以"m²"计算（同清单项目工程量）。

拉手、杆、盒等按设计图示数量以根（套、副、个）计算（同清单项目工程量）。

（4）装饰线、压条按设计图示尺寸以长度以"m"计算（同清单项目工程量）。

（5）招牌、标箱、灯箱包括基层和面层两部分：

基层：按设计图示尺寸以"m²"计算面层：按展开面积以"m²"计算。

（6）广告牌钢骨架以"t"计算。

7.6　措施项目清单计价

建设工程施工中除了构成建筑物实体本身投入的要素费用以外，还存在施工企业管理水平、施工现场情况以及保证顺利实施完成该项目而发生于该工程施工前和施工过程中技术、安全、生活等方面的非工程实体项目，统称为措施项目。

措施项目清单是指由发生于工程施工前和施工过程中不构成工程实体的项目组成，分为通用措施项目和专业工程措施项目。

措施项目费是指为完成该工程措施项目清单施工必须采取的措施所需要的费用总和。在陕西包括费率计取部分和工程量计取部分。

措施项目清单计价常用公式参数法计价和定额法计价。

公式参数法计价就是按一定的基数乘以费率计算：措施项目费＝基数×费率。这种方法在陕西即为费率计取部分，包括了四个措施项目：安全文明施工措施费、冬雨季夜间施工措施费、二次搬运费和测量放线、定位复测、检验试验费。

定额法计价与分部分项工程费用计算方法一样：措施项目费＝措施项目清单工程量×综合单价，措施项目费＝计价工程量×基价。这种方法在陕西即为工程量计取部分，主要是指一些与实体有密切联系的项目，如模板、脚手架、垂直运输及超高降效、机械进出场、施工排水、深基坑防护。

措施项目清单中所列的措施项目清单大多数以"项"列出，所以计价时，首先应详细分析其所包含的工作内容，然后根据所含内容，按照相关规定计算确定其综合单价。计价规则中的相关内容、相关费率，招标人编制标底时按相应规定费率计取，投标人编制报价时，仅供参考（不可竞争费用除外）。

措施项目清单为可调整清单，投标人对招标文件中所列项目，可根据企业自身特点作适当的变更增减。如果中标所报价款归投标人所有。

措施项目清单计价一经报出，即被认为是包括了所有应该发生的措施项目的全部费用。

如果报出的清单中没有列项，且施工中又必须发生的项目，业主有权认为，其综合在分部分项工程量清单的单价中。将来措施项目发生时，投标人不得以任何借口提出索赔与调整。

1．脚手架工程

1）定额项目设置及说明

（1）本章定额共包括八部分 60 个项目，补充子目 8 个项目，定额项目组成见表 7.12。

表 7.12　脚手架工程项目组成表

章	节	子　目
脚手架工程	外脚手架	钢管架（按高度分为 13-1～13-7）
	里脚手架	钢管架（基本层 6.6 m、每增加 1.2 m）2 个
	满堂脚手架	钢管架（基本层、增加层）2 个
	悬空垂直封闭	悬空、挑脚手架、水平、垂直防护架、垂直封闭共（13-12～13-17）
	斜道等	钢管斜道（10-18～10-25）、架空运输（13-26）
	构筑物脚手架	烟囱（水塔）13-27～13-38、电梯井字架 13-39～13-45
	装饰脚手架	外架、内架、满堂架、安全过道、安全笆、吊栏、移动架
	补充定额	成品保护（B13-1～13-8），挑架底座、爬架

（2）外脚手架是按双排架编入的，定额中综合了上料平台、防护栏杆等。实际使用单排外脚手架时，按双排外脚手架子目乘以系数 0.7。

（3）里脚手架综合了外墙内面装饰，内墙砌筑及装饰，外走廊及阳台的外墙砌筑与装饰，走廊柱与独立柱的砌筑和装饰，现浇混凝土柱和墙结构施工及装饰脚手架的因素。

（4）脚手架发生在工程施工过程中，是指建筑物或构筑物在施工时必须发生的辅助项目，在工程量清单中被列为措施项目。

（5）装饰脚手架适用于由装饰施工队单独承担装饰工程且土建脚手架已拆除时搭设的用于装饰的脚手架。

（6）一般土建的脚手架中已经包括了装饰阶段的脚手架。

2）工程量计算

（1）外脚手架按外墙外边线总长度乘以设计室外地坪至外墙的顶板面或檐口的高度计算。

计算公式为：$S = L_{外} \times H + S_0$

这里的 $L_{外}$ 包括阳台等凹凸部分长度。

屋面有女儿墙者高度算至女儿墙顶面。有地下室时，高度从设计室外地坪算至底板垫层底。屋面上的楼梯间、水箱间、电梯机房等脚手架工程量并入主体工程量内同一建筑物檐口高度不同时，应分别计算套定额。计算脚手架时不扣除门窗洞口、空洞等所占面积。有山墙者，以山尖 1/2 高度计算。

（2）里脚手架按建筑物建筑面积计算。

楼层高度在 3.6 m 以内按各层建筑面积计算。

层高超过 3.6 m，每增 1.2 m 按调增子目套用一次，不足 0.6 m 不计算。

有满堂脚手架搭设的部分，里脚手架按该部分建筑面积的 50% 计算。

无法按建筑面积计算的部分，高度超过 3.6 m 时按实际搭设面积，套外墙脚手架子目乘以系数 0.7 计算。

（3）满堂脚手架按室内净面积计算，不扣除柱、垛所占面积。

室内天棚装饰面距设计室内地坪高度超过 3.6 m 时计算满堂脚手架。

高度在 3.6～5.2 m 计算基本层，超高 5.2 m，每增加 1.2 m 计算一个增加层，不足 0.6 m 不计算。

天棚面单独刷（喷）涂料时，楼层高度在 5.2 m 以下，均不计算脚手架费用。高度在 5.2～10 m 按满堂脚手架基本层子目的 50% 计算，10 m 以上按 80% 计算。

满堂钢筋混凝土基础，凡宽度在 3 m 以上，深度在 1.5 m 以上时，增加的工作平台按其底板面积计算满堂基础脚手架（即满堂脚手架基本层子目的 50%）。

（4）装饰装修脚手架。

满堂脚手架按设计搭设的水平投影面积计算，凡超过 3.6 m、在 5.2 m 以内的天棚抹灰即装饰装修，应计算基本层；超高 5.2 m，每增加 1.2 m 计算一个增加层，增加层的层数 =（层高 - 5.2）/1.2；室内计算了满堂脚手架的，其内墙面粉饰不再计算粉饰架，只按每 100 m² 墙面垂直投影面积增加改架工 1.28 工日。

装饰装修外脚手架，按外墙的外边线长乘墙高以"m²"计算。同一建筑物各面墙的高度不同，且不在同一定额步距内时，应分别计算工程量。利用主体外脚手架改变其步高作外墙面装饰架时，按每 100 m² 增加改架工 1.28 工日。独立柱按（柱周长 + 6.6 m）× 柱高计算，执行装饰装修外脚手架相应子目。

内墙粉饰脚手架，按内墙面垂直投影面积计算。

【例 7.6】 图 7.1 为某一层砖混房屋,试计算该房屋的地面以上部分砌墙、墙体粉刷和天棚粉刷脚手架工程量。

图 7.1 某一层砖混房屋

解: 外墙脚手架(外墙砌筑):$(45.24 + 15.24) \times 2 \times (3.5 + 0.3) = 459.65$(m²)

内墙脚手架(内墙砌筑):$(15 - 0.24) \times (45 - 0.24) = 660.66$(m²)

内墙面粉刷脚手架(包括外墙内部粉刷):

$$[(45 - 0.24 - 0.24 \times 2) \times 2 + (15 - 0.24) \times 6] \times 3.5 = 619.92 \,(m²)$$

天棚粉刷脚手架:$(45 - 0.24 - 0.24 \times 2) \times (15 - 0.24) = 653.57$(m²)

【例 7.7】 某工程外墙镶贴面砖、部分干挂花岗岩板,该工程建筑外形如图 7.2 所示,墙厚均为 240mm,室内外差 300mm。求外墙面装饰的外脚手架工程量。

图 7.2 某建筑物平面图和立面图

解: 据图可知,该建筑有两个檐口高度,即

$$18 + 0.3 = 18.3 \text{ m}, \quad 38 + 0.3 = 38.3 \text{ m}$$

外墙脚手架工程量应分高低两部分计算。

(1)低檐口脚手架工程量$[(20 + 0.24) + (25 - 0.12 + 0.12) \times 2] \times 18.3 = 1\,285.39$(m²)

(2)高檐口脚手架工程量

$$[(35 + 0.12 + 0.12) \times 2 + (20 + 0.24)] \times 38.3 = 3\,474.58 \,(m²)$$

(3)轴线高出 18 m 屋面的外架子面积

$$(20 + 0.24) \times (38 - 18) = 404.8 \,(m²)$$

合计　1 285.39 + 3 474.58 + 404.8 = 5 164.77（m²）

2. 垂直运输和超高降效

1）定额项目设置及说明

（1）垂直运输定额共包括三部分 146 个项目，定额项目组成见表 7.13。

表 7.13　垂直运输项目组成表

章	节	子　目
垂直运输工程	建筑物	卷扬机（14-1 ～ 14-17）
		20 m 以内塔吊（14-18 ～ 14-31）
		20 m 以上塔吊（14-32 ～ 14-113）
	构筑物	烟囱（10-114 ～ 10-117）、水塔（10-118 ～ 10-119）、筒仓（14-120 ～ 14-121）
	装饰工程	多层建筑物（14-122 ～ 14-144）、单层建筑物（14-145 ～ 14-146）
	补充定额	剪力墙（非滑模施工）（B14-1 ～ 14-10）

（2）超高增加人工机械定额共包括三部分 31 个项目，定额项目组成见表 7.14。

表 7.14　超高增加人工机械项目组成表

章	节	子　目
超高降效	增加人工机械效率	从 30 m 起，定额步距 10 m（15-1 ～ 15-10）
		120 m 以上每增加 10 m（15-11）
	加压用水泵台班	（15-12 ～ 15-22）共 11 个项目
	装饰工程增加人工机械	多层建筑物（15-23 ～ 15-28）、单层建筑物（15-29 ～ 15-31）

超高增加人工机械是指建筑物超高 20 m 或 6 层时材料垂直运输，工人上下班时间增加和机械工效降低而增加的费用。

（3）建筑物檐高：是指设计室外地坪至檐口板顶的高度。

女儿墙不计算高度。突出主体建筑屋顶的电梯间、水箱间等不计入檐口高度之内。

（4）适用范围。

檐高 3.6 m 以内的单层建筑物，不计算垂直运输机械。

檐高 20 m（层数 6 层）以内的工程不计算超高降效。

定额子目中同时有檐高和层数两个指标同时，以满足一个指标为准。（以施工单位有利为原则）

垂直运输和超高降效定额中包括了主体和装饰的因素在内。若主体和装饰不是同一个施工单位，而由两个施工单位承包时，装饰按装饰工程的定额计算，主体施工企业按定额乘以 0.85 的系数计算。

（5）采用非滑模施工的住宅楼（剪力墙）工程，不论采用何种施工工艺，均套用剪力墙（非滑模）定额。采用非滑模施工的医院、宾馆、图书馆等，按相应滑模施工子目执行。

（6）建筑物人工、机械降效系数中包括的内容指建筑物 ± 0.00 以上的全部工程项目，但不包括垂直运输、水平运输和脚手架。

2）垂直运输工程量计算

（1）建筑物垂直运输按建筑物的结构类型、功能及高度，按建筑面积以"m²"计算。

（2）构筑物垂直运输以"座"计算。

（3）装饰工程垂直运输按不同垂直运输高度，按消耗量定额以工日分别计算。需要注意的是，装饰装修楼层包括楼层所有装饰装修工程量。

3）超高降效工程量计算

（1）人工降效按规定内容（指建筑物 ± 0.00 以上的全部工程项目，但不包括垂直运输、各类构件的水平运输及各项脚手架）的全部人工工日乘以降效系数计算。

（2）吊装机械降效按吊装项目中全部吊装机械分别对消耗台班量乘以降效系数计算。

（3）其他机械降效按规定内容中的全部机械，分别对消耗台班量（扣除第六章）乘以降效系数。

（4）建筑物超高施工加压用水泵台班消耗量， 0.00 以上建筑面积以"m²"计算。

（5）装饰装修楼层（包括楼层所有装饰装修工程量）区别不同的垂直运输高度，按装饰装修工程的人工与机械费以"元"为单位乘以降效系数。

【例 7.8】　某办公楼工程，建筑面积 300 m²，砖混结构，两层。试计算垂直运输费。

（1）根据《陕西省建筑工程量计算规则 2009》计算工程量。

① 建筑物垂直运输机械工程量：300 m²。

② 计价工程量计算规则：凡定额计量单位为平方米的，均按"建筑面积计算规则"规定计算。

（2）计算清单项目每计量单位，应包含的工程内容的工程数量。

建筑物垂直运输机械工程量清单 300 m²，项目编码 AB001。

清单项目每计量单位建筑物垂直运输机械 = 300 ÷ 300 = 1.00（m²/m²）。

（3）根据"建筑物垂直运输机械工程"选定额，确定人、材、机消耗量。参照《陕西省建筑工程消耗量定额 2004》20 m 内建筑混合结构垂直运输，套定额 14-3，见表 7.15。

表 7.15　20 m（6 层）以内卷扬机施工　　　　　　　单位：100 m²

定额编号		14-1	14-2	14-3	14-4
项　目		住宅及服务用房		教学及办公用房	
		混合结构	现浇框架	混合结构	现浇框架
名称	单位	数　量			
机电动卷扬机（单筒快速）20 kN，卷扬机架高 30 m	台班	11.700	15.600	12.000	17.600
	台班	11.700	15.600	12.000	17.600

（4）确定人工、材料、机械单价，计算人、材、机价款。选用《陕西省建筑装饰工程价目表 2009》，计算人、材、机价款，见表 7.16。

表 7.16　建筑物垂直运输机械人工、材料、机械费用计算

工作内容：20 m（6 层）以内卷扬机施工

定额号	项目名称	单位	基　价（元）	其　　中		
				人工费	材料费	机械费
14-3	教学及办公用房，混合结构	100 m²	1 368.84			1 368.84

（5）确定管理费和利润。参照《陕西省计价费率 2009》（或根据企业情况）确定管理费费率为 5.11%，利润率为 3.11%。

$$清单项目每计量单位管理费和利润 = 13.69 \times (5.11\% + 3.11\%) = 1.13（元）$$

（6）计算综合单价：13.69 + 1.13 = 14.82（元/m²）。

（7）根据工程量清单填写措施项目清单与计价表，进行具体计算，合价见表 7.17。

表 7.17　垂直运输费用

工程名称：某办公楼建筑工程　　标段：　　　　　　　　　　　　第 1 页 共 1 页

序号	项目编码	项目名称	项目特征	计量单位	工程量	金额（元）	
						综合单价	合价
1	AB003001	垂直运输	（1）建筑物檐高：7.39 m；（2）结构类型：砖混	m²	300.00	14.82	4 446

3. 大型机械运输、安装、拆卸

1）定额项目设置及说明

（1）本附录共包括四部分 31 个项目，定额项目组成见表 7.18。

表 7.18　大型机械运输、安装、拆卸项目组成表

章	节	子　目
大型机械费用	机械土方工程	推土机、挖掘机配自卸汽车、人工铺填机械碾压、机械铺填机械碾压共 6 个子目
	桩基础工程	打入桩、压入桩、灌注桩、降水共 6 个子目
	吊装工程	机械进出场运输 1 个子目
	垂直运输	建筑物：按高度分进出场、安拆、基础铺拆三项共 15 个子目
		构筑物：按进出场、安拆、基础铺拆三项共 3 个子目

大型机械场外运输、安装、拆卸是指单独计取的施工用大型机械 25 km 以内场外往返运输、安装拆卸及基础铺拆等。

（2）土方工程、桩基础工程、吊装工程中的消耗量定额虽未按场外运输和安装、拆卸分列，但均已包括了机械的 25 km 内场外往返运输和安装、拆卸工料在内。

（3）檐高 20 m（6 层）以内的建筑物采用卷扬机施工时不得计取大型接卸 25 km 以内场外往返运输及安装、拆卸消耗量定额。

2）工程量计算

（1）土方工程的大型机械进出场按其对应的第一章定额子目的工程量以 1 000 m³ 计算。未列机械场外运输项目的土石方工程量不得作为其计算大型机械场外运输消耗量定额的基础。

（2）桩基础工程以其施工工艺及所配备的大型机械设备按照一个单位工程计取一次。（锅锥成孔不计算）

（3）吊装工程（适用于采用履带式吊装机械施工的工业厂房及民用建筑工程）以吊装 100 m³ 混凝土构件或 100 t 金属构件为单位计算。

（4）垂直运输机械（如塔吊）按一个单位工程分别计取一次场外运输、安拆、基础铺拆三项内容。（卷扬机不计算）

4. 措施项目费的确定

1）措施项目的确定与增减

措施项目是为工程实体施工服务的，措施项目清单由招标人提供。招标人在编制标底时，措施项目费可按照合理的施工方案和各措施项目费的参考费率及有关规定计算。

投标人在编制报价时，可根据实际施工组织设计采取的具体措施，在招标人提供的措施项目清单的基础上，增加措施项目。对于清单中列出而实际不采用的措施项目则应不填写报价。

总之，措施项目的计列应以实际发生为准。措施项目的大小、数量应根据实际设计来确定，不要盲目的扩大或减少，这是估计措施项目费的基础。

2）措施项目费计算时应注意的事项

措施项目计价方法的多样性正体现了清单计价人自由组价的特点，其实上面提到的这些方法对分部分项工程和其他项目的组价都是有用的。在用上述办法组价时，要注意：

（1）工程量清单计价规范规定，在确定措施项目综合单价时，规范规定的综合单价组成仅供参考，也就是说措施项目内的人工费、材料费、机械费、管理费、利润等不一定全部发生，不要求每个项目措施项目内人工费、材料费、机械费、管理费、利润都必须有。

（2）在报价时，措施项目招标人要求分析明细，这时用公式参数法组价、分包法组价都是先知道总数，这就靠人为用系数或比例的办法分摊人工费、材料费、机械费、管理费、利润。

（3）招标人提出的措施项目清单是根据一般情况确定的，没有考虑不同投标人的"个性"，因此，投标人在报价时，可以根据本企业的实际情况，调整措施项目内容并报价。

3）措施项目计价的基本原理

（1）措施项目计价的前提：分部分项清单计价完成后，有关费用已知。

（2）计算方法。

编制标底：按计价费率计算或按定额计算。

编制报价：自主计算或按编标底的方法确定。

（3）按费率计算的措施项目（除安全文明施工费外），每项措施项目应分为人工土方工程、机械土方工程、桩基础工程、一般土建工程和装饰工程五项工程类别计算（不一定都发生）。

（4）按定额计算的措施项目，其综合单价的形成与分部分项工程计价相同。

4）按费率计算的措施项目

（1）安全文明施工费，包含环境保护、文明施工、安全施工、临时设施。

$$安全文明施工费 = [分部分项工程费 + 措施项目费(不含安全文明施工费) + 其他项目费] \times 费率$$

（2）夜间施工和冬雨季施工费。

① 人工土方：夜间施工和冬雨季施工费 = 分部分项人工费 × 费率

② 机械土方：夜间施工和冬雨季施工费 = 分部分项工程费 × 费率

③ 桩基础：夜间施工和冬雨季施工费 = 分部分项工程费 × 费率

④ 一般土建：夜间施工和冬雨季施工费 = 分部分项工程费 × 费率

⑤ 装饰工程：夜间施工和冬雨季施工费 = 分部分项工程费 × 费率

夜间施工和冬雨季施工费 = ① + ② + ③ + ④ + ⑤

（3）二次倒运、检验试验及定位复测费等的计算同上条计算。

5）按定额计算的措施项目

（1）模板及支撑。配套定额子目在第四章混凝土及钢筋混凝土工程（分现浇和预制模板），分部分项工程量清单（混凝土工程和预制桩基础工程）中每一个混凝土项目对应一个模板定额。

（2）大型机械进出场费。配套定额子目在定额第十六章附录二大型机械场外运输、安装、拆卸。一般包括土方工程机械、桩基础工程（打压桩和成孔机械）、吊装机械和垂直运输机械（卷扬机除外）。

（3）脚手架。配套定额子目在定额第十三章脚手架工程，包括外脚手架（含基坑支护脚手架）、里脚手架和满堂脚手架。

（4）垂直运输。配套定额子目在定额第十四章垂直运输，包括机械包括卷扬机和塔吊。

（5）超高降效。配套定额子目在定额第十五章超高增加人工机械，包括人工和机械降效、加压用水泵台班。

（6）深基坑支护。配套定额子目在定额第二章桩基工程，包括桩基础、锚钉支护和土钉支护。

7.7　其他项目清单计价

1. 其他项目清单费用组成

其他项目清单由招标人和投标人两部分内容组成，其他项目清单费用是指暂列金额、暂估价（仅指专业工程暂估价）、计日工和总承包服务费等估算金额的总和。包括人工费、材料费、机械费、管理费、利润以及风险费。

其他项目清单由招标人提供，由于工程的复杂性，在施工之前，很难预料在施工过程中会发生什么变更，所以，招标人按估算的方法将这部分费用以其他项目的形式列出，由投标人按规定组价，包括在总价内。

2. 其他项目清单费用的确定

分部分项工程综合单价、措施项目费都是由投标人自由组价，可其他项目费不一定是投标人自由组价，因为其他项目费包括招标人部分和投标人部分。

（1）招标人部分是非竞争性项目，这就要求投标人按招标人提供的数量及金额进入报价，不允许投标人对价格进行调整（如暂列金额、专业工程暂估价）。

（2）对于投标人部分是竞争性费用，名称、数量由招标人提供，价格由投标人自主确定：

① 总承包服务费：是投标人为配合协调招标人进行工程分包和材料采购发生的费用。应

根据经验及工程分包特点，按分包项目金额的一定百分比计算。

编制最高限价：专业工程的总承包服务费可按分包工程造价的 2% ~ 4% 计取；材料设备可按其总价值的 0.8% ~ 1.2% 计取。

编制投标报价：投标人自主确定。

② 计日工费：是招标人列出的未来可能发生的工程量清单以外的不能以实物计量和定价的零星工作。计价人应以其他项目清单中列出的项目和数量，自主确定综合单价并计算计日工费用，综合单价还应考虑管理费、利润和风险等。

$$人工综合单价 = 人工预算价 \times (1 + 管理费率) \times (1 + 利润费率)$$
$$材料综合单价 = 材料预算价 \times (1 + 管理费率) \times (1 + 利润费率)$$
$$机械综合单价 = 机械台班单价 \times (1 + 管理费率) \times (1 + 利润费率)$$

3. 注意事项

（1）其他项目清单中的暂列金额、专业工程暂估价和计日工，均为估算价、估算量，虽在投标时计入投标人的报价中，但不应视为投标人所有。竣工结算时，应按投标人实际完成的工作内容结算，剩余部分仍归招标人所有。

（2）总承包服务费包括配合协调招标人工程分包和材料采购所需的费用，此处提到的工程分包是指国家允许分包的工程，但不包括投标人自行分包的费用，投标人由于分包而发生的管理费，应包括在相应清单项目的报价内。

（3）为了准确计价，招标人用"计日工表"的形式详细列出人工、材料、机械名称和相应数量，投标人在此表内组价。此表为其他项目费的附表，不是独立的项目费用表。

4. 其他项目费用的调整（结算时）

计日工表中的数量按实际签证确认（费用不足部分从暂列金额中支付）。索赔、现场签证费用按双方确认的金额计算（从暂列金额中支付）。

暂列金额的扣减：应减去工程价款调整与索赔、现场签证金额计算，如有余额归发包人。

7.8　规费、税金项目清单计价

1. 规　费

规费是指政府有关部门规定必须缴纳的费用，属于行政费用。按照建设部、财政部印发的《建筑安装工程费用项目组成》（建标〔2003〕206 号），规费包括：工程排污费、养老保险费、失业保险费、医疗保险费、住房公积金、危险作业意外伤害保险等。

采用综合单价法编制标底和报价时，规费不包含在清单项目的综合单价内，而是以单位工程为单位，按下列公式计算：

$$规费 = (分部分项工程费 + 措施项目费 + 其他项目费) \times 规费的费率$$

规费的费率由各地主管部门根据各项规费缴纳标准综合确定。

2. 税　金

税金是指国家税法规定的应计入工程造价的营业税、城市维护建设税及教育费附加。它是国家为实现其职能向纳税人按规定税率征收的货币金额。

采用综合单价法编制标底和报价时，税金不包含在清单项目的综合单价内，而是以单位工程为单位，按下列公式计算，即：

$$税金 = (分部分项工程费 + 措施项目费 + 其他项目费 + 规费) × 税率$$

根据建设部、财政部印发的《建筑安装工程费用项目组成》（建标〔2003〕206号）规定，税率按纳税地点在市区、县镇及其他地区分别以6.41%、6.35%、6.22%计取。纳税地点是指承建项目的所在地。

练习题

1. 楼地面工程包括哪些内容？常用部分工程量如何计算？
2. 墙、柱面工程包括哪些内容？各部分工程量如何计算？
3. 天棚工程包括哪些内容？各部分工程量如何计算？
4. 油漆、涂料、裱糊工程包括哪些内容？各部分工程量如何计算？
5. 简述措施项目清单如何计价？
6. 其他项目包括哪些内容？如何计价？

实作训练

根据下列分部分项工程量清单综合单价分析表，完成下列分部分项工程综合单价的确定。

表 7.19　分部分项工程量清单综合单价分析表

工程名称：装饰工程　　　　　　　　　　　　　　　　　　　　专业：建筑装饰工程

序号	编码编号	项目名称	计量单位	工程量	综合单价组成					综合单价
					基价（A）	管理费（A）	利润（B）	风险（D）	合计（E）	
1	020201 001001	墙面一般抹灰 【项目特征】 （1）墙体类型：砖外墙面； （2）工程做法：陕 02J01，外 13。 ① 12 厚 1：3 水泥砂浆打底扫毛； ② 6 厚 1：2.5 水泥砂浆扫平； ③ 刷（喷）外墙涂料（丙烯酸）	m²	1 850.00						

表 7.20　分部分项工程量清单综合单价分析表

工程名称：装饰工程　　　　　　　　　　　　　　　　　　　　专业：建筑装饰工程

序号	编码编号	项目名称	计量单位	工程量	综合单价组成					综合单价
					基价（A）	管理费（A）	利润（B）	风险（D）	合计（E）	
2	020201 001002	墙面一般抹灰 【项目特征】 （1）墙体类型：砖内墙面； （2）工程做法：陕 02J01，内 17。 ① 10 厚 1：1：6 水泥石灰膏砂浆打底扫毛； ② 6 厚 1：0.3：2.5 水泥石灰膏砂浆抹面； ③ 刷乳胶漆三遍	m²	1 850.00						

表 7.21　分部分项工程量清单综合单价分析表

工程名称：装饰工程　　　　　　　　　　　　　　　　　　　专业：建筑装饰工程

序号	编码编号	项目名称	计量单位	工程量	综合单价组成					综合单价
					基价（A）	管理费（B）	利润（C）	风险（D）	合计（E）	单价
3	020201001003	墙面一般抹灰 【项目特征】 (1) 墙体类型：阳台混凝土栏板高 1 100； (2) 工程做法：陕 02J01，外 13。 ① 12 厚 1:3 水泥砂浆打底扫毛 ② 6 厚 1:2.5 水泥砂浆扫平 ③ 刷（喷）外墙涂料（丙烯酸）	m²	850.00						

表 7.22　分部分项工程量清单综合单价分析表

工程名称：装饰工程　　　　　　　　　　　　　　　　　　　专业：建筑装饰工程

序号	编码编号	项目名称	计量单位	工程量	综合单价组成					综合单价
					基价（A）	管理费（B）	利润（C）	风险（D）	合计（E）	单价
4	020204003001	块料墙面 【项目特征】 (1) 基层类型：砖内墙面； (2) 工程做法：陕 02J01，内 35。 ① 10 厚 1:3 水泥砂浆打底压实抹平扫毛； ② 5 厚 1:2 建筑胶水泥砂浆粘结层； ③ 5～8 厚 200×300 瓷片； ④ 白水泥擦缝	m²	1 800.00						
5	020204003002	块料墙面 【项目特征】 (1) 基层类型：混凝土外墙面； (2) 工程做法：陕 02J01，外 22。 ① 刷（抹）界面剂一道； ② 12 厚 1:3 水泥砂浆打底扫毛； ③ 6 厚 1:2 水泥砂浆找平； ④ 4 厚聚合物水泥砂浆粘结层； ⑤ 粘贴 6～8 厚 200×200 面砖	m²	2 800.00						

表7.23　分部分项工程量清单综合单价分析表

工程名称：装饰工程　　　　　　　　　　　　　　　　　　　专业：建筑装饰工程

序号	编码编号	项目名称	计量单位	工程量	综合单价组成					综合单价
					基价（A）	管理费（B）	利润（C）	风险（D）	合计（E）	
6	020301001001	天棚抹灰 【项目特征】 （1）基层类型：现浇混凝土天棚； （2）工程做法：陕02J01，棚6。 ① 刷素水泥浆一道（内参建筑胶）； ② 厚1:0.3:3 水泥石灰膏砂浆打底扫毛； ③ 厚1:0.3:2.5 水泥石灰膏砂浆抹面找平； ④ 刷水质涂料三遍	m²	1 500.00						

表7.24　分部分项工程量清单综合单价分析表

工程名称：装饰工程　　　　　　　　　　　　　　　　　　　专业：建筑装饰工程

序号	编码编号	项目名称	计量单位	工程量	综合单价组成					综合单价
					基价（A）	管理费（B）	利润（C）	风险（D）	合计（E）	
7	020302001001	天棚吊顶 【项目特征】 （1）吊顶形式：铝合金条板吊顶平面 （2）工程做法：陕02J01 棚31。 ① 0.8~1.0厚铝合金条板面层； ② 条板轻钢龙骨 TG45×48，中距1 200； ③ U型轻钢龙骨 38×12×1.2，中距1 200，中距1 200； ④ φ8钢筋吊杆中距1 200，与吊筋固定； ⑤ 板底预留φ10钢筋吊环，中距1 200	m²	550.00						

第3篇　工程造价软件应用和工程造价的审查及管理

第8章　工程造价软件应用

8.1　工程算量软件应用

学前导读

通过本章的学习，了解工程造价软件发展、应用状况，熟悉图形、钢筋算量软件的工作思路，掌握工程量清单计价模式下运用广联达和斯维尔软件进行建模、工程量汇总等操作。

8.1.1　概　述

8.1.1.1　工程造价软件发展状况

工程造价软件主要是指按照国家及地方政府有关部门颁布的建筑工程计价依据（大多数为预算定额等）为标准，由软件公司开发的工程造价计算汇总软件。随着计算机技术的日新月异，工程类软件也有了长足的发展。但由于种种原因，如开发力量、开发思路、市场定位等方面的因素，从整体上来讲，形势不容乐观。例如：算量软件能按照不同的计算规则计算工程量，能否实现工程图纸扫描识别等等工作，而造价计算软件实现量价分离的工程量清单报价方式、提供能与传统定额结合的清单组价方式、提供全面灵活的调价方式、货币转换、英文标书打印等等。

工程造价软件主要分为以下两个部分：工程量计算软件（例如混凝土量、钢筋用量、建筑面积、物体体积等）和辅助造价计算软件（计算造价、分析工料、调整报价、打印报表等）。这些产品的应用，基本可以解决目前的概预算编制、概预算审核、工程量计算、统计报表以及施工过程中的预算的问题，也使我国的造价软件进入了工程计价的实用阶段。

8.1.1.2　工程计价软件的应用及其现状

（1）我国工程造价管理体制是建立在定额管理体制基础上的。建筑安装工程预算定额和间接费定额由各省、自治区和直辖市负责管理，有关专业定额由中央各部负责修订、补充和管理，形成了各地区、各行业定额的不统一。因此全国各地的定额差异较大，且由于各地区材料价格不同、取费的费率差异较大等地方特点，使得编制造价软件解决全国通用性问题非常困难。

（2）运用软件处理工程造价时，需要把建筑产品依次分解为建设项目、单项工程、单位工程、分部工程和分项工程。编制工程造价时，以单位工程为基本单位，各单位工程的概算文件可自动汇总成单项工程综合概算，各单项工程综合概算可自动汇总为建设项目总概算。

（3）目前的造价软件都建立有数据库，并且都提供了直接输入功能，即只要输入定额号，软件就能够自动检索出子目的名称、单位、单价及人材机消耗量等。这一功能非常适合于有经验的用户或者习惯于手工查套定额本的用户。

（4）计价中工程量计算工作量大，其计算的速度和准确性对造价文件的质量起着重要作用。国内一些专业软件公司先后开发出了图形工程量自动计算软件，从不同的角度和层面解决了工程量计算问题它采用了通用的绘图平台与各地计算规则相对分离的方式，成功地解决了各地计算规则不一致的问题。

（5）建筑结构中普遍采用钢筋混凝土结构，钢筋用量大，且单价高，钢筋计算的准确程度直接影响着造价的准确度，因此钢筋计算越来越受到业内的广泛重视，钢筋计算软件的研制也成为工程造价领域的一个研究热点。

（6）定额是综合测定和定期修编的，但工程项目千差万别，新工艺、新材料不断出现，因此，计价时，遇到定额缺项是常见的现象。为此，需要编制补充定额项目，或以相近的定额项目为蓝本进行换算处理。

（7）手工计价时，调价的处理首先基于准确的工料分析，在工料分析的基础上，通过查询材料的市场价，确定每种材料的价差，最后汇总所有材料的价差值。利用软件处理调价的方法通常是允许用户输入或修改每种材料的市场价，工料分析、汇总价差由软件自动完成。

（8）现行的造价计算，是在"直接费"基础上计算其他各项费用，由于财政、财务、企业等管理制度的变化，各地费用构成不统一，为了适应各地计价的要求，造价软件必须提供自定义取费项的功能，以便处理费用地区性的差异。

8.1.1.3 工程量计算软件的应用及其现状

1. 自动算量的思路

建筑工程量计算大致经历了以下几个过程：手工算量→手工表格算量→计算器表格算量→电脑表格算量→探索电脑图形算量。计算机的迅猛发展，加上各种软件开发工具日趋完善，使得计算机自动算量成为可能。

自动算量的具体思路是：利用计算机容量大、速度快、保存久、易操作、便管理、可视强等特点，模仿人工算量的思路方法及操作习惯，采用一种全新的操作方法电脑鼠标器和键盘，将建筑工程图输入电脑中，由电脑完成自动算量、自动扣减、统计分类、汇总打印等工作。

2. 自动算量的方法

采用轴线图形法即根据工程图纸纵、横轴线的尺寸，在电脑屏幕上以同样的比例定义轴线。然后，使用软件中提供的特殊绘图工具，依据图中的建筑构件尺寸，将建筑图形描绘在计算机中。计算机根据所定义的扣减计算规则，采用三维矩阵图形数学模型，统一进行汇总计算，并打印出计算结果、计算公式、计算位置、计算图形等，方便甲乙双方审核和核对。计算的结果也可直接套价，从而实现了工程造价预决算的整体自动计算。

8.1.1.4 工程造价软件的功能

工程造价软件通过画图方式建立建筑物的计算模型，软件根据内置的计算规则实现自动扣减，在计算过程中工程造价人员能够快速准确地计算和校对，达到算量方法的实用化，算量过程的可视化，算量结果的准确化。

工程造价软件不仅能够完整地计算出工程的钢筋总量，而且能够根据工程要求按照结构类型、楼层、构件的不同，计算出各自的钢筋明细量。

工程造价软件能自动扣除柱子后的墙中心线净长，自动识别有多少门窗在外墙上，有多少门窗在内墙上，自动修改由于一个微小的变化而引起的墙、过梁、装修等工程量的变化，尤其是能自动计算那些比较麻烦的异型构件等等之类的，这些很繁琐而不是很难的工作。

8.1.1.5　工程造价软件电算化的必然性

计算工程量是一项工程量很大并且十分细致的工作。工程量是编制造价的基本数据，计算的精确程度不仅直接影响到工程造价，而且还影响到与之关联的一系列数据，如计划、统计、劳动力、材料等。因此，决不能把工程量计算看作是单纯的技术计算，它对整个企业的经营管理都有重要的意义。

随着建筑信息化的发展及计算机的迅速普及，工程造价电算化已经成为必然的趋势。近十年来，造价行业已经发生了巨大的变化。在竞争日益激烈的时代，工程量与工程造价计算的快速与准确已经成为对每个造价人员最基本的要求。

有这样一组统计数据，一根三跨的平面整体表示方法标注的梁，用手工方法计算钢筋用量，20 min 能够计算出结果的只有 15.224%，与严格按平面图集要求的计算方法计算的结果相比，结果正确的只有 0.32%，而用土建算量软件在 1 min 内就能够计算出的结果为 97.077%。一万平米的工程，利用土建算量软件在一天内计算出准确完整的工程量也已司空见惯，由此可见电算化的重要性，以及电算化给工作带来的方便及普及电算化的必要性。

8.1.1.6　常用的几种工程造价软件

计算机在工程造价软件中的应用，直接体现为计量与计价软件的使用，其中计量软件又分为工程量计算软件和钢筋计算软件。目前，我国建筑行业已开发使用的计价软件有很多品牌，如广联达、斯维尔、鲁班、神机妙算等，这些软件品牌虽不同，但每种软件的内容和操作方法却有很多相同或相似之处。

8.1.2　图形算量软件

8.1.2.1　广联达图形算量软件 GCL2013

1. GCL2013 工作原理

（1）算量软件能算的量

算量软件能够计算的工程量包括：土石方工程量，砌体工程量，混凝土及模板工程量，屋面工程量，天棚及其楼地面工程量，墙柱面工程量等。

（2）算量软件如何算量

软件算量并不是说完全抛弃手工算量的思想。实际上，软件算量是将手工的思路完全内置在软件中，只是将过程利用软件实现，依靠已有的计算扣减规则，利用计算机这个高效的运算工具快速、完整的计算出所有的细部工程量，让计算人员从繁琐的背规则、列式子、按计算器中解脱出来。算量软件计算思路如图 8.1 所示。

图 8.1　算量软件计算思路

（3）用软件算量的顺序

用算量软件算量的顺序如图 8.2 所示。

图 8.2　软件算量的顺序

（4）软件做工程的步骤

算量软件算量的步骤如图 8.3 所示。

图 8.3　软件算量的步骤

2. 图形算量软件的特点

（1）各种计算全部内容不用记忆规则，软件自动规则扣减。

（2）一图两算，清单规则和定额规则平行扣减，画一次图同时得出两种量。

（3）按图读取构件属性，软件按构件完整信息计算代码工程量。

（4）内置清单规范、形成完善的清单报表。

（5）属性不仅可以做施工方案，而且随时看到不同方案下的方案工程量。

（6）导图：完全导入设计院图纸，不用画图，直接出量，让算量轻松。

（7）软件直接导入清单工程量，同时提供多种方案量的代码，在复核招标方提供的清单量的同时计算投标方提供的清单量和计算投标方自己的施工方案量。

（8）软件具有极大的灵活性，同时提供多种方案量的代码，计算出所需的任意工程量。

（9）软件可以解决手工计算中复杂的工程量（如房间、基础等）。

3. GCL2013 快速入门

第一步：界面介绍，如图 8.4、图 8.5 和图 8.6 所示。

图 8.4　广联达土建算量软件新建工程界面

图 8.5　广联达土建算量软件界面

图 8.6 广联达土建算量软件绘图界面

第二步：案例工程展示，如图 8.7 所示。

图 8.7 别墅工程三维图

图形算量软件的操作流程如图 8.8 所示。

图 8.8　工程流程图

（1）操作步骤

启动软件→新建工程→建立轴网→绘制构件→汇总计算→查看报表→保存工程→退出软件。

（2）软件的启动

通过鼠标左键单击 Windows 菜单：开始→所有程序→广联达建设工程造价管理整体解决方案—广联达图形算量软件 GCL2013。

4.简单操作流程

第一步：启动软件。

除使用上述软件的启动操作方法外，还可以双击桌面"广联达图形算量软件 GCL2013"图标（见图 8.9），启动软件。

第二步：新建工程。

（1）鼠标左键单击"新建向导"按钮（见图 8.10），弹出新建工程向导窗口。

图 8.9　广联达图形算量
软件图标

图 8.10　新建工程向导

（2）输入工程名称。例如，在这里，工程名称输入"广联达大楼"如果同时选择清单规则和定额规则，即为清单标底模式或清单投标模式，若只选择清单规划，则为清单招标模式，若只选择定额规划，即为定额模式。这里我们以定额模式为例。定额计算规则选择为"陕西省建筑与装饰工程计价表（2009）"，"陕西省建筑与装饰工程（2009）"，然后单击"下一步"按钮。（注：用户可以根据用户自己所在的地区，选择相应的计算规划，即定额库。）

（3）连续点击"下一步"按钮，分别输入工程信息编制信息，直至出现"完成"窗口。

（4）点击"完成"按钮便可完成工程的建立，显示下面的界面。

第三步： 工程设置。

（1）在左侧导航栏中选择"工程设置"（见图 8.11）下的"楼层信息"。

图 8.11　工程设置

（2）软件已经默认了建立了"区域-1"，用户可以单击"添加区域"（见图 8.12）按钮，进行区域的添加；若工程不需要分区域，则可直接建立楼层。

图 8.12　区域设置

（3）选择需要添加楼层的区域，单击"插入楼层"（见图 8.13）按钮，进行楼层的插入。例如区域-1，建立 3 层，层高均为 3 m。

	楼层序号	名称	层高(m)	首层	底标高(m)	相同层
1	3	第3层	3.000		6.000	
2	2	第2层	3.000		3.000	
3	1	首层	3.000	✓	0.000	
4	0	基础层	3.000		-3.000	

图 8.13　插入楼层

（4）根据图纸输入各层层高及首层底标高，这里，首层底标高默认为 0。

第四步：建立轴网。

（1）在左侧导航栏中点击"绘图输入"（见图 8.14）页签，鼠标左键点击选择"轴网"构件类型。

（2）点击构件列表框工具栏按钮"新建"—"新建正交轴网"。

（3）默认为"下开间"数据定义见面，在常用值的列表中选择"3000"作为下开间的轴距，并单击"添加"按钮，在左侧的列表中会显示用户添加的轴距，如图 8.15 所示。

图 8.14 建立轴网

图 8.15 轴网下开间的添加

（4）选择"左进深"，在常用值的列表中选择"2100"，并单击"添加"按钮，依次添加 3 个进深尺寸。这样"轴网-1"就完成定义。

（5）点击工具条中的"绘图"按钮，自动弹出输入角度对话框，输入角度"0"，单击"确定"按钮，就会在绘图区域上显示刚刚定义好的轴网-1 了，如图 8.16 所示。

图 8.16 成型的轴网-1

第五步：建立构件。

建立构件与建立轴网相似，这里我们就以构件墙为例。

（1）鼠标单击构件"墙"前面的"＋"号展开，选择"墙"构件类型，如图 8.17 所示。

（2）左键单击构建列表中的"新建"—"新建墙"按钮新建墙构件。

（3）在属性编辑框界面显示出刚才所建立的"Q-1"的属性信息（见图 8.18），用户可以根据实际情况选择或直接输入墙属性值，比如类别、材质、厚度等。

图 8.17　新建墙体

图 8.18　墙 Q-1 的属性信息的输入

（4）点击工具栏中的"定义"按钮，则右侧会出现一个套做法的页面，软件默认已经选择了一个默认量表，选择量表计算项"体积"行，通过查询定额库或直接输入定额编号，比如"3-4"。

第六步：绘制构件。

（1）套好做法后点击工具栏　"绘图"按钮，切换到绘图界面。点击绘图工具栏"直线"按钮，在绘图区域绘制墙构件。

（2）在轴网中点击 1 轴和 A 轴的交点，然后再点击 4 轴和 A 轴的交点，在屏幕的绘图区域内会出现所绘制的"Q-1"，如图 8.19 所示。

图 8.19　墙体的绘制界面

第七步：汇总计算。

（1）左键点击菜单栏的"工程量"，再"汇总计算"，如图8.20所示。

（2）屏幕弹出"确定执行计算汇总"对话框，点击"确定"按钮。

（3）计算汇总结束点击"确定"即可。

图8.20　汇总计算界面

第八步：报表打印。

（1）在左侧导航栏中选择"报表预览"（见图8.21），弹出"设置报表范围"窗口，选择需要输出的楼层及构件，点击"确定"。

图8.21　报表预览界面

（2）导航栏中选择用户所需要预览的报表，在右侧就会出现报表预览界面。软件为大家提供了做法汇总分析、构件汇总分析、提示汇总分析三大类报表。

第九步：保存工程。

（1）点击菜单栏的"文件"—"保存"菜单项。

注意：GCL2013 的工程默认保存路径为：C：\我的文档\Grandsoft Projects\GCL\9.0。

（2）弹出"工程另存为"的界面，文件名称默认为用户在建工程时所输入的工程名称，点击"保存"按钮即可保存工程。

第十步：退出软件。

点击菜单栏的"文件"—"退出"即可退出图形算量软件 GCL2013。

8.1.2.2　斯维尔三维算量 2014

1. 斯维尔三维算量软件的特点

斯维尔三维算量集专业化、易用化、人性化、智能化、参数化、可视化于一体。有以下几个主要特点：

（1）三维可视：三维模型超级仿真，多视图观察，三维状态下动态修改与核对，填补国内算量软件空白。

（2）集成一体：共享建筑模型数据一图五用，快速、准确地计算清单、定额、构件实物量、钢筋和进度工程量。

（3）操作易用：系统功能高度集成，操作统一，流水性的工作流程。

（4）系统智能：国内首创识别设计院 CAD 电子文档，快速转化模型算量。

（5）人性友好：全面采用 Windows XP 风格，使用方便、简洁，操作统一易上手。

（6）计算准确：根据各地计算规则，分析构件三维对接关系，准确自动扣减。

（7）输出规范：报表设计灵活，提供各地常用报表格式，按需导出 Excel 和其他形式报表。

2. 软件快速入门

启动三维算量程序后，计算机屏幕上出现的画面，称之为界面。在没有其他内容的情况下，这个界面称为"主界面"，如图 8.22 所示。

图 8.22　斯维尔三维算量主界面

进入三维算量主界面，用户看到的画面与 AutoCAD 应用程序主界面几乎一模一样。分别介绍如下：

（1）系统菜单

系统菜单位于主界面的上方界面标题栏的边，其位置是固定的。菜单名称按功能类别命名。整个"三维算量"系统的所有功能都在系统菜单中拥有，并按功能类别归类。系统菜单如图 8.23 所示。

图 8.23　系统菜单栏

点击系统菜单上的某项，如【辅助编辑】菜单名，该菜单会展开它的下级子菜单，如图 8.24 所示。

在子菜单名称后面有"▶"符号的，表示还有下级子菜单，如图 8.25 所示。

图 8.24　辅助编辑菜单下的子菜单

图 8.25　二级子菜单

菜单中的每一条"子菜单"名都是一条命令，当子菜单后面还有下一级子菜单时，其第一级菜单就不是执行命令了，是一级子菜单集合（归类）名称，点击时是不会执行操作的。除"视图"菜单下有三级菜单外，"三维算量"的所有菜单均只有二级菜单。

（2）工具栏

在界面上有很多用于软件快捷操作的按钮，即工具键。按功能使用频率将这些图标分目的地组织在一起，就形成了工具栏。将光标放在图标上不动时，会看到该工具键的功能提示，如图 8.26 所示。

图 8.26　工具栏

（3）布置修改选择栏

在标准工具栏的下方，是三维算量版本集成的布置方式选择栏。

该栏目的内容会随着用户当前的构件操作而变化，当选择不同构件时，布置及修改方式会有所不同，该行所显示的按钮是当前构件相关的所有命令的快捷方式。用户可直接点击相关命令按钮进行操作，非常便捷。

（4）屏幕菜单

在"三维算量"主界面的左边，有一列菜单，如图 8.27 所示。

"屏幕菜单"的功能介于系统菜单和快捷工具键之间，点击屏幕单上的任意一菜单名，该菜单将展开如图 8.28 所示，如果展开项命令太多，不能显示完整，可以在菜单项上点击鼠标键快速执行命令；在展开的条目下可以看到归并该菜单下的内容，这是一个"系统菜单"内各命令与快捷工具的组合体。屏幕菜单也是可以隐藏的，点击栏目右上角的"×"号按钮，"屏幕菜单"就在界面上消失，想要再次打开"屏幕菜单"按【Ctrl + F12】键，"屏幕菜单"就会再次显示在界面上。和工具栏一样，"屏幕菜单"也可以在界面上拖动放置在界面上的任意位置。

图 8.27　屏幕菜单　　　　　　　　　图 8.28　屏幕菜单子菜单

（5）导航器

在菜单内选中一个构件的布置执行功能，界面上会弹出一个集成对话框，称为导航器。在这个对话框中可以看到同类构件的所常规性，可以在这个对话框中对件进行新编号定义以及构件在布置时进行一些内容的指定和改，如图 8.29 所示。

"导航器缺省"是紧靠在屏幕菜单的边缘，用户可以将其拖拽到屏中的任意位置，一旦拖出原位置，导航器的框边变为蓝色。也可点击右上角"符号"号将其关闭。

（6）右键菜单

同 AutoCAD 程序一样，"三维算量"也配置有"右键菜单"，作用是让用户快捷方便地对构件进行查看、编辑和修改。"右键菜单"有两种显示方式，一种是选中一个构件后，点击鼠标右键，来弹"右键菜单"；另一种方式是将光标置于界面任意位置，点击鼠标右键，来产生"右键菜单"。弹出的"右键菜单"如图 8.30 所示。

图 8.29　导航器

图 8.30　弹出的"右键菜单"

三维算量的右键菜单没有子菜单。选构件执行的"右键菜单"会随着用户选择的构建不同而显示的单内容不同，如选择构件编辑的"右键菜单"如图 8.31 所示。

图 8.31　右键菜单的执行情况

（7）命令栏按钮

执行一个构件编辑如布置、修改等过程时，"命令栏"内会出现一些相关操作的按钮。"命令栏按钮"对于习惯键盘操作的用户，可根据按钮上标注的字母，用键盘上的对应键来进行操作。

（8）模型视口

在界面的下方，命令栏的方有一条翻页键，每个翻页键对应的就是一个页，页面最少一页或多页，如图内就有模型和布局两个页面，"模型视口"也就是模型页面。一般情况下"三维算量"的操作在"模型视口"操作，不需要切换到布局页面。

8.1.3 钢筋算量软件

1. 广联达 GGJ2013 工作原理

广联达钢筋算量软件 GGJ2013 工作原理如图 8.32 所示。

图 8.32 广联达 GGJ 工作原理

软件算量的实质是将钢筋计算转化为配筋信息录入、工程结构模型建立和计算规划调整，如图 8.33 所示。

图 8.33 软件算量的实质

2. 钢筋算量软件的特点

（1）建筑工程钢筋的计算影响因素多，具体影响因素如图 8.34 所示。

图 8.34 钢筋计算的影响因素

（2）工程钢筋的计算对算量人员的要求高，具体要求如图 8.35 所示。

图 8.35　钢筋计算对算量人员要求

3. 广联达 GGJ2013 快速入门

广联达 GGJ2013 的操作界面如图 8.36 所示。

图 8.36　广联达 GGJ2013 操作界面

在进行实际工程的绘制和计算时，软件的基本操作流程如图 8.37 所示。

图 8.37　钢筋工程计算流程图

"绘图输入"部分，通过建模算量是软件主要的算量方式，一般按照：定义构件→画图（→查量）的顺序进行。

对于水平构件（例如梁），绘制完图元，设置了支座和钢筋之后汇总计算成功，即可查量。但是对于竖向构造（例如柱），由于和上下层的构件存在关联，上下层绘制构件与为绘制构件前的结果不同。也就是说，对于竖向构件需要其上下构件绘制完毕，才能通过相关构件之间的扣除，准确计算。

4. 简单操作流程

第一步：新建工程。

（1）鼠标左键点击欢迎界面上的"新建向导"，进入新建工程界面，如图8.38所示。

图8.38　新建向导界面

（2）输入"工程名称"，下拉选择所需要的内容，如图8.39所示。

图8.39　新建工程信息输入

（3）鼠标左键点击界面左侧的"完成"，进入"完成界面"，如图8.40所示。

图8.40　新建工程完成

（4）点击"完成"按钮，进入"楼层管理"界面。

第二步：建立楼层。

（1）进入楼层管理界面，如图8.41所示。

图8.41　楼层管理界面

（2）界面分为两部分，界面一与界面二，在"界面一"左键点击"插入楼层"按钮，单击四下即可新建4个楼层，如图8.42所示。

	编码	楼层名称	层高(m)	首层	底标高(m)	相同层数	板厚(mm)
1	4	第4层	3	☐	8.95	1	120
2	3	第3层	3	☐	5.95	1	120
3	2	第2层	3	☐	2.95	1	120
4	1	首层	3	☑	-0.05	1	120
5	0	基础层	3	☐	-3.05	1	500

图 8.42 界面一

第三步：建立轴网。

（1）左键点击"绘图输入"进入绘图区，如图 8.43 所示。

图 8.43 绘图输入界面

（2）点击"新建"，点击"正交轴网"，左键选择"下开间"，再点击数字"3000"，然后点击 3 次"添加"，如图 8.44 所示。

图 8.44 新建正交轴网

（3）左键点击"左进深"，再点击两次"添加"，如图 8.45 所示。

图 8.45　正交轴网添加左进深

（4）左键点击"绘图"，如图 8.46 所示。

图 8.46　绘图输入

（5）左键单击"选择"进入"请输入角度"界面，如图 8.47 所示。

图 8.47　绘图输入角度

（6）左键单击"确定"，轴网自动插入软件中，如图 8.48 所示，轴网建立完成。

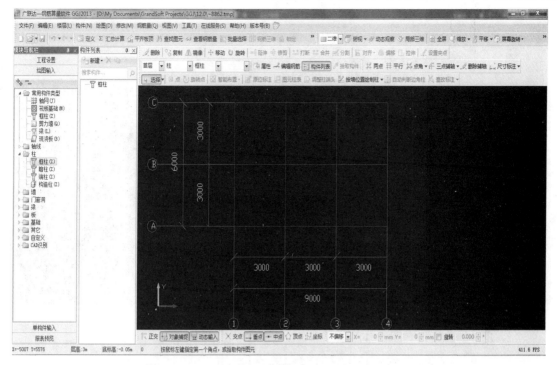

图 8.48 轴网建立完成

第四步：绘制柱。

（1）选择左侧菜单的"框架柱"，左键点击"点"，如图 8.49 所示。

图 8.49 绘制框架柱界面

（2）按照图纸，在轴网上点击柱，即可绘制好柱，如图 8.50 所示。

图 8.50　绘制完毕后显示的框架柱

第五步：绘制梁。

（1）选择左侧菜单的"梁"，左键点击"直线"，如图 8.51 所示。

图 8.51　绘制梁界面

（2）使用鼠标左键点击（1，C），再次点击（4，C），即可绘制好一道梁，按此方案绘制另一道梁，绘制完成后如图 8.52 所示。

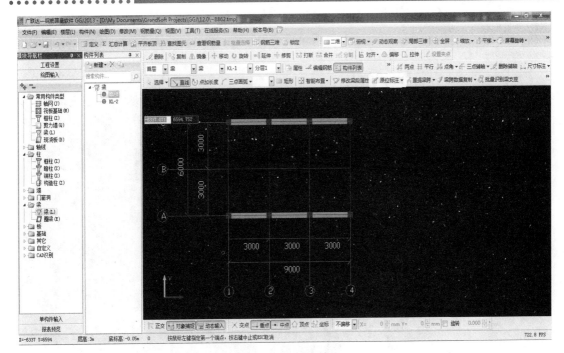

图 8.52　绘制好的梁

（3）使用鼠标左键点击"原位标注"，如图 8.53 所示。

图 8.53　梁的原位标注

（4）用鼠标左键点击绘制的梁，即可识别完绘制的梁。

第六步：绘制板。

（1）选择左侧菜单的"板"，左键点击"折线"，如图 8.54 所示。

图 8.54　绘制板界面

（2）用鼠标左键依次点击（1，C）、（4，C）、（4，A）、（1，A），即可绘制好板，如图 8.55 所示。

图 8.57　绘制好的板

第七步：汇总计算。

（1）左键点击菜单栏的"汇总计算"，弹出选择界面，如图 8.56 所示。

图 8.56 汇总计算构件工程量界面

（2）左键点击"计算"，软件即可自动计算，计算关闭后给出提示，如图 8.57 所示。

图 8.57 计算汇总完成提示界面

（3）点击"确定"，软件计算完毕。

第八步：查看报表。

（1）鼠标左键点击"报表预览"，在点击"设置报表范围"弹出"设置报表范围"窗体，如图 8.58 所示。

图 8.58　报表预览操作界面

（2）点击"确定"，再次点击鼠标左键（放大），即可查看"工程技术经济指标表"，如图 8.59 所示。

图 8.59　工程技术经济指标界面

（3）左键点击"钢筋明细表"，即可查看计算的钢筋明细表，如图 8.60 所示。

图 8.60　钢筋明细表

经过以上几个步骤的操作，即可体验软件。

8.1.4　安装算量软件

1. GQI2013 软件的特点

（1）设备个数：一键识别 GQI2013，一键提取图纸中不同类型、不同规格的设备，数以万计的设备数量，几乎可以以"秒"计算。

（2）复杂管道：智能出量电气管线、通风管道、喷淋管道、给排水管道，均能"自动识别"。自动判断回路走向、自动提取规格型号、自动计算长度与面积。

（3）规格内置：调整灵活计算规则的全面与否，将直接决定计算结果是否准确。GQI2013全面内置 6 个专业计算规则。根据工程特点，能灵活调整。

（4）漏项检查：扫除盲角图纸细节有无疏忽，零星构件有无漏算。漏量检查，漏斗式筛选，逐一排查漏量内容，规避手工算量的失误，避免直接经济损失。

（5）多种报表：任意选择 GQI2013 提供清单汇总表、部位汇总表、工程量明细表等多种报表，贯穿招投标全过程。

（6）蓝图算量：GQI2013 提供图片描图和表格输入两种蓝图算量模式。描图算量直观简单，描图即出量。表格输入思路 明确，完全符合手工习惯。

（7）分类提量：方便实用分类查看工程量，按照各种条件出量。无论按名称、按楼层、还是按回路，都可满足各种提量要求。

（8）三维显示生动形象：软件里也能看现场，尖端的三维建模技术，真实的三维实体效果，360°全角动态观看查。

（9）提升软件整体操作效率。

（10）易用性优化：集中套做法界面功能优化；构件图元快速拉伸；直接导出 CADI 文件；增加 GQI2013 备份文件功能；修改项目特征无法导入计价的问题。

2.　操作流程简介

安装算量操作流程如图 8.61 所示。

图 8.61　安装算量操作流程图

3.　GQI2013 软件快速入门

工程设置界面及相关说明如图 8.62 所示。

图 8.62　广联达安装算量 GQI2013 工程设置界面

（1）导航栏——用户在软件的各个界面之间切换。

（2）工程设置页面——分"工程信息"、"楼层设置"、"工程量定义"、"量表定义"、"计算设置"和"其他设置"5 个页签。

绘图输入界面如图 8.63 所示。

图 8.63　广联达安装算量 GQI2013 绘图输入界面

（1）标题栏：标题栏从左向右分别显示的是 GQI2013 的图标、当前所操作的工程文件的名称（软件缺省的文件名及存储路径）、最小化、最大化、关闭按钮。

（2）菜单栏：在标题栏下方，点击每一个菜单名称将弹出相应的下拉菜单。

（3）工具栏：依次为"系统工具条"、"常用工具条"、"窗口缩放工具条"、"修改工具条"、"捕捉工具条"、"构件工具条"和"绘图工具条"。

（4）构件树状列表：在软件的各个构件类型间切换。

（5）绘图区：绘图区是用户进行绘图的区域。

（6）状态栏：显示各种状态下的绘图信息。

表格输入页面是为了完善无 CAD 电子图纸情况下的计算模式，完全按照造价人员的工作模式设计软件的界面功能显示，使算量更加得心应手。安装算量 GQI2013 表格输入界面如图 8.64 所示。

图 8.64　广联达安装算量 GQI2013 表格输入界面

（1）表格算量区——完全按照预算的思路设计软件表格算量区的界面显示，完全符合手工预算的方式，快速汇总工程量；灵活过滤用户想查看的工程量。

（2）套做法区——对表格算量区所列的计算项套做法，方便后续的组价。

在报表预览界面可以预览工程量清单方式算量的报表、各个专业的管道及设备等工程量报表、表格算量方式的报表，如图 8.65 所示。

图 8.65　广联达安装算量 GQI2013 报表预览界面

4．简单操作流程

第一步：启动软件。

点击桌面快捷图标或是通过单击【开始】→【所有程序】→【广联达招投标整体解决方案】即可。

第二步：新建工程。

（1）点击"新建向导"按钮，如图 8.66 所示。

图 8.66　广联达安装算量 GQI2013 新建工程界面

（2）在弹出界面中输入工程名称，再选择清单库和定额库，如图 8.67 所示。

图 8.67　广联达安装算量 GQI2013 工程名称及清单及定额库选择界面

（3）点击【下一步】进入编辑工程信息界面，界面中提示信息会提示用户在这里填入的信息会对软件中哪些内容产生影响，用户可根据实际工程情况和提示信息，填入相应的信息即可。

（4）连续点击"下一步"按钮，每一个界面根据实际填写工程信息。出现如图 8.68 所示的"完成"窗口；点击"完成"后，即新建结束。

图 8.68　广联达安装算量 GQI2013 工程信息编辑界面

（5）新建结束后，进入到如图 8.69 所示的软件操作界面，进行下一步操作。

图 8.69　广联达安装算量 GQI2013 新建工程完成界面

第三步：楼层设置。

（1）在导航栏中切换到"工程设置"的"楼层设置"页面，将显示楼层设置界面，如图 8.70 所示。

图 8.70　广联达安装算量 GQI2013 楼层设置界面

（2）点击"插入楼层"按钮，将在现有楼层基础上增加新的楼层，修改当前层的层高为实际高度，层高的单位为"m"。GQI2013 插入楼层界面如图 8.71 所示。

按钮说明：

① 插入楼层：添加一个新的楼层到楼层列表。

② 删除楼层：删除当前选择的楼层。

③ 上移：可调整楼层顺序，将光标选中的楼层向上移一层，楼层的名称和层高等信息同时上移。

④ 下移：将光标选中的楼层向下移一层。

图 8.71　广联达安装算量 GQI2013 插入楼层界面

第四步：识别图元。

安装算量 GQI2013 软件中，六个专业中识别管道的方法相同，识别设备方法也相同，下面就给排水专业识别管道为例进行演示。

（1）在已导入 CAD 图的情况下，选择导航栏"给排水"→"管道（水）"，然后左键点击工具栏"选择识别"，如图 8.72 所示。

图 8.72　广联达安装算量 GQI2013 选择识别图元界面

（2）移动光标到绘图区 De50 管道上，点击左键，此时 DN25 被选中为蓝色，然后点击右键确认，此时弹出"选择要识别成的构件"对话框，如图 8.73 所示。

图 8.73　广联达安装算量 GQI2013 选择要识别成的界面

（3）点击"新建"按钮，然后按图纸要求输入相关属性，如图 8.74 所示，点击"确认"按钮，此管道生成完毕。

图 8.74   广联达安装算量 GQI2013 识别某一构件界面

第五步： 汇总计算

（1）点击菜单栏的"工程量"→"汇总计算"或"工具栏"的"汇总计算"，如图 8.75 所示。

（2）弹出"汇总计算"界面，点击"计算"按钮，如图 8.76 所示。

（3）屏幕弹出"工程量计算完毕"的界面；点击"确定"按钮。

图 8.75   广联达安装算量 GQI2013 汇总计算图标

图 8.76   广联达安装算量 GQI2013 汇总计算界面

第六步：打印报表

（1）在左侧导航栏中选择"报表预览"。

（2）在左侧导航栏中选择相应的报表，在右侧就会出现报表预览界面，如图8.77所示。

（3）点击"打印"按钮则可打印该张报表。

图8.77 广联达安装算量GQI2013绘图输入报表预览界面

第七步：保存工程。

点击菜单栏的"文件"→"保存"或【Ctrl+S】。

弹出"工程另存为"的界面，文件名称默认为您在新建工程时所输入的工程名称，点击"保存"按钮即可保存工程。

第八步：退出软件。

点击菜单栏的"工程"→"退出"即可退出安装算量GQI2013。

8.2 工程计价软件应用

学前导读

通过本节的学习，了解工程计价的含义，熟悉工程量清单模式下北京广联达软件、深圳斯维尔软件和上海鲁班软件等主流计价软件的基本操作流程，掌握工程量清单计价模式下进行工程量导入软件计价和分析的步骤和方法，熟练运用《建设工程工程量清单计价规范》（GB 50500—2013）在软件环境下编制工程量清单及招投标、预决算等造价文件。

8.2.1 清单计价软件概述

8.2.1.1 工程量清单背景

工程量清单（Bill of Quantity，BOQ）是在19世纪30年代产生的，西方国家把计算工程量、提供工程量清单的专业化作为业主估价师的职责，所有的投标都要以业主提供的工程量清单为基础，从而使得最后的投标结果具有可比性。工程量清单报价是建设工程招投标工作中，由招标人按国家统一的工程量计算规则提供工程数量，由投标人自主报价，并按照合理低价中标的模式签订合同的工程造价计价模式。

工程量清单由建设工程的分部分项工程项目、措施项目、其他项目、规费项目和税金项目等明细清单构成。它是编制标底和投标报价的依据，是签订工程合同、调整工程量和办理竣工结算的基础。

《建设工程工程量清单计价规范》（以下简称《清单计价规范》）自 2003 年 7 月 1 日实施以来，在全国范围内已经大范围实施，随着清单实施力度的深入，要求从事工程造价专业人员熟练掌握应用软件来编制工程量清单，进行工程量清单计价投标报价的方法。

根据《清单计价规范》精神，工程量清单计价由招标方编制标底，投标法编制投标文件，两者之间既有联系又有区别。《清单计价规范》给出了两者的相关工作和职责。

8.2.1.2　《清单计价规范》中规定的业务流程

《清单计价规范》中规定，招标人进行工程量清单的编制，并为投标人根据招标人提供的工程量清单计价提供计价格式，供投标人进行投标报价使用，表现形式为报表格式。投标人要进行工程量清单的计价，并以综合单价的形式表现。招标方的工作主要是编制招标文件和工程量清单。

工程量清单计价的基本过程可以描述为：在统一的清单工程量规则的基础上，按照工程量清单项目设计规则，根据具体工程的施工图纸计算出各个清单项目的工程量，再根据各种渠道获取所获得的工程造价信息和经验数据计算得出工程造价。这一基本过程的可分为两个阶段：工程量清单的编制和工程量清单计价，包括标底和投标报价两个方面。标底是根据工程量清单和国家地区的定额资料编制；投标报价是在业主提供的工程量计算结果的基础上，根据企业自身所掌握的各种信息和资料，结合企业定额编制得到的。

8.2.2　常用清单计价软件简介

计价软件也称套价软件，这类软件主要用于套价定额。计价软件是造价领域最早投入开发的应用软件之一，经过多年的发展已经比较成熟，并广泛推广应用，取得显著的效益。功能也从单一的套价向多方扩展。

在招投标过程和施工结算时，清单计价方法应用越来越多，使得清单计价软件应用越来越广泛，各个公司的清单计价软件也在不断的开发应用和升级。本章主要介绍广联达 GBQ4.0 计价软件。

8.2.2.1　广联达 GBQ4.0 的功能特征

GBQ4.0 是广联达推出的融计价、招标管理、投标管理于一体的全新计价软件，旨在帮助工程造价人员解决电子招投标环境下的工程计价、招投标业务问题，使计价更高效、招标更便捷、投标更安全。

GBQ4.0 包含三大模块，招标管理模块、投标管理模块、清单计价模块。招标管理和投标管理模块是站在整个项目的角度进行招投标工程造价管理。清单计价模块用于编辑单位工程的

工程量清单或投标报价。在招标管理和投标管理模块中可以直接进入清单计价模块，GBQ4.0
软件使用流程如图 8.78 所示。

图 8.78　GBQ4.0 软件应用流程图

8.2.2.2　广联达 GBQ4.0 软件界面及操作流程

以招标过程中的工程造价管理为例，软件界面及操作流程介绍如下：

第一步：进入软件。

（1）在桌面上双击"广联达计价软件 GBQ4.0"快捷图标，软件会启动文件管理界面。

（2）在文件管理界面选择"工程类型"，点击"新建项目"→
"新建招标项目"，如图 8.79 所示。

（3）在弹出的新建招标工程界面中，选择地区标准，输入项目
名称，项目编号。

（4）点击"确定"，软件会进入招标管理主界面。

图 8.79　新建招标项目

第二步：建立项目结构。

（1）新建单项工程

选中招标项目，点击鼠标右键，选择"新建单项工程"，如
图 8.80 所示。在弹出的新建单项工程界面中输入单项工程名称。

（2）新建单位工程

① 选中单项工程，点击鼠标右键，选择"新建单位工程"。

② 选择清单库，清单专业，定额库，定额专业。输入工程
名称，选择结构类型，输入建筑面积。点击"确定"则完成新建
单位工程文件。用同样的方法新建给其他单位工程，通过以上操
作，就新建了一个招标项目，并且建立项目的结构，如图 8.81

图 8.80　新建单项工程

所示。注意：如果要在最后结果中看到整个工程的单方造价，建筑面积必须填写。

图 8.81 新建单位工程及项目结构体系

第三步：保存文件。

点击 🖫保存(S)，在弹出的"另存为"界面指定路径，点击"保存"。

第四步：编制土建工程分部分项工程量清单。

（1）进入单位工程编辑界面

选择单位工程，点击"进入编辑窗口"，进入单位工程编辑主界面，如图 8.82，图 8.83 所示。

图 8.82 进入单位工程编辑主界面

图 8.83 分部分项工程编辑主界面

（2）输入工程量清单

① 查询输入。在"查询清单库"界面找到清单项，点击"选择清单"即可将清单项直接输入到软件中，如图 8.84 所示。

图 8.84 查询输入界面

② 按编码输入。点击鼠标右键，选择"添加"中"添加清单项"，在空行的编码列直接输入清单编码，如图 8.85 所示，点击回车键即可讲清单项直接输入到软件中。

	编码	类别	名称	单位	工程量表达式	工程量	单价	合价
			整个项目					
1	── 010101001001	项	平整场地	m2		1	1	
2	── 010101003001	项	挖基础土方	m3		1	1	

图 8.85 按编码输入界面

③ 补充清单项。在编码列输入"B-1"，名称列输入补充清单项名称、单位，即可补充一条清单项，编码可根据用户自己的要求进行编写，如图 8.86 所示。

| 10 | ── B-1 | 补项 | 截水沟盖板 | m | | 1 | | 1 |

图 8.86 补充清单项界面

（3）输入工程量

在工程量列中直接输入工程量，如图 8.87 所示。

	编码	类别	名称	单位	工程量表达式	工程量
			整个项目			
1	── 010101001001	项	平整场地	m2	4211	4211

图 8.87 输入清单工程量界面

（4）清单名称描述

① 项目特征输入清单名称。选择清单项，点击"清单工作内容/项目特征"，单击某特征的特征值单元格，选择或者输入特征值，如图 8.88 所示。点击"清单名称显示规则"，在界面中点击"应用规则到全部清单项"，软件会把项目特征信息输入到项目名称中，如图 8.89 所示。

图 8.88 按项目特征输入清单名称界面

图 8.89 按清单名称显示规则输入清单名称界面

② 直接修改清单名称。选择某清单项，点击项目名称单元格，使其处于编辑状态，点击单元格右侧的小三点按钮，在"编辑[名称]"界面中输入项目名称，如图 8.90 所示。

③ 分部整理。

首先，在左侧功能区点击"分部整理"，在右下角属性窗口的分部整理界面勾选"需要章分部标题"。其次，点击"执行分部整理"，软件会按照计价规范的章节编排增加分部行，并建立分部行和清单行的归属关系，如图 8.91 所示。

图 8.90 在"编辑[名称]"界面中输入项目名称   图 8.91 分部整理界面

第五步：编制土建工程措施项目、其他项目清单。

（1）措施项目清单

添加措施项：点击鼠标右键"添加"中"添加措施项"，插入空行，输入序号，名称即可。

（2）其他项目清单

如图 8.92 所示，选中预留金行，在计算基数单元格中直接输入即可。

	序号	名称	计算基数	费率(%)	金额	费用类别	不可竞争费	备注
1		其他项目			100000	普通		
2	1	招标人部分			100000	招标人部分		
3	1.1	预留金	100000		100000	普通费用	☐	
4	1.2	材料购置费			0	普通费用	☐	
5	2	投标人部分			0	投标人部分		
6	2.1	总承包服务费			0	总承包服务费	☐	
7	2.2	零星工作费	零星工作费		0	零星工作费	☐	

图 8.92 其他项目清单界面

（3）查看报表

编辑完成后查看本单位工程的报表。

① 单张报表可以导出为 Excel，点击右上角的"导出到 Excel 文件"，在保存界面输入文件名，点击"保存"。

② 也可以把所有报表批量导出为 Excel，点击"批量导出到 Excel"。勾选需要导出的报表，点击"确定"，输入文件名后点击"保存"即可。

第六步：导入工程量清单。

除录入工程量清单外，软件也支持导入 Excel 格式工程量清单。

（1）在单位工程主界面，点击界面上侧的下拉菜单。

"导入导出"→"导入 Excel 文件"，如图 8.94 所示。

图 8.93　导出报表界面　　　　　图 8.94　导入 Excel 文件

（2）在弹出的"导入 Excel 招标文件"点击"选择"，如图 8.95 所示。

图 8.95　导入现有招标文件界面

（3）在打开界面选择 Excel 文件，点击"打开"，软件会识别出 Excel 表中的工程量清单内容，如图 8.96 所示。

图 8.96　导入现有招标文件识别界面

（4）点击"导入"，软件会提示当前页面存在清单项，要选择是清空还是追加。因为新建单位工程时软件默认有一条空的清单项，所以现在点击"是"即可。软件会提示"导入成功"。

（5）已经导入数据，点击"关闭"返回主界面。在主界面能看到已经导入的工程量清单内容，并且保留了分部及清单项的层级关系。

第七步：生成电子招标书。

（1）招标书自检

① 点击"发布招标书"导航栏，点击"招标书自检"。

② 在设置检查项界面中选择"分部分项工程量清单"，并点击"确定"。

③ 如果工程量清单存在错漏、重复项，软件会以网页文件显示出来，如果没有问题，则会提示"没有检查出错误项"。

（2）生成电子招标书

点击"生成招标书"，在生成招标书界面点击"确定"，软件会生成电子标书文件。如果多次生成招标书，则此界面会保留多个电子招标文件。

（3）预览和打印报表

① 点击"预览招标书"，软件会进入预览招标书界面，会显示建设项目、单项工程、单位工程的报表。

② 点击"批量导出到 Excel"，选择导出文件夹的保存路径，点击"确定"。

（4）刻录、导出电子招标书

点击"刻录/导出招标书"→"导出招标书"，选择导出路径，点击"确定"。软件会提示成功导出标书的存放位置，点击"确定"。如果招标文件有变更，软件可以多次生成招标书，并且对每次生成招标书之间的差异进行对比，生成变更文件。

练习题

1. 在算量时当两个构件在某一个部位重叠时图形算量软件如何处理？

2. 在某个工程项目中如果图纸要求与软件中定额项目所用材料不同时怎么办？

3. 在画图算量时不同的单位工程同时在一个文件中全部画出时会出现什么情况？

4. 图形算量软件项目代码的输入依据是什么？重要性有哪些？

5. 在清单计价软件中不同单位工程是否可以在同一个文件中计算？为什么？

6. 在清单计价软件中导入画图算量文件后直接得出的计算结果应做哪些调整？

7. 在清单计价软件中导入画图算量文件时是否可以导入不同单位工程的项目文件？

8. 试用广联达整体解决方案中提供的图形算量、钢筋算量软件完成一个小型项目的实训。

第 9 章　工程造价的审查及管理

学前导读

本章介绍了单位建筑工程概算、预算、工程结（决）算的审查及建筑工程造价的管理相关内容。通过本章的学习，要求了解单位建筑工程概算、单位建筑工程预算、建筑工程结（决）算的概念和作用；掌握单位建筑工程概算、单位建筑工程预算审查的方法和步骤；掌握单位建筑工程竣工结算的方式和方法；了解单位建筑工程竣工决算的内容；了解各基层单位对概预算业务管理的工作内容；熟悉建筑工程造价的管理任务和方法。

9.1　单位建筑工程概算的审查

9.1.1　工程概算的分类

（1）按工程特征不同，工程概算可分为建筑工程概算和设备及安装工程概算两大类。其中建筑工程概算又分为土建工程概算、给排水工程概算、采暖工程概算和电气照明工程概算；设备及安装工程概算分为机械设备及安装工程概算和电气设备及安装工程概算。

（2）按编制程序及所计算的对象不同，工程概算可分为单位工程概算、单项工程综合概算和建设项目总概算。

本节内容主要讨论的是单位建筑工程概算。

9.1.2　建筑工程概算的概念和作用

建筑工程概算是由设计单位根据初步或扩大初步设计的图纸、概算定额、费用定额及建设行政部门颁发的有关文件编制而成的拟建工程全部费用的文件。在两阶段设计中，扩大初步设计阶段要编制工程概算。在三阶段设计中，初步设计阶段要编制概算，技术设计阶段要编制修正概算。由于工程概算一般在设计阶段由设计部门编制，故通常又称为设计概算。

建筑工程概算既是建设项目总概算的重要组成部分，也是国家控制基本建设投资的主要依据，还是编制基本建设计划、选择设计最佳方案、控制建设工程贷款和编制工程预算的依据。只有及时正确地编制出工程概算，才能正确使用国家建设投资，加速资金周转，充分发挥投资效果。因此，建筑工程概算在基本建设中起着极为重要的作用。

9.1.3　建筑工程概算编制依据和原则

1. 编制依据

（1）已经批准的建设项目的可行性研究报告和主管部门的有关规定。

（2）满足编制设计概算的各专业经过校审的设计图纸（或内部作业草图）、文字说明和主要设备及材料表。

（3）当地和主管部门的现行建筑工程和专业安装工程概、预算定额、单位估价表、地区材料、构配件预算价格（或市场价格）、间接费用定额和有关费用规定等文件。

（4）现行的有关设备原价（出厂价或市场价）及运杂费率。

（5）现行的有关其他费用定额、指标和价格。

（6）建设场地的自然条件和施工条件。

（7）类似工程的概、预算资料及技术经济指标。

2. 编制原则

（1）在熟悉初步设计文件的基础上，概算编制人员应深入施工现场，调查研究和掌握第一手资料，对新结构、新材料、新技术和非标准设备的价格要查对核准。

（2）贯彻理论与实践、设计与施工、技术与经济相结合的原则，密切结合工程的性质特点和建设地区的条件，注意设计所采用的新技术、新工艺对造价的影响，合理计算各项费用。

（3）抓住主要矛盾，突出重点，保证概算编制质量。应注意关键项目和主要部分的编制精度，确保控制概算造价。

（4）概算造价应在投资估算控制范围内。如突破投资估算，应分析原因，拟订解决措施，并报告主管部门。

9.1.4　建筑工程概算编制方法

1. 概算定额法

概算定额法又叫扩大单价法或扩大结构定额法。利用概算定额法编制设计概算的具体步骤如下：

（1）按照概算定额分部分项顺序，列出各分项工程的名称，并计算各分项工程量。

（2）确定各分部分项工程项目的概算定额单价（基价）。概算定额单价的计算公式为

$$概算定额单价 = 概算定额人工费 + 概算定额材料费 + 概算定额机械台班使用费$$

$$= \sum(概算定额中人工消耗量 \times 人工单价) +$$

$$\sum(概算定额中材料消耗量 \times 材料预算单价) +$$

$$\sum(概算定额中机械台班消耗量 \times 机械台班单价)$$

（3）计算单位工程直接工程费和直接费。

将已算出的各分部分项工程项目的工程量分别乘以概算定额单价、单位人工、材料消耗指标，即可得出各分项工程的直接工程费和人工、材料消耗量。再汇总各分项工程的直接工程费及人工、材料消耗量，即可得到该单位工程的直接工程费和工料总消耗量。最后再汇总措施费即可得到该单位工程的直接费。

（4）根据直接费，结合其他各项取费标准，分别计算间接费、利润和税金。

（5）计算单位工程概算造价，其计算公式为

$$单位工程概算造价 = 直接费 + 间接费 + 利润 + 税金$$

采用扩大单价法编制建筑工程概算比较准确，但计算较烦琐。需具备一定的设计基础知识，

熟悉概算定额，才能弄清分部分项的扩大综合内容，并正确计算扩大分部分项的工程量。同时在套用扩大单位估价表时，若所在地区的工资标准及材料预算价格与概算定额不相符时，则需要重新编制扩大单位估价表或测定系数加以修正。

当初步设计达到一定深度、建筑结构比较明确时，可采用这种方法编制建筑工程概算。

2. 概算指标法

概算指标法将拟建厂房、住宅的建筑面积或体积乘以技术条件相同或基本相同的概算指标而得出直接工程费，然后按规定计算出措施费、间接费、利润和税金等。概算指标法计算精度较低，但由于其编制速度快，因此对一般附属、辅助和服务工程等项目，以及住宅和文化福利工程项目或投资比较小、比较简单的工程项目投资概算有一定实用价值。

根据选用的概算指标的内容，可选用两种套算方法。

一种方法是以指标中所规定的工程每 m^2 或 m^3 的直接工程费单价，乘以拟建单位工程建筑面积或体积，得出单位工程的直接工程费，再计算其他费用，即可求出单位工程的概算造价。直接工程费计算公式为

$$直接工程费 = 概算指标每\,m^2\,或\,m^3\,直接工程费单价\times$$
$$拟建工程建筑面积（体积）$$

另一种方法是以概算指标中规定的每 $100\,m^2$ 建筑物面积（或 $1\,000\,m^3$ 体积）所耗人工工日数、主要材料数量为依据，首先计算出拟建工程人工、主要材料消耗量，再计算直接工程费，并取费。其计算公式为

$$100\,m^2\,建筑物面积的人工费 = 指标规定的工日数\times本地区人工工日单价$$
$$100\,m^2\,建筑物面积的主要材料费 = \sum(指标规定的主要材料数量\times地区材料预算单价)$$
$$100\,m^2\,建筑物面积的其他材料费 = 主要材料费\times其他材料费占主要材料费的百分比$$
$$100\,m^2\,建筑物面积的机械使用费 = (人工费 + 主要材料费 + 其他材料费)\times$$
$$机械使用费所占百分比$$
$$每\,m^2\,建筑面积的直接工程费 = (人工费 + 主要材料费 + 其他材料费 + 机械使用费)\div100$$

根据直接工程费，结合其他各项取费方法，分别计算措施费、间接费、利润和税金，得到每 m^2 建筑面积的概算单价，乘以拟建单位工程的建筑面积，即可得到单位工程概算造价。

3. 类似工程预算法

类似工程预算法是利用技术条件与设计对象相类似的已完工程或在建工程的工程造价资料来编制拟建工程设计概算的方法。其前提条件是应具有可比性，即拟建工程在建筑面积、结构构造特征等方面与已建（或在建）工程基本一致，如层数相同、面积接近、结构类似、材料和构件价格差额不大。

9.1.5 建筑工程概算的审查

1. 审查的意义

单位工程概算是确定某个单位工程建设费用的文件，是确定建设项目全部建设费用不可缺少的组成部分。审查单位工程概算书是正确确定建设项目投资的一个重要环节，也是进一步加

强工程建设管理，按基本建设程序办事，检验概算编制质量，提高编制水平的方法之一。因此，搞好概算的审查，精确地计算出建设项目的投资，合理地使用建设资金，更好地发挥投资效果，具有重要的意义。

（1）可以促进概算编制人员严格执行国家概算编制制度，杜绝高估乱算，缩小概、预算之间的差距，提高编制质量。

（2）可以正确地确定工程造价，合理分配和落实建设投资，加强计划管理。

（3）可以促进设计水平的提高与经济合理性。

（4）可以促进建设单位、施工单位加强经济核算。

2. 审查的内容

（1）审查单位工程概算编制依据的时效性和合法性。

（2）审查单位工程概算编制深度是否符合国家或部门的规定。

（3）工程量审核：审核工程量计算的方法是否符合工程量计算规则的规定。

（4）采用的定额或指标的审核：审核所用定额或指标是否适用于该地区、该部门和专业，定额或指标的修正与补充是否符合有关部门的规定，是否与现行定额精神相一致。

（5）材料预算价格的审核：审核消耗量大的主要材料的预算价格是否正确。

（6）各项费用计取的审核：审核计取费用的项目及计取各项费用的费率标准是否正确。

3. 审查的方法

设计概算审查可以分为编制单位内部审查和上级主管部门初步设计审查会审查两个方面，这里说的审查是指概算编制单位内部的审查方法。概算编制单位内部的审查方法主要有下述几种：

（1）编制人员自我复核。

（2）审核人审查，包括定额、指标的选用、指标差异的调整换算、分项工程量计算、分项工程合价、分部工程直接工程费小计以及各项应取费用计算是否正确等。在编制单位内部审核人审查这一环节中，是一个至关重要的审查环节，审核人应根据被审核人的业务素质，选择全面审查法、重点审查法和抽项（分项工程）审查法等进行审查。

（3）审定人审查，是指由造价工程师、主任工程师或专业组长等对本单位所编制概算的全面审查，包括概算的完整性、正确性、政策性等方面的审查和核准。

4. 审查的注意事项

（1）编制概算采用的定额、指标、价格、费用标准是否符合现行规定。

（2）如果概算是采用概算指标编制的，应审查所采用的指标是否恰当，结构特征是否与设计符合，应换算的分项工程和构件是否已经换算，换算方法是否正确。

（3）如果概算是采用概算定额（或综合预算定额）编制的，应着重审查工程量和单价。

（4）如果是依据类似工程预算编制的，应重点审查类似预算的换算系数计算是否正确，并注意所采用的预算与编制概算的设计内容有无不符之处。

（5）注意审查材料差价。近年来，建筑材料（特别是木材、钢材、水泥、玻璃、沥青、油毡等）价格基本稳定，没有什么大的波动，而有的地区的材料预算价格未作调整，或随市场因素的影响，各地区的材料预算价格差异调整步距也很不统一，所以审查概算时务必注意这个问题。

（6）注意概算所反映的建设规模、建筑结构、建筑面积、建筑标准等是否符合设计规定。

（7）注意概算造价的计算程序是否符合规定。

（8）注意审查各项技术经济指标是否先进合理。可用综合指标或单项指标与同类型工程的技术经济指标对比，分析造价高低的原因。

（9）注意审查概算编制中是否实事求是，有无弄虚作假、高估多算的现象。

9.2　单位建筑工程预算的审查

9.2.1　建筑工程预算的概念

根据拟建建筑工程的设计图纸、建筑工程预算定额、费用定额、建筑材料预算价格以及与其配套使用的有关规定等，预先计算和确定每个新建、扩建、改建和复建项目所需全部费用的技术经济文件，称为建筑工程预算。建筑工程预算也叫施工图预算。

9.2.2　建筑工程预算的分类

（1）按专业不同，建筑工程预算可分为土建工程预算、给排水工程预算、采暖工程预算和电气工程预算等。

（2）按费用内容不同，建筑工程预算可分为单位工程预算、单项工程预算和建设项目总预算。

9.2.3　建筑工程预算的作用

（1）建筑工程预算是确定单位工程造价的文件。单位工程造价要依据施工图预算来确定。

（2）建筑工程预算是银行拨付工程价款的依据。银行根据审定批准后的施工图预算办理基本建设拨款和工程价款，监督甲、乙双方按工程进度办理结算，是调整和控制投资的依据。

（3）建筑工程预算是建设单位编制标底、施工单位编制投标报价、建设单位和施工单位签订工程施工合同的依据。

（4）建筑工程预算是建设单位和施工单位结算工程费用的依据。施工单位根据已会审的施工图纸，编制施工图预算送交建设单位审核。审定后的施工图预算就是工程竣工时建设单位和施工单位双方结算工程费用的依据。

（5）建筑工程预算是施工单位编制施工计划的依据。预算中确定的人工工日、各种材料、各种机械台班用量是施工单位正确编制施工计划、进行施工准备、组织材料进场的依据。

（6）建筑工程预算是施工企业加强经济核算和进行"两算"对比的依据。"两算"对比是指施工预算与施工图预算的对比。为了防止人工、材料、机械费的超支，避免发生工程成本亏损，施工企业在完成某单位工程施工任务时，常将施工预算和施工图预算中的人工、材料、机械用量进行对比。如果施工预算在人力、物力、资金方面低于施工图预算时，则这一生产过程的劳动生产率达到了高于预算定额的水平，节约了工程成本。

9.2.4　建筑工程预算的审查

1.　审查的意义

（1）审查可以合理确定建设工程造价，为建设单位进行投资使用分析、施工企业进行工程成本分析、银行拨付工程款和办理工程价款结算提供可靠的依据。

（2）审查可以制止采用各种不正当手段套取建设资金的行为，为建设资金支出使用合理，维护国家和建设单位的经济利益。

（3）在工程施工任务少、施工企业之间竞争激烈、建设市场为买方市场的情况下，通过审查工程预算，可以制止建设单位不合理的压价现象，维护施工企业的合法经济利益。

（4）审查可以促进工程预算编制水平的提高，使施工企业端正经营思想，从而达到加强工程预算管理的目的。

在审查建筑工程预算时，审查人员必须严格执行有关政策和规定，实事求是，立场公正，为国家和建设单位把好投资使用关，维护国家、建设单位和施工企业的合法利益。

2.　审查的依据

建筑工程预算审查是一项技术性和政策性都很强的工作，审查中必须遵循国家、省、市等政府部门的有关政策、技术规定。建筑工程预算审查的依据主要有以下几方面：

（1）设计资料

设计资料主要指工程施工图纸，包括设计说明、建筑施工图、结构施工图、设计所选用的标准图等。

（2）工程承发包合同或意向协议书

工程承发包合同或意向协议书，是指建设单位和施工企业之间根据国家合同法、建筑法和招标投标法等，经过双方协商确定的承包方式、承包内容、工程预算编制原则和依据、有关费用的取定、工程价款的结算方式等具有法律效力的重要经济文件。

（3）预算定额和费用定额

预算定额和费用定额是指编制建筑工程预算所选用的相应专业预算定额和与之配套使用的费用定额、地区单位估价表和材料预算价格。

（4）施工组织设计或技术措施方案

主要依据施工组织设计或技术措施方案对与定额内容不同或不包括的工程内容，按规定允许单独列项计价的费用进行审查。

（5）工程采用的设计、施工、质量验收等技术规范和规程

主要依据规范规程对规定必须发生而定额尚未包括的材料、检验、添加剂等需在预算中列项计算的费用进行审查。

（6）有关文件规定

主要包括工程价款结算文件、材料价格、费用调整等文件规定。

3.　审查的内容

（1）审查工程量

审查工程量，主要是审查各分部分项工程量计算尺寸是否正确，计算方法是否符合"工程量计算规则"要求，计算内容是否有漏算、重算和错算。审查工程量要抓住那些占预算价值比

重大的分项工程。例如，对砖石砌筑工程、混凝土及钢筋混凝土工程、金属结构工程、木结构工程、楼地面等工程中的墙体、梁、板、柱、门窗、屋架、钢檩条、钢梁、钢柱、楼面、地面、屋面等分项工程，应作详细审查，其他各分部分项工程可作一般性审查。同时要注意各分项工程的材料标准、构件数量以及施工方法是否符合设计规定。为审查好工程量，审查人员必须熟悉定额说明、工程内容、工作内容、工程量计算规则和熟练的识图能力。

（2）审查预算单价

预算单价是一定计算量单位的分项工程或结构所消耗工料的货币形式表现的标准，是决定工程费用的主要因素。审查预算单价，主要是审查单价的套用及换算是否正确、有没有套错或换算错预算单价、计量单位是否与定额规定相同、小数点有没有点错位置等。

（3）审核定额直接费

定额直接费是技术措施项目费、间接费以及各项应取费用的计算基础，审查人员应细心、认真地逐项计算。

（4）审查各种应取费用

① 采用的费用标准是否与工程类别相符合，选用的标准与工程是否相符合。

② 计费基数是否正确。

③ 有无多计费用项目。

（5）审查利润

① 利润的计取可分为工料单价法和综合单价法计取程序两种，其具体计算方法分述如下：工料单价法以直接费为基础的利润计算，其计算公式为

$$利润 = (直接工程费 + 措施费 + 间接费) \times 规定利润率$$

② 综合单价法的单价中已经包括了利润，不必重新计算。

（6）审查税金

由于纳税地点的不同，计算程序复杂，审查时应注意下列几点：

① 计算基数是否完整。通常情况下是以"不含税造价"为计算基础，即直接费、间接费、利润、其他费用之和。

② 纳税人所在地的确定是否正确。

③ 税率选用的是否正确。

（7）审查建筑工程预算造价

$$单位建筑工程预算造价 = 直接费 + 间接费 + 利润 + 其他费用 + 税金$$

4. 审查的方法

审查建筑工程预算应依据工程项目规模的大小、编制人员的业务熟练程度来决定。审查方法有全面审查、重点审查、指标审查和经验审查等方法。

（1）全面审查法

全面审查法是指根据施工图纸的内容，结合预算定额各分部分项中的工程子目，一项不漏逐一地全面审查的方法。其具体方法和审查过程就是从工程量计算到计算各项费用，最后计算出预算造价。

全面审查法的优点是全面、细致、能及时发现错误，保证质量。缺点是工作量大，在任务重、时间紧、预算人员力量薄弱的情况下一般不宜采用。对一些工程量较小、结构比较简单的

工程特别是由乡镇建筑队承包的工程，由于预算技术力量差，技术资料少，所编预算差错率较大，应尽量用这种方法。

（2）重点审查法

重点审查法是相对全面审查法而言，即只审查预算书中的重点项目，其他项目不审查。所谓重点项目，就是指那些工程量大、单价高、对预算造价有较大影响的项目。在工程预算中是什么结构，什么就是重点。例如，砖木结构，砖砌体和木作工程就是重点；砖混结构，墙体和混凝土工程就是重点；框架结构，钢筋混凝土工程就是重点。重点与非重点，是相对而言，不能绝对化。审查预算时要根据具体情况灵活掌握，重点范围可大可小，重点项目可多可少。

对各项应取费用和取费标准及其计算方法（以什么作为计算基础）等，应重点审查。由于施工企业经营机制改革，有的费用项目被取消、费用划分内容变更、新费用项目出现、计算基础改变等，因此各种应取费用的计算比较复杂，往往容易出现差错。

重点审查法的优点是对工程造价有影响的项目得到了审查，预算中的主要问题得到纠正。缺点是审查质量不如全面审查法的质量高。

（3）指标审查法

指标审查法就是审查预算书的造价及有关技术经济指标和以前审定的标准施工图或复用施工图的预算造价及有关技术经济指标相比较。如果出入不大就可以认为本工程预算编制质量合格，不必再做审查；如果出入较大，高于或低于标准设计施工图预算的 10%，就需要通过按分部分项工程进行分解，边分解边对比，哪里出入大，就进一步审查哪一部分。对比时，必须注意各分部工程项目内容及总造价的可比性。如有不可比之处，应予剔除，经这样对比分析后，再将不可比因素加进去，就找到了出入较大的可比因素与不可比因素。

指标审查法的优点是简单易行、速度快，效果好，适用于规模小、结构简单的一般民用住宅工程等，特别适用于一个地区或民用建筑群采用标准施工图或复用施工图的工程。缺点是虽然工程结构、规模、用途、建筑等级、建筑指标相同，但由于建筑地点、运输条件、能源、材料供应等条件不同，施工企业性质及级别的不同，其有关费用计算标准等会有所不同，这些差别最终必然会反映到工程预算造价中来。

（4）经验审查法

经验审查法是指根据以往的实践经验，审查那些容易产生差错的分项工程的方法。它适用于具有类似工程预算审查经验和资料的工程。经验审查法的特点是速度快，但准确程度一般。

综上所述，审查工程预算同编制工程预算一样，也是一项既复杂又细致的工作。对某一具体工程项目，到底采用哪种方法应根据预算编制单位内部的具体情况综合考虑确定。一般原则是：重点、复杂，采用新材料、新技术、新工艺较多的工程要细审；对从事预算编制工作时间短、业务比较生疏的人员所编制预算要细审；反之，则可粗略些。

工程预算审查方法除上述几种外，还有分组计算审查法、筛选审查法、分解审查法等，这里不再一一叙述。

5. 审查的步骤

（1）做好审查前的准备工作。实际工作中这项工作一般包括熟悉（定额、图纸）和了解预算造价包括的工程范围等。

（2）确定审查方法。审查方法的确定应结合工程结构特征、规模大小、设计标准，编制单位的实际情况以及时间安排的迫切程度等因素进行确定。一般来说，可以采用单一的某种审查方法，也可以采用几种方法穿插进行。

（3）进行审查操作。审查操作，就是按照前述不同的审查方法进行审查。

（4）审查单位和工程预算单位交换审查意见。将审查记录中的疑点、错误、重复计算和遗漏项目等问题与编制单位和建设单位交换意见，做进一步核对，以便调整预算项目和费用。

（5）审查定案。根据交换意见确定的结果，将更正后的项目进行计算并汇总，填制工程预算审查调整表，由编制单位责任人签字加盖公章，审查责任人签字加盖公章。至此，建筑工程预算审查定案。

9.3　单位建筑工程结（决）算的审查

9.3.1　建筑工程结算

1. 建筑工程结算的概念

工程结算是指承包方在工程实施过程中，依据承包合同中关于付款条件的规定和已经完成的工程量，并按照规定的程序向发包方收取工程价款的一项经济活动。通过工程结算确定的款项称为结算工程价款，俗称工程进度款。一般来说，工程结算在整个施工的实施过程中要进行多次，直到工程项目全部竣工并验收，再进行最终产品的工程竣工结算。最终的工程竣工结算价才是承发包双方认可的建筑产品的市场真实价格，也就是产品的最终工程造价。只要是发包方和承包方之间存在经济活动，就应按合同的要求进行结算。

工程竣工验收合格，应当按照下列规定进行工程结算：

（1）承包方应当在工程竣工验收合格后的约定期限内交工程结算文件。

（2）发包方应当在收到工程结算文件后的约定期限内予以答复。逾期未答复的，工程结算文件视为已被认可。

（3）发包方对工程结算文件有异议的，应当在答复期内向承包方提出，并可以在提出之日起的约定期限内与承包方协商。

2. 建筑工程结算的作用

（1）工程结算是办理已完工程的工程价款，确定承包方的货币收入，确定施工生产过程中资金消耗的依据。

（2）工程结算是统计承包方完成生产计划和发包方完成建设投资任务的依据。

（3）工程结算是承包方完成该工程项目的总货币收入，是企业内部进行成本核算，确定工程实际成本的重要依据。

（4）工程结算文件经发包方与承包方确认即应当作为工程决算的依据。

（5）工程结算的完成，标志着承包方和发包方双方所承担的合同义务和经济责任的结束。

3. 建筑工程结算的方式

由于建筑工程项目具有建设周期长，且整个建筑产品又具有不可分割的特点。因此，只有整个单项或单位工程完工，才能进行竣工验收。但一个工程项目从施工准备开始，就要采购建筑材料并支付各种费用，施工期间更要支付人工费、材料费、机械费以及各项施工管理费，所以工程建设是一个不断消耗和不断投入的过程。为了补偿施工中的资金消耗，同时也为了反应工程建设进度与实际投资完成情况，不可能等到工程全部竣工之后才结算和支付工程价款。因此，工程结算实质上是工程价款的结算，它是发包方与承包方之间的商品货币结算，通过结算确定承包方的工程收入。

工程价款的支付分为预付备料款和工程进度款。预付备料款是指在工程开工之前的施工准备阶段，由发包方预先支付一部分资金，主要用于材料的准备。工程进度款是指工程开工之后，按工程实际完成情况定期由发包方拨付已完工程部分的价款。

根据工程性质、规模、资金来源和施工工期，以及承包内容不同，采用的结算方式也不同。一般工程结算方式可分为定期结算、分段结算、年终结算、竣工后一次结算、目标结算、其他结算等。

（1）定期结算

定期结算是指定期由承包方提出已完成的工程进度报表，连同工程价款结算账单，经发包方签证，交银行办理工程价款结算。

① 月初预支，月末结算，竣工后清算的办法。在月初（或月中），承包方按施工作业计划和施工图预算，编制当月工程价款预支账单，其中包括预计完成的工程名称、数量和预算价值等，经发包方认定，交银行预支大约 50% 的当月工程价款，月末按当月施工统计数据，编制已完工程报表和工程价款结算账单，经发包方签证，交银行办理月末结算。同时，扣除本月预支款，并办理下月预支款。本期收入额为月终结算的已完工程价款金额。

② 月末结算。月初（或月中）不实行预支，月终承包方按统计实际完成的分部分项工程量，编制已完工程月报表和工程价款结算账单。经发包方签证，到银行审核办理结算。

（2）分段结算

分段结算是指以单项（或单位）工程为对象，按其施工形象进度划分为若干施工阶段、按阶段进行工程价款结算。

① 阶段预支和结算。根据工程的性质和特点，将其施工过程划分若干施工进度阶段，以审定的施工图预算为基础，测算每个阶段的预支款数额。在施工开始时，办理第一阶段的预支款，待该阶段完成后，计算其工程价款，经发包方签证，交银行审查并办理阶段结算，同时办理下阶段的预支款。

② 阶段预支，工程结算。对于工程规模不大、投资额较小、承包合同价值在 50 万元以下，或工期较短，一般在 6 个月以内的工程，将其施工全过程的形象进度大体分几个阶段，承包方按阶段预支工程价款，在工程竣工验收后，经发包方签证，通过银行办理工程结算。

（3）年终结算

年终结算是指单位工程或单项工程不能在本年度竣工，而要转入下年度继续施工。为了正确统计承包方本年度的经营成果和建设投资完成情况，由承包方、发包方和银行对正在施工的工程进行已完成和未完成工程量盘点，结清本年度的工程价款。

（4）竣工后一次结算

建设项目或单项工程全部建筑安装工程建设期在 12 个月以内，或者工程承包价值在 100 万元以下的，可以实行工程价款每月月中预支，竣工后一次结算。

（5）目标结算

目标结算是在工程合同中，将承包工程的内容分解成不同的控制界面，以发包方验收控制界面作为支付工程价款的前提条件。也就是说，将合同中的工程内容分解成不同的验收单元，当承包方完成单元工程内容并经发包方（或其委托人）验收后，发包方支付构成单元工程内容的工程价款。

（6）结算双方约定的其他结算方式。

4．工程结算的方法

（1）投标合同加签证结算的编制方法

在编制工程结算时，以合同标价（即中标价格）为基础，增加的项目应另行经发包方签证，对签证的项目内容进行详细费用计算，将计算的结果加入到合同标价中，即为该工程结算总造价。

$$工程结算总价 = 合同价 \pm 变更增减价$$

（2）施工图预算加签证结算的编制方法

这种方法在经过审定的施工图预算的基础上，通过价格调整形成。凡是在施工过程中发生而施工图预算又未包括的工程项目和费用，如设计变更、材料待用、材料价格变化、施工条件变化等，经发包方签证后可在工程结算中调整，即工程结算总造价为在施工图预算造价的基础上加上经过签证的费用。

$$工程结算总价 = 施工图预算 \pm 变更调整签证费$$

（3）施工图预算加系数包干结算的编制方法

这种结算方法是先由有关单位共同商定包干范围，在施工图预算中以包干系数的形式计取一笔包干费用，编制施工图预算时乘上一个不可预见费的包干系数。如果发生包干范围以外的增加项目，如增加建筑面积、提高原设计标准或改变工程结构等，必须由双方协商同意后方可变更，并随时填写工程变更结算单，经双方签证作为结算工程价款的依据。

$$工程结算总价 = 施工图预算 \times (1 + 包干系数)$$

（4）平方米造价包干结算的编制方法

这种结算方法是指合同双方根据一定的工程资料，事先协商好每平方米造价指标和按建筑面积计算出总造价。

$$工程结算总价 = 总建筑面积 \times 每平方米造价$$

在合同中应明确每平方米造价指标和工程造价，在工程结算时不再办理增减调整。

5．工程结算审查

工程结算编制结果的准确、合理与否将直接影响建设资金的使用，为了提高工程结算的编制质量，保证国家对竣工项目投资的合理分配，提高投资效益，应对工程结算进行审查。

（1）审查的组织形式

① 中介机构审查。为了确保工程结算审查的公平、合理、充分反应发包方和承包方的经济利益，通常将工程结算委托具有工程造价审核资质的中介机构进行审查。或者当发包方与承包方在工程结算的某些问题上经协商未能达成协议的，应当委托工程造价中介机构进行审核。

② 财政投资审核机构审查。对于由政府筹建的工程项目，其投资渠道主要由国家财政投资。因此，工程项目竣工后，工程结算必须由各地区的财政投资审核机构审查，以确保国有资金的合理使用，充分体现投资效益。

（2）审查的内容

① 审查工程量。工程量是影响工程造价的决定性因素之一，是工程结算审查的重要内容。当采用工程量清单计价时，应对招标文件中的工程量进行审查。

② 审查单价套用（综合单价）及其正误，应重点注意以下问题：

工程结算中所列分项工程综合单价是否与单位估价表中相同，其名称、规格、计量单位和所包括的工作内容与定额是否一致；对换算的单价，应首先审查换算的分项工程是否是预算定额中允许换算的，其次要审查单价换算是否正确；对补充定额和单位估价表，要审查补充定额的编制是否符合现行预算定额的编制原则，各种生产要素消耗量的确定是否合理、准确、符合实际，单位估价表的计算是否正确。

③ 审查直接费汇总。直接费在汇总过程汇总容易出现笔误，如项目重复汇总、小数点位置标错等现象，因此必须加强审查。

④ 审查其他有关费用。应重点审查各项费用的内容、费率和计费基础是否正确；是否按取费证的等级取费；预算外调增的材料价差是否计取了间接费；有无巧立名目、乱摊费用的现象；利润和税金应重点审查利润率和税率是否符合有关部门的现行规定，有无多算或重算的现象。

（3）审查的方法

由于工程结算的繁简程度和质量水平，所以采用的审查方法也应不同。审查工程结算的方法主要有全面审查法、重点审查法、对比审查法、分解对比审查法、分组计算审查法、筛选审查法、利用手册审查法等。

① 全面审查法，又称逐项审查法，是指按施工顺序，对工程结算中的项目逐一进行审查的方法。其具体的计算方法和审查过程与编制施工图预算基本相同。此方法的优点是全面、细致、经过审查的工程结算差错较少，审查质量较高；缺点是工作量大。因此，对于一些工程量比较小、工艺比较简单的工程或编制工程预算的技术力量比较薄弱的工程，可以运用全面审查法。

② 分组计算审查法，是一种加快审查质量速度的方法。它把预算中的工程项目划分为若干组，并把相邻的在工程量计算上有一定内在联系的项目编为一组，审查或计算同一组中某个分项工程的实物数量，利用他们工程量之间具有相同或相似计算基础的关系，判断同组中其他几个分项工程量计算的准确性。

③ 对比审查法，是用已建成工程预算或虽未建成但已审查修正的工程预算对比审查拟建的同类工程预算的一种方法。对比审查法一般适用的情况：第一，两个工程采用同一套施工图，但基础部分和现场条件不同；第二，两个工程设计相同，但建筑面积不同；第三，两个工程的面积相近，但设计图样不完全相同。以上几种情况，应根据工程条件的不同，区别对待。

④ 筛选审查法，也是一种对比方法。建筑工程虽然有面积和高度的不同，但是它们的各个分部分项工程的工程量、造价、用工量在每个单位面积上的数值变化不大，把这些数据加以汇集、优选，找出这些分部工程在单位建筑面积上的工程量、价格、用工的基本数值，归纳为工程量、造价（价值）、用工三个单方基本值表，并注明其适用的建筑标准。这些基本值如"筛子孔"，用来筛各分部分项工程，筛下去的就可不审；没有筛下去的就意味着此分部分项工程的单位建筑面积数值不在基本值范围内，应对该分部分项工程详细审查。如果所审查的结算的建筑标准与"基本值"所适用的标准不同，就要对其进行调整。筛选法的优点是简单易懂，便于掌握，审查速度快，发现问题快，但解决差错问题还需进一步审查。因此，此法适用于住宅工程或不具备全面审查条件的工程。

（4）审查的步骤

① 核对合同条款。首先，应核对竣工工程内容是否符合合同条件要求，工程是否竣工验收合格，只有按合同要求完成全部工程并验收合格才能列入竣工结算。其次，应按合同约定的结算方法、计价定额、取费标准、主材价格和优惠条款等，对工程竣工结算进行审核，若发现合同开口或有漏洞，应请建设单位与施工单位认真研究，明确结算要求。

② 检查隐蔽验收记录。所有隐蔽工程均需进行验收，有两人以上签证，实行工程监理的项目应经监理工程师签证确认。审核竣工结算时应该核对隐蔽工程施工记录和验收签证，手续完整，工程量与竣工图一致方可列入结算。

③ 落实设计变更签证。设计修改变更应由原设计单位出具设计变更通知单和修改图纸，设计、校审人员签字并加盖公章，经建设单位和监理工程师审查同意、签证；重大设计变更应经原审批部门审批，否则不应列入结算。

④ 按图核实工程数量。竣工结算的工程量应依据竣工图、设计变更单和现场签证等进行核算，并按国家统一规定的计算规则计算工程量。

⑤ 严格执行合同约定单价。结算单价应按合同约定或招投标规定的计价定额与计价原则执行。

⑥ 注意各项费用计取。建安工程的取费标准应按合同要求或项目建设各项费率、价格指数或换算系数是否正确，价差调整计算是否符合要求，再核实特殊费用和计算程序。要注意各项费用的计取基数，如安装工程间接费等是以人工费为基数，这个人工费是定额人工费与人工费调整部分之和。

⑦ 按合同要求分清是清单报价还是套定额取费。

⑧ 防止各种计算误差。工程竣工结算子目多、篇幅大，往往有计算误差应认真核算，防止因计算误差多计或少算。

9.3.2　建筑工程竣工决算

为了严格执行基本建设项目竣工验收制度，正确核定新增固定资产价值，分析考核投资效果，建立健全经济责任制，按照国家有关规定，所有新建、改建和扩建项目竣工后，都必须履行竣工验收手续和编制竣工决算。

1. 工程竣工验收

依据建设部工程竣工验收有关规定的要求，工程具备验收条件后，在政府质量监督机构的监督下，建设单位组织勘察、设计、施工、监理、施工图审查机构等单位的有关专家和技术人员对工程进行竣工验收。

（1）竣工验收的范围

凡新建、改建和扩建项目竣工后以及技术改造项目，按批准的设计文件所规定的内容组成，符合验收标准的，必须及时组织竣工验收，办理固定资产移交手续。

（2）竣工验收的依据

① 批准的设计文件、施工图纸及说明书。

这是由发包人提供的，主要内容包括上级批准的设计任务书或可行性研究报告，用地、征地、拆迁文件，地质勘察报告，设计施工图及有关说明等。

② 双方签订的施工合同。

建设工程施工合同是发包人和承包人为完成约定的工程，明确相互权利、义务的协议。工程竣工验收时，对照合同约定的主要内容，可以检查承包人和发包人的履约情况，有无违约责任，是重要的合同文件和法律依据，受法律保护。

③ 设备技术说明书。

发包人供应的设备，承包人应按供货清单接收并有设备合格证明和设备的技术说明书，据此按照施工图纸进行设备安装。设备技术说明书是进行设备安装调试、检验、试车、验收和处理设备质量、技术等问题的重要依据。若由承包人采购的设备，应符合设计和有关标准的要求，按规定提供相关的技术说明书，并对采购的设备质量负责。

④ 设计变更通知书。

设计变更通知书，是施工图纸补充和修改的记录。设计变更原则上由设计单位主管技术负责人签发，发包人认可签章后由承包人执行。

⑤ 施工验收规范及质量验收标准。

施工中要遵循的工程建设规范和标准很多，主要有施工及验收规范、工程质量检验评定标准等。在建设工程项目管理中，经常使用的工程建设国家和行业标准与施工有关的就达数十个。对不按强制性标准施工，质量达不到合格标准的，不得进行竣工验收。

⑥ 外资工程应依据我国有关规定提交竣工验收文件。

国家规定，凡有引进技术和引进设备的建设项目，要做好引进技术和引进设备的图纸、文件的收集、整理工作，无论通过何种渠道得到的与引进技术或引进设备有关的档案资料，均应交档案部门统一管理。

（3）竣工验收的标准

① 生产性工程和辅助公用设施已按设计要求建成，能满足生产要求。

② 主要工艺设备及配套设施经联动负荷试车合格，形成生产能力，且能生产出设计文件中规定的产品。

③ 必要的生活福利设施已按设计要求建成。

④ 生产设备工作能适应投产的需要。

⑤ 环境保护设施、劳动安全卫生设施、消防设施已按照设计要求与主体工程同时建成。

（4）竣工验收的程序

① 工程完工后，施工单位向建设单位提交工程竣工报告，申请工程竣工验收。实行监理的工程，工程竣工报告须经总监理工程师签署意见。

② 建设单位收到工程竣工报告后，对符合竣工验收要求的工程，组织勘察、设计、施工、监理等单位和其他有关方面的专家组成验收组，制订验收方案。

③ 建设单位应当在工程竣工验收 7 个工作日前将验收的时间、地点及验收组名单书面通知负责监督该工程的工程质量监督机构。

④ 建设单位组织工程竣工验收。

a. 建设、勘察、设计、施工、监理单位分别汇报工程合同履约和在工程建设各个环节执行法律、法规和工程建设强制性标准的情况。

b. 审阅建设、勘察、设计、施工、监理单位的工程档案资料。

c. 实地查验工程质量。

d. 对工程勘察、设计、施工、设备安装质量和各管理环节等方面作出全面评价，形成经验收组人员签署的工程竣工验收意见。

2．工程竣工决算的概念

工程竣工决算是指在工程竣工验收交付使用阶段，由发包方编制的建设项目从筹建到竣工投产或使用全过程实际造价和投资效果的总结性经济文件。竣工决算是考核竣工项目的概预算执行情况以及向使用单位办理移交新增固定资产的依据。

3．工程竣工决算的内容

（1）竣工决算说明书

竣工决算说明书主要反映竣工工程建设成果和经验，是对竣工决算报表进行分析和补充说明的文件，是全面考核分析工程投资与造价的书面总结。其内容主要包括以下几个方面：

① 建设项目概况，对工程总的评价。一般从进度、质量、安全和造价、施工方面进行分析说明。进度方面主要说明开工和竣工时间，对照合理工期和要求，分析工期是提前还是延期；质量方面主要根据竣工验收委员会的验收评定结果；安全方面主要根据劳动工资和施工部门的记录，对有无设备和人身事故进行说明；造价方面主要对照概算造价，说明是节约还是超支，用金额和百分率进行分析说明。

② 资金来源及运用等财务分析，主要包括工程价款结算、会计账务的处理、财产物资情况及债权债务的清偿情况。

③ 基本建设收入、投资包干结余、竣工结余资金的上交分配情况。通过对基本建设投资包干情况的分析，说明投资包干数、实际支用数和节约额、投资包干节余的有机构成和包干节余的分配情况。

④ 各项经济技术指标的分析。概算执行情况分析，根据实际投资完成额与概算进行对比分析；新增生产能力的效益分析，说明支付使用财产占总投资额的比例、占支付使用财产的比例，不增加固定资产的造价占投资总额的比例，分析有机构成和成果。

（2）竣工财务决算报表

建设项目竣工财务决算报表要根据大、中型建设项目和小型建设项目分别制订。

大、中型建设项目竣工决算报表包括：建设项目竣工财务决算审批表，大、中型建设项目概况表，大、中型建设项目竣工财务决算表，大、中型建设项目交付使用资产总表。

小型建设项目竣工财务决算报表包括：建设项目竣工财务决算审批表、竣工财务决算总表、建设项目交付使用资产明细表。

（3）建筑工程竣工图

建设工程竣工图是真实地记录各种地上、地下建筑物、构筑物等情况的技术文件，是工程进行交工验收、维护改建和扩建的依据，是国家的重要技术档案。

国家规定：各项新建、扩建、改建的基本建设工程，特别是基础、地下建筑、管线、井巷、桥梁、隧道、港口、水坝以及设备安装等隐蔽部位，都要编制竣工图。为确保竣工图质量，必须在施工过程中（不能在竣工后）及时做好隐蔽工程检查记录，整理好设计变更文件。其具体要求有：

① 凡按图竣工没有变动的，由施工单位（包括总包和分包施工单位，下同）在原施工图上加盖"竣工图"标志后，即作为竣工图。

② 凡在施工过程中，虽有一般性设计变更，但能将原施工图加以修改补充作为竣工图的，可不重新绘制，由施工单位负责在原施工图（必须是新蓝图）上注明修改的部分，并附以设计变更通知单和施工说明，加盖"竣工图"标志后，作为竣工图。

③ 凡结构形式改变、施工工艺改变、平面布置改变、项目改变以及有其他重大改变，不宜再在原施工图上修改、补充时，应重新绘制改变后的竣工图。由原设计原因造成的，由设计单位负责重新绘制；由施工原因造成的，由施工单位负责重新绘图；由其他原因造成的，由建设单位自行绘制或委托设计单位绘制。施工单位负责在新图上加盖"竣工图"标志，并附以有关记录和说明，作为竣工图。

④ 为了满足竣工验收和竣工决算需要，还应绘制反映竣工工程全部内容的工程设计平面示意图。

（4）工程造价比较分析

对控制工程造价所采取的措施、效果及其动态的变化进行认真的比较对比，总结经验教训。

批准的概算是考核建设工程造价的依据。在分析时，可先对比整个项目的总概算，然后将建筑安装工程费、设备工器具费和其他工程费用逐一与竣工决算表中所提供的实际数据和相关资料及批准的概算、预算指标、实际的工程造价进行对比分析，以确定竣工项目总造价是节约还是超支，并在对比的基础上，总结先进经验，找出节约和超支的内容和原因，提出改进措施。

在实际工作中，应主要分析以下内容：

① 主要实物工程量。对于实物工程量出入比较大的情况，必须查明原因。

② 主要材料消耗量。考核主要材料消耗量，根据竣工决算表中所列明的三大材料实际超概算的消耗量，查明是在工程的哪个环节超出量最大，再进一步查明超耗的原因。

③ 考核建设单位管理费、建筑安装工程费和间接费的取费标准。建设单位管理费、建筑安装工程费和间接费的取费标准要按照国家和各地的有关规定，根据竣工决算报表中所列的建设单位管理费与概预算所列的建设单位管理费数额进行比较，依据规定查明是否少列或多列费用项目，确定其节约或超支的数额，并查明原因。

对于大、中型建设项目竣工决算报表一般包括建设建设项目竣工财务决算审批表、项目概况表、项目竣工财务决算表、项目交付使用财产总表和财产明细表等（见表9.1～表9.5）；小型建设项目竣工财务决算报表一般包括建设项目竣工财务决算审批表、竣工财务决算总表（见表9.6）和交付使用财产明细表等。

表 9.1 建设项目竣工财务决算审批表

建设项目法人（发包方）		建设性质	
建设项目名称		主管部门	
开户银行意见：			
			盖　章 　　年　　月　　日
专员办审批意见：			
			盖　章 　　年　　月　　日
主管部门或地方财政部门审批意见：			
			盖　章 　　年　　月　　日

表 9.2　大、中型建设项目概况表

建设项目名称								项　目	概算	实际	说明
建设地址		主要施工企业						建筑安装工程			
占地面积	计划	实际	总投资/万元	设计（固定资产）	设计（流动资产）	实际（固定资产）	实际（流动资产）	设备工器具			
								土地征用费 职工培训费 机构迁移费 单位管理费 联合试车费 出国考察费 勘查设计费			
新增生产能力	能力（效益）名称	设计	实际					合　计			
	实际	从　年　月开工至　年　月竣工						合　计			
设计概算批准文号								主要材料消耗　名　称	单位	概算	实际
完成工程量	建筑面积/m²		设计（台套吨）					钢　材	t		
	设计	实际	设计	实际				木　材	m³		
								水　泥	t		
收尾工程	工程内容	投资额	完成时间					主要技术经济指标：			

表 9.3　大、中型建设项目竣工财务决算表

资金来源	金额/元	资金占用	金额/元	补充资料
一、基建拨款		一、基本建设支出		1. 基建投资借款期末余款
1. 预算拨款		1. 交付使用资产		
2. 基建基金拨款		2. 在建工程		2. 应收生产单位投资借款期末数
3. 进口设备转账拨款		3. 待核销基建支出		
4. 器材转账拨款		4. 非经营项目转出投资		3. 基建结余资金
5. 煤代油专用基金拨款		二、应收生产单位投资借款		
6. 自筹基金拨款		三、拨付所属投资借款		
7. 其他拨款		四、器材		

续表9.3

资金来源	金额/元	资金占用	金额/元	补充资料
二、项目资本		其中：待处理器材损失		
1. 国家资本		五、货币资金		
2. 法人资本		六、预付及应收款		
3. 个人资本		七、有价证券		
三、项目资本公积		八、固定资产		
四、基建借款		规定资产原值		
五、上级拨入投资借款		减：累计折旧		
六、企业债券资金		固定资产净值		
七、待冲基建支出		固定资产清理		
八、应付款		待处理固定资产损失		
九、未交款				
十、上级拨入资金				
十一、留成收入				
合　计		合　计		

表9.4　大、中型建设项目交付使用财产总表　　　　　　　　　　　元

单项工程项目名称	总计	固定资产					流动资产	无形资产	递延资产
		建筑工程	安装工程	设备	其他	合计			
1	2	3	4	5	6	7	8	9	10

交付单位盖章　　　　　年　月　日　　　　　　　　接收单位盖章　　　　　年　月　日

表 9.5 大、中型建设项目交付使用财产明细表

工程项目名称	建设工程			设备、器具、工具、家具					
	结构	面积/m²	价值/元	名称	规格型号	单位	数量	价值/元	设备安装费

交付单位盖章　　　　年　月　日　　　　　　　　　接收单位盖章　　　　年　月　日

表 9.6 小型建设项目竣工财务决算总表

建设项目名称						项　目	金额/元	主要事项说明
建设地址			占地面积	设计	实际	资金来源		
新增生产能力	能力（或效益）名称	设计	实际	初步设计或概算批准机关日期		1. 基建预算拨款 2. 基建其他拨款 3. 应付款 合　计		
建设时间	计划	从　年月开工至　年月竣工						
	实际	从　年月开工至　年月竣工						
项　目			概算/元	实际/元		资金运用		
建筑安装工程 设备、工具、器具 其他基本建设 1. 土地征用费 2. 负荷试车费 3.生产职工培训费 4. …… 合　计						1. 交付使用固定资产 2. 交付使用流动资产 3. 应核销投资支出 4. 应核销其他支出 5. 库存设备、材料 6. 银行存款及现金 7. 应收款 合　计		

9.4　建筑工程造价的管理

工程造价就是工程的建造价格，是指建设一项工程预期开支或实际开支的全部固定资产占用。工程造价数额较大，从几十万到几百万甚至上亿元，它对国民经济产生很大影响，它的价格构成是多个行业市场价格的综合反映，做好工程造价管理工作具有重要意义。在建筑工程项目管理中，如何有效地进行工程造价的管理，并在确保工程质量的前提下，降低工程造价，是各级工程造价部门、投资者一个着力关注的问题。

9.4.1　概预算造价管理的任务

建设工程概预算造价工作是工程建设工作的重要组成部分。加强建设工程的概预算管理工作，建立和健全概预算管理制度，提高概预算的编制质量，是社会主义经济规律、价值规律的要求。建设工程概预算管理的基本任务，就是为适应我国经济全球化和科技进步加快的国际环境，为增强企业活力和竞争力，为实现我国建设小康社会水平提供服务。为了适应社会主义市场经济的发展，把建筑安装企业推向市场，使企业成为真正的自主经营，自负盈亏，自我发展，自我约束的独立经济实体，现行概预算的管理制度应从管理形式上进行改革，实行"量"、"价"分离，即要向"控制量、指导价、竞争费"的方向发展，加快要素价格市场化，以便使我国工程建设的概预算管理制度向国际靠拢，促使社会主义经济体制的发展与健全，从而建立促进经济社会可持续发展的机制。

9.4.2　概预算造价管理的组织与分工

我国现行的概预算机构，可以分为三级，即国家级、省市区各部门、基层单位（建设单位、施工单位、设计单位、建设银行等）。

根据我国实行的"集中领导、分级管理"原则，以及我国地域辽阔，各地区、各部门经济发达程度、发展水平、市场供求状况的差异，概预算管理制度方面的方针、政策、标准、规范、规定、条例、办法等，由国家主管部门制定、批准、颁发；各省、自治区、直辖市和国务院各主管部（委），可以在自己行使行政权的范围内，根据本地区、本部门的特点，按照国家规定的方针、政策、规定、办法等制定本地区本部门的补充性管理制度和贯彻执行细则，并对概预算制度实行日常性的管理。这样，就形成了我国工程建设管理中的上下、左右相互联系、相互区别，又有集中、又有分散的概预算制度的管理体系。

9.4.3　基层单位概预算造价的业务管理

省、区、市和各部门以上的概预算管理是方针、政策性的政府级管理，以下为基层单位，设计、建设、施工、建行、计划等单位是对概预算业务工作的管理。这里着重叙述基层各单位有关建设工程概预算业务的管理工作。

1. 设计单位的概预算造价管理

国家有关文件指出："概预算的编制工作，均由设计单位负责"。因此，各级设计单位在概预算造价管理方面，应做好以下各项工作：

（1）可行性研究阶段

设计单位承担建设项目可行性研究时，其投资估算的编制工作，应由概预算人员（以下统称技术经济人员）负责进行，并与其他专业设计人员配合，共同做好建设项目经济效益的评估工作。

（2）初步设计阶段

① 按照国家《关于改进工程建设概预算工程的若干规定》，坚持初步设计阶段编制总概算，

技术设计阶段编制修正总概算的规定。

② 认真学习和坚持贯彻执行国家有关的方针政策和制度，实事求是地对工程所在地的建设条件（包括自然条件、施工条件等可能影响造价的各种因素），做认真的调查研究；正确选用定额、费用标准和价格等各项编制依据。

③ 设计单位要努力提高建设概算造价的准确性，保证概算的质量。同时，要根据工程所在地基本建设主管部门发布的调整指数，考虑建设期间价格变动等因素，做到初步设计概算造价能够完整地反应设计内容，合理地反应施工条件，准确地确定工程造价。

④ 技术经济人员应与其他专业的设计人员共同做好初步设计方案的技术经济比较工作，以选出最合理的设计方案。在初步设计的全过程中，要及时了解设计内容，掌握设计方案选定的变化情况及其对造价的增减性影响，并提出合理使用投资的建议，以发挥技术经济人员在设计工作中的经济作用。

⑤ 其他工程和费用概算，应按照现行有关费用定额或指标进行编制，坚决反对弄虚作假，多要投资或预留投资缺口。

⑥ 概算造价文件的组成和建设费用的构成要符合国家关于建设费用划分的规定。

（3）施工图设计阶段

① 凡采用两阶段设计的建设项目，施工图设计阶段必须编制预算。对于技术简单的建设项目，设计方案确定后就做施工图设计的，也必须编制施工图预算。

② 建筑安装工程施工图预算，应根据施工图纸说明，以及现行的预算定额（综合预算定额），材料、构配件预算价格，各项费用标准、造价动态管理调价文件等进行编制。

③ 设计人员应加强经济观念，施工图设计应控制在批准的初步设计及其预算范围内。不得随意扩大设计规模，提高设计标准，增加设计项目。

④ 积极推行限额设计。所谓限额设计，就是按照限定的投资额进行工程设计，确定能够满足生产或生活需要的相应建设规模和建设标准。具体地讲，就是工程设计人员必须按照批准的可行性研究报告书和投资控制额进行初步设计；按照批准的初步设计及概算进行施工图设计。推行限额设计，是节约建设投资的有效措施。根据资料报导，推行限额设计可以节约大量建设资金和"三大"材料。

（4）工程竣工阶段

工程竣工验收后，设计单位应了解和掌握竣工决算资料，做好决算资料的分析、整理工作，以便不断总结经验，找出差距，分析原因，为日后改进概预算的编制工作、提高概预算的编制质量创造条件。

（5）日常管理工作

① 积极采用计算机技术编制建设工程概预算，促进概预算编制、管理工作的现代化。

② 严格加强质量管理，认真执行"三级"审核制度，确保外发概预算文件齐全、完整、清晰、整洁、无差错。

③ 建立健全工程造价资料的积累制度，为工程造价宏观管理、决策、定制修订投资估算指标和其他技术经济指标以及研究工程造价变化规律；编制、审查、评估项目建议书，可行性研究报告投资估算，进行设计方案比选，编制初步设计概算，投标报价积累科学的依据。工程造价积累的范围应包括：经主管部门批准的可行性研究报告投资估算，初步设计概算，修正概算；经有关单位审定或签认的施工图预算，合同价、结算价和竣工决算价；建设项目总造价，单项工程造价和单位工程造价的资料。

为了保证工程造价资料的质量，使其具有真实性、合理性、适用性，工程造价资料的积累要求做到：造价资料的收集必须选择符合国家产业政策和行业发展方向的工程项目，使资料具有重复使用的价值；造价资料的积累必须有"量"有"价"，区别造价资料服务对象的不同，做到有粗有细，即收集的造价基础资料应满足工程造价动态分析的需要；应注意收集、整理完整的竣工决算资料，以反映全过程造价管理的最终成果；造价资料的收集、整理工作应做到规范化，标准化，同时应区别不同专业工程，做到工程项目划分、设备材料目录及编码、表现形式、不同层次资料收集深度和计算口径的"五统一"，并与估算、概算、预算等有关规定相适应；既要注重造价资料的真实性，又要做好科学的对比分析，反映出造价变动情况和合理造价；建立工程造价数据库，开发计算机通用程序，以提高资料的适用性和可靠性。

④ 定期组织技术经济人员的技术业务知识学习和工作经验交流，不断提高他们的技术业务水平。

2．建设单位的概预算造价管理

建设单位必须对本单位建设项目的概预算造价文件执行全面负责，在完成各项建设任务的同时，要认真执行概预算造价管理制度。据此，应做好以下各项工作：

（1）设置专门机构

大、中型建设项目的筹建单位，应设置有专门负责概预算管理工作的职能机构，并配备足够数量的人员，一般小型建设项目，应设置有负责概预算管理工作的专职人员。

（2）按照批准的概预算办事

① 根据批准的总概预算合理使用建设投资，切实搞好工程的管理，年度建设计划的编制，必须按照设计和概预算安排工程项目，不得任意提高工程标准，增加工程内容，超过概预算数值的投资额。

② 建设单位应认真执行批准的总概算，不得任意突破，如单位工程或单项工程必须增加投资时，首先用其他工程多余的投资调剂解决。调剂困难时，经上级主管部门或其授权单位批准，可运用总概算的预备费解决。

③ 按照经审定的设备、材料清单，编制物资供应计划，进行物资采购，不得随意购置"清单"之外的设备及材料，以免造成建设资金的积压。

④ 按照其他工程和费用概预算精打细算，合理开支各项费用，严禁请客送礼，讲排场、搞摆设。

⑤ 与施工企业签订工程合同，必须以经审查后的概预算为依据，拨付给施工企业工程价款时，要认真制定按施工图预算的办法。单项工程完工后应督促施工企业及时办理竣工结算，并根据审查的施工图预算、增减预算和现场施工签证等资料审查竣工结算。工程竣工结（决）算必须内容完整，核对准确，真实可靠。

⑥ 建设项目办理交工验收后，按照《基本建设竣工决算办法》编制好工程竣工决算，做好经济分析，报送上级主管部门和财政部门以及相应的有关单位。

（3）严格进行现场施工管理

为了确保工程质量和工程进度，使工程造价控制在批准的概预算投资额内，建设单位在工程施工期间应严格进行现场施工的管理工作。具体内容如下：

① 检查每一分部分项工程施工的材料配合比例、钢筋规格、模板尺寸、部位高低（或长、宽）等，是否复核设计规定和要求。

② 检查每一分项工程的施工质量是否符合《建筑安装工程施工质量验收规范》的规定，有无隐蔽工程等。

③ 严格施工项目增减的签证手续，以免增加较多的施工图预算增减项目和费用。

④ 认真细致地学习施工组织设计和概预算定额的工程内容、工作内容和工程量计算方法，以免造成不必要的重复计算或签证的费用。

综上所述，为了按照批准的概预算办事，必须严格地贯彻执行基本建设程序，加强建设工程的概预算管理，节约投资，降低造价，提高投资的经济效益。

3. 施工单位的概预算造价管理

① 认真学习和贯彻执行国家和省、市颁发的有关建筑安装工程方面的方针、政策、规定、定额和取费标准，并结合本企业的具体情况，制订实施办法或细则。

② 参加本公司承建项目的设计概预算审查及施工图技术交底会议，详细了解设计概预算的编制范围、依据、投资总额及存在的问题与建议等。

③ 负责公司内部工程预算编制的统一工作，及时审核基层单位编制的施工图预算、工程结（决）算，协助基层单位解决工程预算编制中存在的问题。

④ 积累造价资料，学习招标投标业务知识，合理制订招标工程的投标报价工作，提高中标率。

⑤ 深入基层（施工现场），搞好调查研究、收取调整技术经济资料，满足公司内部各项有关职能部门对概预算数值、数量、指标等方面的需要。

⑥ 积极试行和推广现代化的预算、结算、决算编制技术和管理办法，促进企业"三算"编制、管理工作的现代化。

⑦ 组织本公司各单位概预算员（师）交流经验，学习业务知识，不断提高概预算编制、审校、投标报价的技术业务水平，提高中标率。

练习题

1. 什么是建筑工程概算？按编制程序及所计算的对象分为哪几类？
2. 建筑工程概算的编制方法有哪些？为什么要对建筑工程概算进行审查？
3. 建筑工程预算的作用有哪些？建筑工程预算审查的意义是什么？
4. 建筑工程预算审查的方法有几种？各适用于什么情况？
5. 什么是建筑工程结算？工程结算的方法有哪些？
6. 建筑工程结算编制依据有哪些？
7. 建筑工程结算审查的内容和方法有哪些？
8. 建筑工程竣工验收的范围和依据是什么？
9. 建筑工程竣工决算的内容包括哪些？
10. 概预算管理的任务是什么？
11. 我国工程建设管理中的概预算制度管理体系是如何形成的？
12. 基层单位应如何做好建设工程概预算管理工作？

参考文献

[1]　尚梅. 工程估价与造价管理[M]. 北京：化学工业出版社，2008.

[2]　张守健. 土木工程预算[M]. 2 版. 北京：高等教育出版社，2009.

[3]　李伟. 建筑工程计价[M]. 北京：机械工业出版社，2011.

[4]　李蔚，张文举，丁扬. 建设工程工程量清单与计价[M]. 北京：化学工业出版社，2011.

[5]　周咏馨，蔡小平，宋显锐. 工程估价[M]. 北京：国防工业出版社，2012.

[6]　史玉芳，尚梅. 工程管理概论[M]. 西安：西安电子科技大学出版社，2013.

[7]　全国造价工程师执业资格考试培训教材编审委员会. 建设工程造价管理[M]. 北京：中国计划出版社，2013.

[8]　中华人民共和国建设部. GB50500—2013 建设工程工程量清单计价规范[S]. 北京：中国计划出版社，2013.

[9]　王全杰. 建筑工程量计算实训教程（北京版）[M]. 重庆：重庆大学出版社，2013.

[10]　王全杰. 钢筋工程量计算实训教程[M]. 重庆：重庆大学出版社，2012.

[11]　王全杰. 工程量清单计价实训教程（河北版）[M]. 重庆：重庆大学出版社，2013.